AF543708

Therese Weber

Die Sprache des Papiers

Haupt

DIE SPRACHE DES PAPIERS

Eine 2000-jährige Geschichte

Therese Weber

Verlag Haupt Bern Stuttgart Wien

Die Autorin

Therese Weber beschäftigt sich seit 1985 mit asiatischer Kultur, insbesondere mit den geschichtlichen, kulturellen und kunsthistorischen Zusammenhängen von Papier und dessen weltweiten Verknüpfungspunkten. Auf ihren Forschungsreisen dokumentiert sie die verschiedenen Kulturen in Wort und Bild.

1988 wurde ihr erstes Buch *Washi* veröffentlicht, 2002 ihr letztes Buch *Ost-Tibet, Brücke zwischen Tibet und China*, das sie zusammen mit Christoph Baumer publiziert hat.

Therese Weber ist Dozentin an der Hochschule für Pädagogik und Soziale Arbeit beider Basel und genießt als freischaffende Künstlerin internationale Anerkennung. Ihre Werke sind in privaten Sammlungen und öffentlichen Institutionen vertreten. 1992–1996 war sie Präsidentin der IAPMA, *International Association of Papermakers and Paperartists*, die sie mitbegründete.

Fotografien, wo nicht anders angegeben: Therese Weber, Arlesheim
Gestaltung und Satz: Anna Schorner, Atelier Mühlberg, Basel
Lektorat: Heidi Müller, Bern

Bibliografische Information der *Deutschen Bibliothek*:
Die Deutsche Bibliothek verzeichnet diese Publikation in der Deutschen Nationalbibliografie; detaillierte bibliografische Daten sind im Internet über http://dnb.ddb.de abrufbar.
ISBN 3-258-06793-7

Printed in Germany

Bei den nichteuropäischen Namen und Begriffen wurde eine rein phonetische Schreibweise gewählt; auf diakritische Zeichen wurde verzichtet.

Wir haben uns bemüht, sämtliche Copyright-Inhaber ausfindig zu machen. Leider ist dies nicht in allen Fällen gelungen. Bei Unstimmigkeiten wenden Sie sich bitte an den Verlag.

Inhaltsverzeichnis

6 Papierflächen, mehr als Papier

7 Substanz Papier, eine individuelle Sprache der künstlerischen Auseinandersetzung

Anhang

St. Petersburg
HERTFORSHIRE
Amsterdam
Leiden
London
SOMERSET
Aachen
Köln
Bonn
Düren
Mainz
Nürnberg
Paris
Rhein
Corbeil-Essonnes
Basel
Donau
Zürich
Rotzloch
Genf
AUVERGNE
Po
Annonay
Verona
Avignon
Rhone
Genua
Fabriano
Barcelona
Rom
Toledo
Valencia
Amalfi/Neapel
Jativa
Sevilla
Cordoba
Palermo
SIZILIEN
Ceuta
Fes
Tripolis
LIBYEN
MAURETANIEN
SAHARA
Schwarzes Meer
Istanbul
Pergamon
KAUKASUS
Kaspisches Meer
Aral See
Syr Dar
SOGD
Bukhara
Sama
Amu Dar
Täbris
Sultaniyeh
Maschad
KHORASAN
Herat
Kreta
Hama
Ninive
LIBANON
MESOPOTAMIEN
Tripoli
SYRIEN
AKKAD
Byblos
Damaskus
Bagdad
Tigris
Euphrat
Alexandrien
Kairo
Fayyum
Nil
Sanaa

Pazyryk
Baikal See
Mörön
MONGOLEI
Talas
XINJIANG
WÜSTE GOBI
LOP NOR
Loulan
Dunhuang
Kashgar
WÜSTE TAKLAMAKAN
dzhikent
Endere
GANSU
Mazar Tagh
Khotan
Dandan Oilik
Gelber Fluss
Beijing
KOGURYO
SHANXI
Seoul
SILLA
SHANGDONG
Jeonju
PAEKCHE
Kanazawa
HONSHU
Tokio
Hiroshima
Kioto / Nara
SHIKOKU
Kochi
KYUSHU
KASCHMIR
SHAANXI
Xi'an
Aba
Kandze
SICHUAN
Chengdu
Yangtze
Shanghai
Nyemo
Lhasa
Dege
Ya'an
NEPAL
JASTHAN
Delhi
Brahmaputra
BHUTAN
Pemakö
UTTAR PRADESH
pur / Sanganer
Ganges
Mekong
BENGALEN
HUIZHOU
TAIWAN
Ahmedabad
Irrawaddy
Mandalay
Hanoi
Bagan
Aurangabad
Mumbai
MAHARASHTRA
Inle-See
Pune
Yangoon
Baguio
Manila
ARNATAKA
Pondicherry

Denn Papier ist mehr als nur Papier – man trete es nicht mit Füßen

Dorothea Reese-Heim, *Geographie*, aus der Serie der *Buchkonserven*, 2001. Gießverfahren mit Paraffin und aufgeschlagenem Buchblock/Atlas. 21x30x2cm.

Augerius Ghiselin Busbeck, von 1555 bis 1562 kaiserlicher Gesandter im Osmanischen Reich, wunderte sich über die große Menge Papierschnipsel, die in den Mauerspalten der Gasthäuser steckten. Die ihn begleitenden Türken nach dem Grund befragt, erklärten ihm, dass sie dem Papier so große Ehre erwiesen, weil der Name Gottes darauf geschrieben werde. Daher ließen sie Papier niemals auf der Erde liegen, und fänden sie welches, so würden sie es sofort aufheben und in eine Spalte oder Ritze stecken, damit es nicht mit Füßen getreten werde.

Selten hat mich ein Buch so fasziniert und mein Interesse durchgängig nachhaltig eingenommen wie die vorliegende Kulturgeschichte des Papiers von der Schweizer Künstlerin und Kulturforscherin Therese Weber. Es ist das erste umfassende Sachbuch in deutscher Sprache über die Kulturgeschichte des Papiers in Ost und West, zugleich auch eine spannende Erlebnisreise durch die Papierkultur Asiens.

Seit etwa zwanzig Jahren befasst sich die Autorin mit dem natürlichen Material und dem künstlerischen Medium Papier, mit seiner Entstehungsgeschichte, den Herstellungsmethoden in unterschiedlichen Kulturkreisen, aber auch mit den wirtschaftlichen und gesellschaftlichen Hintergründen seines Gebrauches, den geistigen und spirituellen Dimensionen von Papier, mit Riten und Ritualen, bei denen Papier benutzt wird. Auf Forschungsreisen erkundete Therese Weber die Kulturen Asiens, insbesondere die Papierkultur in China, Tibet, Myanmar (Burma), Indien und Japan.

Therese Weber schreibt aus erlebter Erfahrung und Anschauung. Sie berichtet von alten Papiermachern und Meistern, die sie vor Ort, oft an abgelegenen, unwegsamen Orten aufgesucht hat; sie erlernte die verschiedenen praktisch-technischen Verfahren in den unterschiedlichen Regionen Asiens und erfuhr von deren Spiritualität auch in Bezug auf Papier. Die Autorin berichtet voller Hochachtung von den «heiligen» Enklaven des Bewahrens, wo Alltag noch gesamtheitlich stimmig gelebt wird. Sie zeichnet auf, quasi in letzter Minute, bevor auch die letzten Papiermacher ihr Handwerk aufgeben, was über Jahrhunderte sorgsam bewahrt und im Glauben und in den Riten der Menschen verankert ist.

Papier als Träger geistiger oder göttlicher Botschaften ist wertvoll und kostbar. Verwendet wird hierfür zuweilen ein Rohstoff besonderer Art, der, oft mit Pflanzentinkturen getränkt, seinen Gebrauch und seine Wirkung einzigartig machen. Gewiss ordnete die japanische Kaiserin Shotoko im 8. Jahrhundert nicht zufällig an, eine Million kurze Votivtexte auf gelbliches Hanfpapier zu drucken und in kleine Holzstupas zu legen, mit denen sie von Buddha das Ende einer Rebellion erbat. Dies spricht dafür, dass die psychedelischen Eigenschaften von Hanf bekannt und die enorme Wirkkraft von sich wiederholenden Textformeln der Kaiserin bewusst waren.

Papier gibt es seit mehr als 2000 Jahren, Schriftsysteme seit etwa 5000 Jahren. Gesellschaften, die sich differenziert entwickeln, genügt eine mündliche Kommunikation nicht mehr. So entstanden im Laufe der Menschheitsgeschichte Bild- und Schriftsprachen. Bild und Schrift bedürfen der Beschreibstoffe. In Ägypten nutzte man bereits um 3000 v. Chr. den pflanzlichen Beschreibstoff Papyrus. In den polynesischen und amerikanischen Regionen um den Äquator verwendete man den vorhandenen Rohstoffen entsprechend Tapa, im Orient und im Mittelmeerraum Papyrus, im Mittelmeerraum und in Europa das Pergament.

Von allen Beschreibstoffen, die der Mensch je entdeckte oder erfand, ist Papier das historisch bedeutendste und flexibelste Material. In China entdeckt und lange Zeit wie ein Geheimnis gehütet, gelangte es allmählich über den Orient und die Seidenstraße nach Europa. Kulturgeschichte aus dem Blickwinkel von Papier weist vielfach hin auf entscheidende Veränderungen in gesellschaftlicher und wirtschaftlicher Hinsicht. Die Produktpalette für die Bereiche Handel, Wissenschaft und Kunst geben Aufschluss über zeitspezifische Bedürfnisse und strukturelle Wandlungen.

Gäbe es unsere Kultur und die heutige Wissenschaft ohne Papier? Ist es nicht das gedruckte Bild, das, vervielfältigt auf Papier, in Europa seit etwa 1400 mindestens ebenso einflussreich das Leben und die Geschichte bestimmt wie seit etwa 1450 das gedruckte Wort? In Asien wurde der Handel und der Alltag schon einige Jahrhunderte früher als in Europa von Schrift und Bild auf Papier bestimmt. Therese Weber stellt die unterschiedlichen Entwicklungslinien in Ost und West prägnant und lebendig in Worte gefasst dar und weist auf mögliche Parallelen und Beeinflussungen hin.

Der naturphilosophisch orientierte Leser dieses außergewöhnlichen Buches, der vom versachlichten-mechanistischen Weltbild Newtons gelöst, im Sinne von Albert Einstein und Rupert Sheldrake allmählich die Pforten der Wahrnehmung öffnet, dem wird bewusst werden, dass bei der manuellen Papierherstellung aus Pflanzen deren Informationen von Standort und Wachstum ins Papier einfließen und auch die spirituelle Haltung des Papierschöpfers dem Papier gleichsam implantiert wird. Hier wird die geistige Dimension vom organischen und lebendigen «Organismus» Papier als Träger von Informationen deutlich. Therese Weber streift die Bewusstmachung der spirituellen Dimension in manchen Darstellungen, vor allem in Kapitel fünf, in dem sie von frühen Druckerzeugnissen und deren numinoser Wirkung berichtet.

Im letzten Kapitel werden einige Künstler der zweiten Hälfte des 20. Jahrhunderts vorgestellt, die innovativ und einzigartig die Kunst und Malerei mit flüssigem Papierstoff auf den Weg gebracht haben. Ist die blanke Leere eines Blattes Papier Vollendung sprachlichen und bildkünstlerischen Ausdrucks? Dieser philosophischen Dimension des «lebendigen» Stoffes Papier spüren nicht erst Künstler im 20. Jahrhundert nach. Den reinen Bogen Papier befand Georg Christoph Lichtenberg bereits für schöner als den bedruckten.

Therese Weber nimmt die Leserin, den Leser gefangen, nimmt sie mit auf eine spannende Entdeckungsreise aus dem Blickwinkel des Kulturträgers Papier durch viele Jahrhunderte und durch Länder in Asien und Europa. Historische und aktuelle Fakten aus den vielfältigen Bereichen von Kommunikation werden auf unterschiedlichen Ebenen zusammengeführt.

Dr. Dorothea Eimert
Direktorin des Leopold-Hoesch-Museums, Düren

Einleitung

Seite 12: Objekt *Die Form der Zeit*, 1992. Fotocollage auf Bitumen-Pappe. Gegossene Pulpe aus Kozo-Fasern, Ölkreide. 30x150x130cm (ganzes Band 2000x100cm).

Papier im Spannungsfeld zwischen Kunst und Massenproduktion

Der Weg vom ersten Papier bis zum *Papierismus* dauerte rund 2000 Jahre. Ende des 20. Jahrhunderts startete in den USA die Bewegung des *Papierismus*, eine Stilrichtung der bildenden Kunst, die sich im Umgang mit Farbe nicht mehr der künstlerischen Tradition des Malens auf Papier oder Leinwand verpflichtet fühlt. Der Gestaltungsprozess vollzieht sich im gezielten Umgang mit der Substanz Papierpulpe, wodurch ganz neue Ausdrucksformen möglich werden. Diese sind nicht ausschließlich an das Bild und an das zweidimensionale Gestalten gebunden, sondern sie geben Freiraum für dreidimensionale Konzepte und für die Aufhebung des rechtwinkligen Papierformats, das bis anhin, bedingt durch das Schöpfsieb, üblich war. So hat sich in den letzten Jahren ein interessantes Spektrum an komplexen Verfahren und Techniken entwickelt. Wichtig ist dabei die Auseinandersetzung mit alten Kulturtechniken, die in das zeitgenössische individuelle Schaffen einfließt, wodurch sich Symbiosen ergeben, wie sie im Kunstbereich kaum in vergleichbarer Intensität zu finden sind. Grenzen herkömmlicher Traditionen werden überschritten, ohne dass dadurch die Existenz des historisch Gewachsenen vergessen wird.

Papier wird in erster Linie als Schriftträger betrachtet; seit seiner Erfindung dient es der Wissensvermittlung und erhaltung, der Verbreitung von Religionen oder der bildenden Kunst. Papier ist jedoch ein wesentlich vielschichtigeres Material. Losgelöst von der Funktion als Schriftträger, lässt es sich als architektonisches Element, als Ersatz für Stein, Bronze oder Holz in Skulpturen wie auch in Alltagsgegenständen verwenden.

Hinter der Selbstverständlichkeit des Papierkonsums stehen in einer Zeit der Verknappung der Rohstoffe die intensive Suche nach alternativen Fasermaterialien sowie der stetige Versuch, die Qualität zu steigern. Auch an der Weiterentwicklung von Werkzeugen und Maschinen wird seit Jahrhunderten gearbeitet. So verlief die Entwicklung vom geschöpften Bogen zum Endlospapier, vom Rohstoff «Lumpen» zur Holzzellulose. Der Bedarf an Papier war immer stark abhängig von den Entwicklungen der Geisteswissenschaften, den wirtschaftlichen- und sozialen Zuständen, den Einbrüchen durch Naturkatastrophen und von Kriegen. Krise und Aufschwung gehören in die Geschichte des Papiers wie Yin und Yang in die chinesische Philosophie.

Ursprünge und Verbreitung

Vorläufer des Papiers gab es viele: Zeichen wurden auf Steine und Felsen gemalt und eingraviert. Dort, wo nicht Erosion und Witterungseinflüsse die Informationen verwischt haben, finden sich noch heute Dokumente aus alter Zeit. Tontafeln mit eingravierter Keilschrift, beschriftete Holz- und Bambustafeln, auf kostbare Seide geschriebene Texte, Papyrus aus den Sumpflandschaften Ägyptens und Pergament aus den gekalkten Häuten von Schafen, Ziegen und Kälbern sind weitere Beispiele für Schriftträger, welche man vor der Erfindung des Papiers gekannt hat. Die Suche nach neuen Werkstoffen hörte nie auf, und so wurden ganze Bücher auf Birkenrinde geschrieben und Kleider aus dem Rindenbast des Maulbeerstrauchs gefertigt.

In China entstanden um den Anfang des 1. Jahrhunderts v. Chr. erste papierähnliche Faserflächen aus Hanf, die im Jahre 105 n. Chr. von Ts'ai Lun verfeinert wurden und danach unter dem Begriff des echten Papiers in die Papiergeschichte Einzug hielten. China war zu jener Zeit bereits ein kulturell hoch entwickeltes Land und hütete seine technische Erfindung mit größter Vorsicht. Lediglich Korea, das seit 108 v. Chr. unter chinesischer Kontrolle stand, erfuhr durch buddhistische Mönche von der neuen Errungenschaft. Im Jahre 610 n. Chr. dehnte sich das Wissen über die Herstellung in östlicher Richtung nach Japan aus, und etwa 140 Jahre später gelang es über die Seidenstraße in den islamischen Raum: zuerst in die Handelsmetropole Samarkand und dann in die Kalifenstadt Bagdad, die zuvor ihr Papier aus China importiert hatte. Der seit dem 7. Jahrhundert in China und Japan für die Papierherstellung verwendete Maulbeerstrauch *Broussonetia kazinoki Sieb.* gedieh jedoch nicht in den Klimazonen des Mittleren Ostens. Dafür blickten diese Länder auf reiche Flachs- und Baumwollernten und begannen, ihr Papier aus Leinen- und Baumwollfasern, Produktionsabfällen aus der Textilindustrie und Lumpen zu fertigen. Wort, Bild und Papier ergänzten sich in kostbaren Exemplaren des Korans, in Gedichtbänden und in wissenschaftlichen Büchern.

Der Weg in den Okzident führte von Bagdad über Syrien und Ägypten in die muslimischen Emirate Südspaniens, nach Italien und im Jahre 1433 in die Schweiz. Mit der Erfindung und Verbreitung des Buchdrucks durch Johannes Gensfleisch alias Gutenberg stieg der Bedarf an Papier, und diese Entwicklung wurde nur bedingt durch

Kriegsereignisse unterbrochen oder reduziert. Das Papier wurde meistens aus Baumwoll- oder Leinengeweben in Form von Lumpen oder aus rohen Hanffasern geschöpft. Die Idee des Recyclings war also schon damals verbreitet, trotzdem wurde der Werkstoff für Papier immer wieder knapp. Dies führte zu Konflikten, Zollabgaben und sogar zum Verbot, Tote in Baumwoll- oder Leinentüchern zu bestatten. Man experimentierte mit alternativen Rohfasern, zum Beispiel aus Brennnesselgewächsen oder Stroh, diese genügten jedoch den Qualitätsansprüchen an hochwertiges Papier nicht. 1719 empfahl der Franzose Réaumur, zur Papierherstellung Holzfasern anstelle von Lumpen zu verwenden. 1790 erfand Nicolas-Louis Robert die Maschine zur Herstellung von Endlospapier. Der «Papierrausch» war danach nicht mehr aufzuhalten.

Kommunikation und Macht

Im Okzident wirkte Papier seit der Renaissance als Kulturkatalysator. Es waren das Wissen über die Papierherstellung und die Erfindung der beweglichen Lettern, die den Reformatoren die Möglichkeit boten, die Bibel in größeren Auflagen zu drucken und sich direkt an die lesekundige Bevölkerung zu wenden. Die Macht des geschriebenen Wortes führte zu größeren Mitbestimmungsmöglichkeiten der Menschen aus verschiedenen Schichten, und mittelalterliche Sinnbilder begannen auseinander zu fallen, die Kirche verlor ihr Wissensmonopol.

Jahrhunderte zuvor, unter der Dynastie der Nördlichen Song (960–1126 n. Chr.), wurde in China bereits das erste Papiergeld gedruckt und zur Zeit der Il-Khane-Dynastie am Ende des 13. Jahrhunderts auch im Iran eingeführt. Die Erfindung von Papiergeld verleitet bis heute überall auf der Welt zu Fälschungen, aber gleichzeitig haben sich die Sicherheitstechniken, die vom einfachen Wasserzeichen ausgingen, enorm weiterentwickelt.

Ausschnitt aus dem Bücherregal eines jungen buddhistischen Mönchs in Amdo, Osttibet. Manuskripte aus verschiedenen Langbüchern liegen lose gestapelt übereinander, während komplette Bücher zum Schutz in Textilien eingewickelt sind.

Papiertraditionen

Diese Entwicklungen im Abendland haben vorerst nur beschränkten Einfluss auf den Fernen Osten. In den abgelegenen Papiermacherdörfern Chinas, Vietnams, Myanmars oder Indiens scheint die Zeit still zu stehen. Papierbogen werden weiterhin nach alter Sitte geklopft, gegossen oder geschöpft. Nach dem Trocknen an Hauswänden oder auf der nackten Erde verleiht ihnen ein durch eine geschickte Hand geführter Achatstein eine glatte Oberfläche und Glanz. In Tibet hingegen erfolgte mit dem Ausbruch der chinesischen Kulturrevolution und dem Verbot, traditionelle Kulturgüter zu schaffen, wozu Papier, Schrift und Malerei gehören, eine Unterdrückung der Menschenrechte. Der Stillstand blockierte sämtliche Entwicklungen, doch hat er den Tibetern weder die Motivation noch die Freude an der Papierherstellung genommen. So setzt sich beispielsweise im kleinen tibetischen Dorf Nyemo bei Lhasa der Stolz einer über mehrere Generationen gewachsenen Papiermacherdynastie weiterhin durch, diesem Handwerk eine Zukunft zu gewähren. Noch wird der aufwändige Prozess zur Gewinnung des Rindenbastes aus der Wurzel der *Stellera chamaejasme* tagtäglich weitergeführt. Beinahe romantisch wirkt die Stimmung am Arbeitsplatz im beschatteten Innenhof unter einem Pfirsichbaum. Aber die Idylle trügt, denn auch diese Menschen würden sich natürlich die Arbeit gerne erleichtern und von modernen Entwicklungen profitieren.

Ästhetik und Funktion

Papier hat viele Facetten und wenn Ästhetik und Funktion miteinander kombiniert werden, entstehen ansprechende Objekte und Gestaltungselemente, zum Beispiel *Shojis*, japanische Papierschiebetüren, oder *Kasas*, Papierschirme aus Papiersegmenten, die über Bambusskelette gespannt werden. Sie vereinen Klarheit und Einfachheit in höchster Form. Dasselbe gilt auch für das weiße Papierkleid *Kamiko* der Samurais oder der Mönche, das Reinheit symbolisiert und gleichzeitig ein Zeichen der Askese ist. Auch das Papiergarn *Shifu* gehört in diese Kategorie; es entstand aus dem Gedan-

Die Wertigkeit des Papiergeldes wird längst nicht mehr in Frage gestellt. Geldscheine stapeln sich in einem buddhistischen Kloster in der Mongolei und lösen Opfergaben in Form von Naturalien ab.

ken der Wiederverwertung alter Textbücher. Früher verwendete man die aus Papiergarn gewobenen *Shifu*-Stoffe für profane Alltagsgegenstände, heute werden aus ihnen auch außerhalb des asiatischen Raums einfache, schlichte Designerartikel hergestellt.

Zeitgenössische Kunst

Am Ende des 20. Jahrhunderts ergeben sich durch die Kunst neue Annäherungen an die Sprache des Papiers. Verschiedene Schnittstellen fügen sich, ausgehend vom amerikanischen Kulturraum, aneinander, indem renommierte Kunstschaffende das Arbeiten mit Papierpulpe in ihre neuen Gestaltungskonzepte einbeziehen. Der *Papierismus* ist eine Entwicklung, die noch lange nicht zu Ende ist. Einige Kurzportraits am Ende des Buches stellen wichtige Exponenten und exemplarisch einige ihrer Werke vor, unter ihnen Robert Rauschenberg, der in Indien mit traditionellen Einrichtungen seine avantgardistischen Konzepte realisieren und neue Ideen entwickeln konnte; David Hockney, der seine Polaroid-Fotografien *Paper Pools* durch Gießen von eingefärbter Papierpulpe in großformatige Bilder transformierte; Karen Stahlecker, die Umweltprobleme in raumfüllenden Installationen thematisierte; der Schweizer Künstler Franz Gertsch, der erst in Japan durch den Papiermacher Iwano Heizaburo das ideale Papier für den Druck seiner differenzierten Farbholzschnitte fand; Andreas von Weizsäcker, der Originale und hüllenartige Abformungen aufeinander treffen lässt, und Dorothea Reese-Heim, die Bücher zu einem Teil ihrer künstlerischen Biografie werden lässt.

Ein kleines Netz von Kunstschaffenden sucht seine globalen Verknüpfungspunkte, eine neue Sprache der Kunst findet ihren Anfang. Die erste internationale Biennale der Papierkunst wurde 1981 im Leopold-Hoesch-Museum in Düren, Deutschland, ins Leben gerufen, und dieses Forum setzt sich bis in die Gegenwart fort.

Zu diesem Buch

Ich konnte über zwanzig Jahre lang Gedanken, Dokumente und Erlebnisse sammeln – daraus sind Kunstobjekte entstanden, und auch dieses Buch. Die Informationen gestalten sich wie übereinander geschichtete Papierbogen oder wie verkreuzte Papierfasern zu der vorliegenden Form. Es ist mir ein Anliegen, die Vergangenheit und die Entwicklungen der Gegenwart miteinander zu verknüpfen, in den Jahren vor unserer Zeitrechnung gesponnene Fäden wieder zu entdecken, an dieser komplexen Form der Zeitgeschichte weiterzuweben und der Selbstverständlichkeit des Papiers differenziertere Farben zu geben.

Ich beziehe mich dabei vor allem auf Kulturen und Gebiete, die ich selbst vor Ort erforscht habe. Ich hatte das Glück, Papiermacherinnen und Papiermachern der alten Schule, Initianten und Initiantinnen der Wiederentdeckung und der Wiederbelebung der alten Traditionen zu begegnen, mit ihnen zu diskutieren und ihre Arbeitsstätten zu besuchen – ein Stück authentisches Erleben, das mich ihre Arbeit umso mehr schätzen lehrt.

Wenn ich das gesamte Feld des Themas in Zeit und Raum betrachte, kann dieses Buch lediglich eine Kurzfassung sein. Doch ich hoffe, wer es gelesen hat, ist in Gedanken weit gereist. Denn Papier ist mehr als Papier, es stößt an Grenzen und öffnet Horizonte. Ein Prozess zwischen Chaos und Ordnung, sowohl für die Forschenden wie für die Papier- und Kunstschaffenden.

Der Blick in die Zukunft verspricht auch nach 2000 Jahren Geschichte Spannendes. Sind doch Wissenschaftler immer wieder auf der Suche nach neuen Bausteinen für hochwertiges, zeitgemäßes Papier, und Kunstschaffende nach individuellen Prinzipien, um ihre subjektiven Wahrnehmungen umzusetzen.

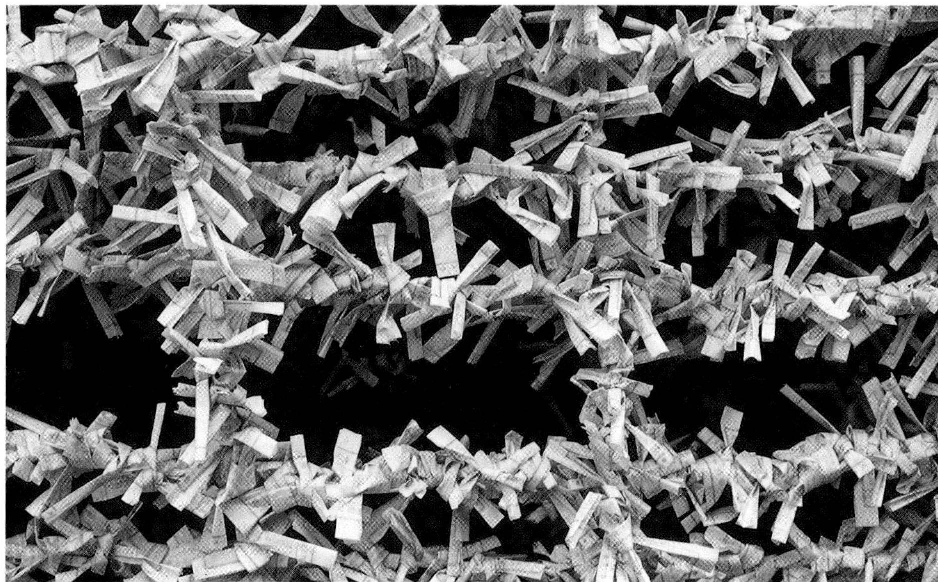

Glückszettel vor einem Schinto-Schrein in Kioto, Japan.

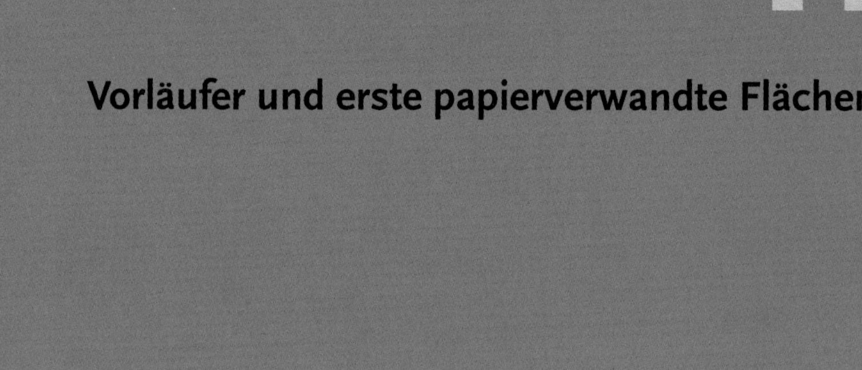

Vorläufer und erste papierverwandte Flächen

Beim Blick zurück auf die Vergangenheit stellen wir fest, dass Bücher in verschiedenen Formen längst vor unserer Zeitrechnung und vor der Erfindung des Papiers eine Hochblüte hatten. Und somit ist es nicht verwunderlich, dass es auch Büchersammler und Bücherliebhaber schon seit einigen tausend Jahren gibt. Bei den ursprünglichen Kulturträgern bestand der Anspruch an die Kompatibilität von Schriftträger, Schreibmittel und Schrifttyp in besonderem Maße. Diese drei Komponenten bedingten sich gegenseitig und funktionierten nur in optimaler Übereinstimmung. Eine gemeißelte Schrift in Stein, eine geprägte Schrift in Ton, eine geritzte Schrift in Metall oder eine mit Pinsel auf Papier geschriebene Kalligrafie, jedes einzelne Verfahren brachte die dafür geeigneten geraden, spitzwinkligen oder gerundeten Formabfolgen im entsprechenden Material hervor.

In unserer digitalisierten Gegenwart hat sich einiges geändert; dank technischer Errungenschaften der Datenverarbeitung ist die papierlose Datenerhaltung heute möglich. Doch beim Blick in die Zukunft stellt sich die Frage, ob die heutige Materie und die heutigen Inhalte die kommende Zeit ebenso lange überdauern werden, wie dies zum Beispiel bei den Tontafeln aus Babylon der Fall ist.

Seite 18: Bildobjekt *Gedankengefäß*, 1988. Geschöpftes Papier aus Baumwollpulpe mit Einschlüssen (Ausschnitt). 50x60cm.

Links: Ausschnitt aus einem Hirschstein bei Mörön, Mongolei, 12./11. Jahrhundert v. Chr. Hirschsteine sind Grabstelen aus der Bronzezeit, in die stilisierte Hirsche mit überlangem Geweih und einem Vogelschnabel graviert sind; der Kreis oben symbolisiert die Sonne.

Der nackte Fels, das Mark der Pflanze, gekalkte Haut, die Rinde des Baumes

Felszeichnungen und Gravuren

Das Aufzeichnen von Informationen und das Hinterlassen von Spuren entsprechen seit Urzeiten einem menschlichen Bedürfnis. Der Mensch drückte sich in Bildern aus, bevor er Ende des 4. Jahrtausends v. Chr. die ersten Schriftsysteme entwickelte, deren grafische Zeichen aus bildhaften Symbolen abgeleitet wurden. Zeichnen, Malen oder Gravieren auf und in Stein gehören zu den frühesten Manifestationen des menschlichen Gestaltungswillens. Und auch das Fixieren von Zeichen auf Felsen, zum Beispiel um Wege zu markieren oder um geheime Codes zu übermitteln, dient schon seit langem als Informations- und Kommunikationsinstrument.

Die ältesten Felszeichnungen in Europa stammen aus dem Oberen Paläolithikum (40 000 bis 10 000 v. Chr.) Als Basis diente die rohe, unbearbeitete Felswand. Petrogramme wurden mit Kohle und Erdfarben auf den Stein gemalt und Petroglyphen wurden in den Stein graviert oder gemeißelt. Diese Formen und Zeichen sind die einzigen Zeugen jenes frühen Zeitgeistes, doch die meisten Felszeichnungen sind in der Zwischenzeit durch die Erosion der Erdschichten zugedeckt worden, durch die Gewalt klimatischer Einflüsse in Felsstücke zerfallen oder zu Kieseln und Sand mutiert.

In der zweiten Hälfte des 4. Jahrtausends v. Chr. schrieben erstmals die Sumerer auf Tontafeln und die Ägypter meißelten Hieroglyphen in Stein. Um 2900 v. Chr. entdeckten die Ägypter den Papyrus als Schriftträger. Eine neue Epoche war angebrochen.

Eines der ältesten erhaltenen Werke der Weltliteratur, das Gilgamesch-Epos, wurde vermutlich ca. 1200 v. Chr. in Keilschrift auf Tontafeln geschrieben respektive mit einem dreikantigen Holzgriffel oder Rohr in den feuchten Ton eingedrückt. Keilschrifttafeln beweisen auch, dass zwischen Mesopotamien und Indien zu dieser Zeit bereits Handelsbeziehungen gepflegt wurden. Die 2–4 cm starken Tontafeln in einem Format von bis zu 40×40 cm wurden nach dem Beschreiben in der Sonne getrocknet oder im Feuer gebrannt. Sie bildeten für die Babylonier, Assyrer und andere vorderasiatische Kulturvölker bis zur Zeitwende den wichtigsten Beschreibstoff. Wertvolle Urkunden und Briefe wurden sogar mit Hüllen aus Ton geschützt.

In der Stadt Akkad soll König Sargon I. um 2750 v. Chr. die erste katalogisierte Bibliothek Asiens errichtet haben. In China entstanden ein paar Jahrhunderte später, während der Xia-Epoche (2100 – 1600 v. Chr.), die ältesten bekannten Bronzeplatten und -gefäße mit Schriften, welche mit Metallstiften eingeritzt wurden. Diese Tradition blieb bis zum Ende der Zhou-Dynastie (249 v. Chr.) erhalten.

Um 1750 v. Chr. wurde die babylonische Gesetzessammlung des Königs Hammurapi in Keilschrift in eine Stele aus Dioritstein gemeißelt. Die ersten steinernen Urkunden lassen sich auf das Ende des 4. Jahrtausends v. Chr. datieren und sind für Forschungszwecke von großem Wert. Auf vergänglichen Schriftträgern wie Amate, Haut oder Papier hätten wichtige Kultur- und Geschichtsdokumente die Zeit kaum überdauert. Es ist anzunehmen, dass selbst glatte Stelen, die keine Informationen mehr aufweisen, einst bemalt und beschrieben waren und die Farbpigmente sich im Laufe der Zeit aufgelöst haben.

Der Inhalt der beidseitig beschriebenen, gebrannten Tonscheibe aus Südkreta, genannt «Diskus von Phaistos» (ca. 1600 v. Chr.), konnte bis heute nicht entziffert werden. Es handelt sich vermutlich um eine Silbenschrift. Die bildlichen und linearen Zeichen sind mit Stempeln in den Ton gedrückt, eine Technik, die möglicherweise einen frühen Versuch des Druckverfahrens mit beweglichen Lettern darstellt.

Die auf Tontafeln geschriebene Amarna-Korrespondenz von 1380 v. Chr. dokumentiert ein weiteres Stück Zeitgeschichte. Sie besteht aus Briefen der babylonischen, syrischen, hethitischen und mitannischen Herrscher an die ägyptischen Pharaonen. Zu dieser bedeutenden Sammlung diplomatischer Korrespondenz gehört auch eine Tontafel mit einem 500-Zeilen-Brief des Königs Tuchratta von Mitanni an Amenophis III. aus Ägypten; dieser Brief ist in hurritischer Sprache verfasst und in Keilschrift geschrieben.

Tierknochen, das Schulterstück des Rindes, Schildkrötenschalen und -brustbeine dienten in China bis zum Ende der Yin-Dynastie (11. Jahrhundert v. Chr.) als Trägermaterial, in welches Orakelsprüche und Herrscherlisten eingeritzt wurden. Die Tradition hat sich in verschiedenen Regionen, zum Beispiel in der Mongolei und in Tibet, bis in die Gegenwart fortgesetzt. Aus dem 11. Jahrhundert v. Chr. sind Inschriften in Stein, Ton und Metall in der von den Phöniziern erstmals verwendeten Einzellautschrift, einer Konsonantenschrift, erhalten. Gegenüber den alten Bilderschriften war diese Lautschrift ein bedeutender Fortschritt. Sie markiert den Ausgangspunkt für die Entwicklung verschiedener Buchstabenschriften, zu denen auch das griechische und später das lateinische Alphabet gehören.

In China wurden zwischen dem 12. und dem 4. Jahrhundert v. Chr. hauptsächlich Holz- und Bambustafeln als Schriftträger verwendet. Bücher wurden aus zusammengeschnürten Tafeln hergestellt und waren entsprechend voluminös und schwer. Auch die Schriften von Konfuzius sind zum Teil auf Bambustafeln niedergeschrieben.

In der assyrischen Hauptstadt Ninive in Mesopotamien entstand zur Zeit des Königs Assurbanipal (669–626 v. Chr.) eine Bibliothek, die mehr als 20 000 Tontafeln mit Texten in sumerischer und babylonisch-assyrischer Sprache umfasste. Der Herrscher plünderte die Archive und Bibliotheken Mesopotamiens und integrierte die Schätze in seine eigene Bibliothek in Ninive. Erst im 19. Jahrhundert, zwischen 1849 und 1854, wurde diese Bibliothek ausgegraben.

Der chinesische Kanzler Zi Chan veröffentlichte 536 v. Chr. im chinesischen Lehnstaat Zheng ein Gesetzbuch, das vom Anwalt Deng Xi öffentlich bekämpft und in regelmäßig erscheinenden Texten kritisiert wurde. Diese Texte, auf Holz- oder Bambustafeln geschrieben, werden als die älteste chinesische «Zeitung» bezeichnet.

Im 3. Jahrhundert v. Chr. wurde Papyrus neben seiner Rolle als Schriftträger auch anderen Funktionen zugeführt: Aus geschichtetem, zusammengeklebtem Altpapyrus entstanden in Ägypten Mumiensärge, wie Funde in der Wüstenoase Fayum beweisen, eine frühe Idee des Recyclings.

In der Alexandrinischen Bibliothek der Ptolemäer arbeitete der Gelehrte Kallimachos von 260–240 v. Chr. an der Katalogisierung der 90 000 Titel, die 400 000 Papyrusrollen umfassten. Dieser monumentale Katalog bestand aus 120 Bänden, den *Pinakes*.

Der Erbauer der großen Mauer, Kaiser Qin Shi Huangdi, ließ im Jahre 212 v. Chr. das gesamte alte Schrifttum verbrennen und im Jahr danach 460 Anhänger des Konfuzius lebendig begraben, mit dem Ziel, die bisherigen Überlieferungen zu vernichten und der Qin-Dynastie (221–206 v. Chr.) unabhängige, neue Herrschaftsgrundlagen zu verschaffen. In dieser Zeit wurde in China zum ersten Mal ein papierähnlicher Beschreibstoff aus Seidenfäden, auch unter der Bezeichnung «Kokonpapier» bekannt, verwendet. Wahrscheinlich handelte es sich dabei um kurze, netzartig überlagerte und verfilzte Fadenschichten von Kokons. In der anschließenden westlichen Han-Dynastie (206 v. Chr.–9 n. Chr.) wurde erstmals eine Nachrichtenzeitung für die Beamten des gesamten chinesischen Reiches herausgegeben. Sie wurde auf so genannte Papierseide, Holz- und Bambustafeln sowie Textilien geschrieben. Die Zeitung erschien bis ins Jahr 1644 regelmäßig alle fünf Tage – bis 1628 wurde sie von Hand geschrieben.

Der berühmte Stein von Rosette, der aus dem Jahre 196 v. Chr. stammt und mit Inschriften in Neuägyptisch, Demotisch und Griechisch versehen ist, wurde 1799 gefunden. 24 Jahre später gelang dem französischen Forscher J. F. Champollion die Entzifferung der drei Schriftarten: Hieroglyphen, demotische Schrift, griechisches Alphabet.

Die eigentliche Geschichte des Papiers beginnt im 2. Jahrhundert v. Chr. Im Jahre 1957 wurde in einem Grab in der Provinz Shaanxi, China, ein Papierfragment gefunden, das die Tücken der Zeit über 2000 Jahre überstanden hat. Es wurde auf das Jahr 140 v. Chr. datiert und ist im regionalen Provinzmuseum Lanzhou, Nordwestchina, ausgestellt. Gleichaltrige Funde wurden 1997 gemacht. Während in China das so genannte Papier – eine durch mechanische Bearbeitung entstandene Fläche pflanzlicher Faserverbindungen – bereits bekannt war, schrieb man am anderen Ende der Seidenstraße noch immer auf Wachstafeln.

Unter Gaius Asinius Pollio begann man im Jahre 76 v. Chr. die erste systematisch geordnete und katalogisierte öffentliche Bibliothek in Rom anzulegen. Wenige Jahre zuvor war der römische Feldherr Julius Caesar mit spitzen Schreibgriffeln ermordet worden. Die unverdächtigen Werkzeuge konnten leicht in die Kurie, den Versammlungssaal des Senats in Rom, geschmuggelt werden.

117 n. Chr. schied der chinesische Minister Ts'ai Lun nach langjährigen Diensten am Hofe des Kaisers Ho Ti durch Freitod aus dem Leben. Ihm wurde während Jahrhunderten die Erfindung der Papierherstellung zugeschrie-

ben. Erst im 20. Jahrhundert datierten Forscher anhand von Ausgrabungen den Ursprung von Papier in China in die Zeit vor unserer Zeitrechnung zurück.[1]

Urkunden, Wissen, Poesie und Machtansprüche wurden also schon lange vor der Zeitwende schriftlich festgehalten, dokumentiert und aufbewahrt. Dass solche Dokumente auf Tontafeln oder Steinen noch erhalten sind, ist ein Glücksfall für die Geschichte der Menschheit. Das anorganische Material, das im Gegensatz zu anderen Schriftträgern wie Pergament, Papyrus und Papier biologisch nicht angreifbar ist, überlebte selbst Feuersbrünste. Durch den Erhalt dieser Schriftträger wurde Wissen über Kultur und Geschichte des Vorderen Orients sowie der ersten Großreiche über einige Jahrtausende tradiert. Die späteren, organischen Schriftträger sind viel vergänglicher: So sind die Briefe von Alexander dem Großen (356–323 v. Chr.) oder diejenigen des Kirchenlehrers Augustinus (354–430 n. Chr.) der Nachwelt nicht erhalten. Hingegen kennen wir die viel älteren Briefe des Hethiterkönigs Suppiluliumas I. (1380–1345 v. Chr.) oder des ägyptischen Königs Echnaton (etwa 1370–1352 v. Chr.)

Links: Das erste Papier diente als Verpackungsmaterial, wie hier für die noch heute in China beliebten «Teeziegel».

Unten: Wandmalerei im Jokhang-Tempel, Lhasa, Tibet. Sie illustriert, wie Gyanak Tulku den Jangtse überquerte: Er entrollte eine Schriftrolle, warf sie über den Fluss und überquerte auf ihr den Strom. Eine wunderbare Allegorie darauf, dass sich mit Papier und Schrift Abgründe überbrücken lassen.

Papyrusernte in Ägypten, Gravur und Wandmalerei im Grab von König Neferirkare in Saqqara, 5. Dynastie, 25./24. Jahrhundert v. Chr.

Papyrus und Rollbücher

Papyrus lässt sich als Beschreibstoff schon im frühen Reich der Thiniten in Ägypten nachweisen.[2] Er diente in der gesamten klassischen alten Welt als wichtigster Schriftträger. Dies dokumentiert eine einzelne Hieroglyphe, welche eine Papyrusrolle und ein Schreibrohr darstellt. Hieroglyphen[3] selbst fand man unter anderem ebenfalls auf Papyrusrollen.

Aus dem Grab des hohen ägyptischen Beamten Hemaka, dem Siegelbewahrer von Hor Den aus der 1. Dynastie (um 2870–2820 v. Chr.), stammt der älteste bekannte Papyrusbogen, der allerdings nicht beschriftet ist. Der Rohstoff war sehr gefragt und der Nachschub nicht immer gewährleistet. Somit verwundert es kaum, dass Papyrusdokumente erhalten sind, die nicht nur eine Botschaft, sondern zwischen den Zeilen auch eine Antwort oder eine Textergänzung enthielten. Aus heutiger Sicht betrachtet, stellen diese Texte bereits eine Art Vorwegnahme der heutigen Textverarbeitung dar mit einer Palette von Ergänzungsvarianten und Zwischenbemerkungen. Aus Sparsamkeit wurden die Rollen für den Privatgebrauch auch auf der Rückseite beschrieben.

Seit dem 2. Jahrhundert v. Chr. wurde Papyrus von Pergament konkurrenziert, da Letzteres eine größere Dauerhaftigkeit besaß. In der zweiten Hälfte des 1. Jahrhunderts v. Chr. gingen Papyrusproduktion und -handel stark zurück und im 9. Jahrhundert wurde Papyrus durch Papier praktisch verdrängt.[4] Eine Ausnahme bildete die päpstliche Kanzlei, die Papyrus bis ins 11. Jahrhundert verwendete.

Die Anfertigung von Papyrus ist im Werk *Naturalis Historiae* des römischen Schriftstellers Plinius Secundus (23–79 n. Chr.) dermaßen kompliziert beschrieben, dass selbst in der Brockhaus-Ausgabe von 1896[5] noch die Aussage steht, dass Papyrus aus der Rinde des Stängels produziert werde, was nicht stimmt. Die dreikantige Papyrusstaude *Cyperus papyrus L.* mit ihrer filigranen, fächerartigen Krone, wächst drei bis vier Meter hoch. Ihre Wurzeln werden als Brennmaterial verwendet, der Saft des Markes kann als Nahrungsmittel dienen, die Rinde wird zu Körben, Seilen, Schuhen und anderem Flechtwerk verarbeitet. Für die Papyrusherstellung wird ausschließlich das Mark der Pflanze verwendet. Nach dem Entfernen der Rinde wird dieses in dünne Längsstreifen geschnitten, die parallel und leicht

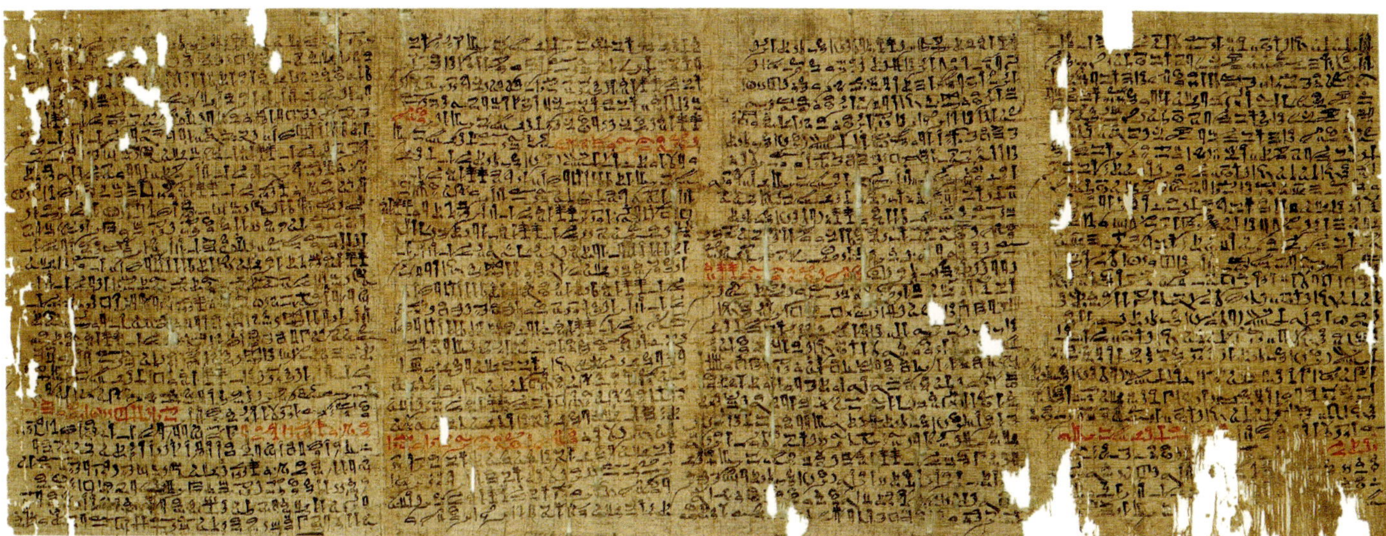

überlappend aneinander gefügt werden. Rechtwinklig zur ersten Schicht wird eine zweite Streifenschicht darüber gelegt. Das kreuzweise Schichten der Fasern stabilisiert die dünne Papyrusfläche. Durch Pressen verbinden sich die Fasern zu einer homogenen Fläche. Der Saft der Pflanze wirkt als Klebe- und Bindemittel, und durch nachträgliches Applizieren einer Mischung aus Leim, Essig, Wasser und Mehl bekommt die Oberfläche eine Art Imprägnierung.

Nach dem Trocknen verleiht das Abreiben oder Glätten mit Muschelschalen dem Papyrus Glanz. Oft wird er in Form geschnitten und bis zu zwanzig Bogen, genannt *kollemata*, werden aneinander geklebt, zu langen Bändern verbunden und aufgerollt. Diese ersten Rollbücher entstanden aus einem rein technischen Grund: Papyrus eignet sich wegen seiner Brüchigkeit nicht zum Falten. *Protokollon* wird das erste und *eschatokollon*[6] das letzte Blatt der Rolle genannt, diese beiden Blätter dienten gleichzeitig als Schutzumschlag. Die Papyrusstreifen verliefen auf der Innenseite horizontal, das heißt, der Faserverlauf entsprach der Schreibrichtung, wodurch das Schreibrohr bei seiner Führung den geringsten Widerstand erlitt. Ein gutes «Layout» war ein Qualitätsmerkmal; dies bedeutete, dass der Schreiber den Text nicht bis dicht an den Rand schrieb, weil Randpartien brüchig sind und kostbares Wissen somit hätte verloren gehen können. Bei den Griechen hiess die Schriftrolle *Kylindros*, sie bezogen sich dabei auf die zylindrische Form. Die Römer sprachen von *volumen* (lat. *volvere*) und dachten dabei an das Hin- und Herrollen beim Lesen. *Liber*, das Wort für Buch, oder *rotulus*

Oben: Papyrus aus der Zeit des Alten ägyptischen Reiches, 1794–1648 v. Chr. Text in hieratischer Schrift, einer aus den Hieroglyphen entwickelten Kursivschrift.

Mitte: Dünne, papyrusartig geschichtete Streifen aus gekochter und gepresster Spargelschale.

Unten: Wässern der getrockneten Papyrusstreifen, Ägypten.

für Rolle kamen im Lateinischen noch dazu. *Volume* wird in der englischen Sprache bei mehrbändigen Werken bis heute als Bezeichnung für den Einzelband verwendet.

Von Ägypten aus verbreiteten sich Buchrollen aus Papyrus in die antike Welt. Ein wichtiges Handelszentrum war die altsyrische Hafenstadt Byblos. In einem ägyptischen Bericht von Wen Amon ist zu lesen, dass ein ägyptischer König 500 Papyrusrollen feinster Qualität nach Byblos lieferte und als Gegengeschäft bestes Zedernholz bekam.

Die von 1750 bis 1765 durchgeführten Ausgrabungen in Herkulaneum am Golf von Neapel haben ganze Bibliotheken mit Papyrusrollen ans Licht gebracht, darunter auch die des Epikuräers Philodemus von Gadara. Allein in zwei Ausgrabungsjahren fand man über 250 Papyrusrollen mit lateinischen und griechischen Texten. Rollbücher aus Papier von Maulbeerstrauchfasern haben sich in Asien bis in die heutige Zeit erhalten.

Beim Experimentieren mit traditionellen Verfahren finden sich oft neue Lösungen wie zum Beispiel ein Ersatzstoff für die Papyrusfaser. Weshalb also die Schale von Spargeln wegwerfen? Durch zweischichtiges, kreuzweises Übereinanderlegen von dünnen Spargelstreifen entsteht eine papyrusähnliche Fläche, die je nach Trocknungsprozess flach bleibt oder eine erhabene Struktur bildet. Stabilität, Festigkeit und Farberhaltung des Materials versprechen allerdings keine unendliche Lebensdauer.[7]

Haut, Leder, Pergament

Das Bemalen und Bezeichnen von Haut ist eine alte Kulturtechnik. Seit Urzeiten werden Rituale praktiziert mit dem Ziel, menschliche Haut zu markieren, zu bemalen oder zu tätowieren. Es ist somit nahe liegend, gegerbte[8] Tierhaut, also Leder, als Beschreibstoff zu verwenden. Um 2500 v. Chr., möglicherweise auch früher, wurden in Ägypten bereits Urkunden auf Tierhaut geschrieben, aus dem Jahr 2000 v. Chr. ist eine beschriebene Lederrolle erhalten. Weitere bedeutende, wenn auch spätere Funde von Büchern aus gegerbter Haut sind die altmexikanischen Hirschhaut-Chroniken oder die hebräischen Thora-Rollen.

Bücher mit Ledereinband in der Bibliothek von Mohammed Hussein Mudjtahidin in Sultaniyeh, Iran.

Pergament, *charta pergamena*, entlehnt seinen Namen der antiken Stadt Pergamon, der Hauptstadt des 283 v. Chr. gegründeten Pergamenischen Reiches im Nordwesten Kleinasiens. Während der Regierungszeit von Attalus I. Soter und Eumenus II. im 2. Jahrhundert v. Chr. wurde in Pergamon eine Bibliothek gegründet, welche diejenige von Alexandria konkurrenzieren sollte. In diesem Zusammenhang muss man die Erfindung des Pergaments sehen: Der ägyptische König Ptolemäus Philadelphus erließ ein Exportverbot für Papyrus und wollte damit die Produktion von Büchern in Pergamon verhindern, damit die Bibliothek von Alexandria die weltweit größte blieb. Er hatte nicht damit gerechnet, dass sein Verbot in Pergamon die Entwicklung einer interessanten Alternative, nämlich des Pergaments, auslösen würde. Die ungegerbte Haut von Schaf, Ziege, Kalb, Schwein oder Esel wurde in einer Kalklösung behandelt und enthaart, anschließend gespannt, geschabt, getrocknet und poliert. Die Weiterentwicklung der Tierhaut zum Pergament war demnach keine Neuerfindung, sondern eine Perfektionierung des Materials, es konnte nämlich beidseitig beschrieben werden.

Doch das Schicksal nahm seinen Lauf und die rund 200 000 Bände der Bibliothek von Pergamon wurden gemäß den Ausführungen des Historikers Plutarch im Jahre 133 v. Chr. von Marcus Antonius der verführerischen Pharaonin Cleopatra vermacht und gelangten somit ausgerechnet in die Bibliothek von Alexandria.

Das über alle Zeitepochen kostspielige Pergament wurde im Altertum und Mittelalter durch Abschaben oder Abwaschen des Textes in seine Ursprungsform zurückversetzt und konnte dadurch erneut beschrieben werden.[9] Doch durch das Entfernen der Texte gingen wertvolle Informationen verloren. Die ursprüngliche Schrift kann inzwischen mit ultraviolettem Licht durch Fluoreszenzfotografie oder mittels Chemikalien wieder sichtbar gemacht werden, denn Tinte und Tusche dringen in das Substrat ein und hinterlassen Spuren.

Pergament wird noch heute für spezielle, würdevolle Dokumente verwendet. Während der Industrialisierung wurden Ersatzarten in Form von Pergament- und Pergaminpapier entwickelt. Ersteres, ein saugfähiges Rohpapier aus Zellulosefasern, wird in der Pergamentiermaschine mit Schwefelsäure behandelt. Dadurch verschwindet die Faserstruktur, es wird durchscheinend, Fett abstoßend, teilweise wasserfest und dampfdurchlässig. Das Pergaminpapier hingegen wird aus sehr fein gemahlenem Sulfitzellstoff hergestellt, welcher dem Papier eine stark satinierte Oberfläche verleiht. Es handelt sich um ein dünnes, durchscheinendes Papier.

Neues Testament nach der Version der Peschitta, die in der nestorianischen Kirche des Ostens in Gebrauch war. In ostsyrischer Estrangelo-Schrift auf Pergament geschrieben, zwischen dem 9. und 13. Jahrhundert n. Chr., Iran.

Palmblätter und Birkenrinde

Eine Vielzahl der in der Natur vorkommenden Materialien wird seit Jahrtausenden beschrieben oder eingeritzt, denn der Forschungsdrang, einen neuen Schriftträger zu entdecken, setzte sich über die Jahrhunderte und in vielen Regionen fort. In Indien waren es Palmblätter, die in Bündeln zu schmalen Büchern geschnürt wurden.[10] Funde aus den ersten nachchristlichen Jahrhunderten belegen die Nutzung von Blättern der Talipot-Palme *Corypha umbraculifera*, später auch der Palmyra-Palme *Borassus flabelliformis*.

Die Indianer Nordamerikas schrieben ihre Bilder- und Zeichensprache mittels Holzstäbchen und flüssigen Farb-

Buddhistische Sutra in einem Ledereinband. Der Sanskrit-Text ist auf Birkenrinde in der Brahmi-Schrift des Typus Gilgit/Bamiyan II geschrieben. 7.–9. Jahrhundert n. Chr., Tibet-Museum in Lhasa.

pigmenten auf die Rinde der *Betula papyrifera* aus der *Betulaceae*-Familie, bekannt als Weißbirke, Silberbirke oder Papierbirke. Die Rinde weist eine parallel verlaufende Faserrichtung auf und lässt sich horizontal in großzügigen Streifen vom Stamm ablösen.

Eines der wichtigsten auf Birkenrinde geschriebenen Dokumente ist ein buddhistischer Text aus dem 4.–5. Jahrhundert n. Chr., der in Sanskrit[11] verfasst und im altindischen Brahmi-Alphabet geschrieben ist. Das Manuskript wurde eher zufällig entdeckt, als im Jahre 1890 die britische Regierung Indiens den Leutnant Hamilton Bower beauftragte, den afghanischen Mörder des Briten Andrew Dalgleish im Tarimbecken aufzustöbern. Dabei erwarb Bower das Manuskript, das in der Fachwelt auf großes Interesse stieß, von einem Grabräuber in Ostturkestan. Der Fund widerlegt die damalige Ansicht, dass sich in der Wüste Taklamakan[12] lediglich islamische Zeugnisse finden lassen. Das Dokument ist unter der Bezeichnung *Bower-Manuscript* in Oxford archiviert.

Ein weiteres wertvolles Buch ist im Tibet-Museum in Lhasa ausgestellt. Die Seiten des in Leder gebundenen Buches mit einer seitlichen Schutzlasche bestehen aus Birkenrinde und der Sanskrit-Text, eine buddhistische Sutra, ist in der Brahmi-Schrift des Typus Gilgit/Bamiyan II geschrieben; diese Schrift war in Zentralasien vom frühen 6. bis ins 9. Jahrhundert n. Chr. verbreitet. Weder die ursprüngliche Herkunft des Buches noch sein Alter sind bekannt, auch nicht, zu welchem Zeitpunkt es nach Lhasa kam.

Im Nachlass des 1894 in Tibet ermordeten französischen Forschers Jules Dutreuil de Rhins tauchte ein weiteres Manuskript auf Birkenrinde auf; er hatte es 1892 in Khotan erworben. Der Text ist in der Kharoshthi-Schrift geschrieben und in der nordindischen Gandhari-Volkssprache Prakrit verfasst. Indische Handschriften auf Birkenrinde sind bekannt aus dem 1. bis ins 17. Jahrhundert. In jüngerer Zeit wurden Texte auch auf Lindenbaumrinde geschrieben.

Die Aborigines, die Ureinwohner Australiens, verwenden bis heute Baumrinde als Malfläche für ihre nach traditionellen Gestaltungselementen konzipierten Bilder. Ebenfalls in Australien und auf benachbarten Inseln ist auch der Papierrindenbaum der Gattung *Melaleuca* aus der Familie *Myrtaceae* sehr verbreitet. Seine weiße Rinde lässt sich in dünne Schichten trennen und ablösen. Es ist jedoch nicht bekannt, dass die Rinde als Beschreibstoff verwendet wurde oder wird; aus den Blättern wird Öl gewonnen, das früher in verschiedenen Gebieten des Orients medizinischen Zwecken diente.

Tapa und Amate

Geklopfter Rindenbast, textilverwandte Flächen für den Alltag

Die Herstellung von Tapa war ziemlich weit verbreitet, besonders in Kulturen, die an den Äquator angrenzen, hauptsächlich jedoch in Polynesien[13], Indonesien, Mexiko und Ecuador. Tapa sind geklopfte Faservliese aus dem inneren Rindenbast des Brotfrucht-, Maulbeer- oder Feigenbaums. Tapa bedeutet «das Geklopfte, Gehämmerte» und ist in Polynesien auch unter dem Namen *Kapa* bekannt.

Die einfachste Tapa-Technik dürfte vor etwa 15 000 Jahren entstanden sein, genauere Datierungen aus dieser Zeit fehlen jedoch. Andere Hinweise führen nach China, wo geklopfter Rindenbast angeblich 4000 v. Chr. angefertigt wurde. In der Lop-Nor-Gegend, in der westchinesischen Provinx Xinjiang, wird Tapa bis heute für Tücher und Kleider verwendet. Am anderen Ende der Welt, in Peru, wurden bei Ausgrabungen im 20. Jahrhundert Tapa-Fragmente aus der Zeit um 2100 v. Chr. gefunden.

Bei den Ureinwohnern Taiwans tritt die Vorsilbe *tap/tab* im Zusammenhang mit Textilbezeichnungen auf, zum Beispiel *tabalankas, tapan, tapa* oder *tapah* für Tuch oder Decke; *tarp, tapes* für Hüftband und *tapir, tapal, tapacha* für Hose. Einzelne Stämme verfeinerten das Herstellungsverfahren von Tapa. So belegen chinesische Dokumente[14], dass der in den Bergen lebende Stamm der Sui-sa-lian seit dem 3. Jahrhundert n. Chr. bis zum Anfang des 19. Jahrhunderts Faserflächen aus verschiedenfarbigem, geschichtetem und geklopftem Rindenbast produzierte, die eine hell/dunkle Musterung aufwiesen. Für feine und äußerst bunte Tücher klopften und verflochten die Stammesangehörigen Rindenbaststreifen vermischt mit gefärbten Hundehaaren, woraus kompakte Faserflächen entstanden.

Die Verarbeitung der Baumrinde zur geschmeidigen Bastfaser ist ein handwerksintensiver, langwieriger Prozess. Von bis zu zwei Meter langen astfreien Stämmen wird die Rinde über das dünnere Ende hinweg abgezogen. Die äußere, graugrüne Bastschicht wird von der noch feuchten Rinde abgeschabt[15], der darunter liegende, innere Rindenbast wird

Herstellung von Tapa durch Klopfen von Rindenbaststreifen, Insel Mauna Kea, Hawaii. Ein etwa 3 cm breiter Streifen wird durch das Klopfen mit dem Schlagholz bis zu 25 cm breit.

spiralförmig aufgewickelt und im Wasser vor dem Austrocknen geschützt. Die Fasern können vor der Weiterverarbeitung bis zu acht Stunden gekocht werden. Die Zugabe von Holzaschenlauge mit alkalischer Wirkung beschleunigt den Prozess, die Fasern werden geschmeidig. Auf einer Unterlage aus Holz oder Stein wird das Bastband mittels Tapa-Klopfern geschlagen, damit die Fasern defibrillieren. Die gerillte Oberfläche des Schlagholzes bewirkt eine gleichmäßige Verteilung der Fasern. Durch das Klopfen vergrößert sich das Material bis zu seinem Zehnfachen. Die einzelnen Flächen werden feucht gehalten und später durch Übereinanderlegen der Seitenränder mit natürlichen Harzen verklebt und dadurch verbunden. Je nach Verwendung werden beliebig große Flächen mit vliesähnlichen, textilen Eigenschaften gefertigt.

Tapa-Stoffe dienten einst als Alltagsbekleidung. Ganze Indianerstämme gestalteten ihre mit Federn und Korallen geschmückten Kleidungsstücke aus geklopftem Rindenbast. Tapa wurde auch für Hausinnenwände, beim Schiffsbau oder als Verpackungsmaterial genutzt. Symbolische Bedeutung wird Tapa bis heute bei religiösen Zeremonien zugesprochen. Bei der Bestattung von Toten hilft dieses Material, die angeblich anwesenden Vorväter zu beruhigen.

Rasterartiges Auslegen und Klopfen der Fasern mit einem Vulkanstein bei der Herstellung von Amate.

Weit vom Äquator entfernt, entwickelte der Spitzenhändler Boileau 1718 in Paris ganz neue Dimensionen dieses Materials. Er stellte Mäntel, Jupes und selbst Corsagen aus «indianischem Papier» vor, und diese Kleidungsstücke waren mit Leinwand gefüttert. Es heißt, dass Damen, die etwas auf sich hielten, in jenem Sommer kostspielige Tapa-Kleider[16] von Boileau trugen. Die Rinde des Baumes – eine Haut, die noch heute zu Kleidern verarbeitet wird. Dies trifft zum Beispiel auf die Lop-Nor-Gegend bei Loulan im äußersten Osten der Wüste Taklamakan zu, aber auch Baumrindenstoffe aus Uganda finden in Form von modischen Kleidungsstücken oder Polsterstoffen in Europa ihre Kundschaft. Tapa ist möglicherweise die erste Form von *non woven's* oder Vliesstoffen, die in der modernen Textiltechnologie zunehmend gefragt sind.

Wegen der mit Papier artverwandten Rohstoffe und Verarbeitungsprozesse wird Tapa auch «Pseudopapier» genannt. Die grobfaserigen Flächen sind oft mit grafischen Gestaltungselementen verziert. Die Musterungen werden mit Holzstäbchen oder pinselähnlichen Werkzeugen appliziert und einzelne wiederholt angeordnete Motive werden mit kleinen Holzmodeln oder -stempeln gedruckt. Die Holzstempel können als ein Vorläufer des Druckstocks beim Blockdruck, der erst im 8. Jahrhundert erfunden wurde, betrachtet werden.

Amate – Herstellung und kulturelle Entwicklungen

Amate wird in einer verfeinerten Tapa-Technik fabriziert und gehört zur Reihe der Pseudopapiere. Es wird noch heute in verschiedenen kleinen Handwerkstätten Mittel- und Südamerikas und vor allem in San Pablito, einer Gemeinde der Otomi-Indianer in der Sierra Madre, Mexiko, hergestellt.

Amate, auch als *huun*[17], Maya- oder Otomi-Papier bezeichnet, besteht aus dem inneren Rindenbast verschiedener Ficus-Arten. Der frische Rindenbast enthält Latex, und die daraus hergestellten Rindenbastpapiere werden durch diesen Extrakt imprägniert. In den Hochkulturen Mexikos wurden auch Fasern der Agave-Art *Maguey* verwendet. Die Technik der Amate-Herstellung war bei den meisten Stämmen von Bolivien bis nach Chiapas und Yucatan verbreitet.

Die dünnen, in Holzaschenlauge gekochten Baststreifen der ehemals wild und üppig wachsenden Ficus-Bäume werden kreuzweise oder spiralförmig auf einem Brett angeordnet. Die Blattbildung erfolgt durch das Klopfen der sich verfilzenden Fasern mit einem gerillten Steinklopfer[18] von ovaler oder quadratischer Form. Es entsteht eine Fläche, die kompakter und dichter ist als polynesisches Tapa, weil die Fasern in einem Kreuzraster angeordnet werden. Außerdem weist Amate eine einseitig glatte Oberfläche auf, die durch das Trocknen auf der Holzunterlage entsteht, Tapa hingegen wird zum Trocknen aufgehängt oder ausgelegt.

Gemäß dem *Codex Mendoza*[19] forderten die Azteken anfangs des 16. Jahrhunderts von ihren Untertanen, den Otomis, große Mengen Amate-Papier als Tribut. Heute liegen die kulturellen Prioritäten anders, und Rindenbaststoffe werden auch in der Sierra Madre nur noch von einer immer kleiner werdenden Anzahl Menschen angefertigt. Hinzu kommt das Problem der Einführung der großflächigen Kultivierung neuer Pflanzen, welche die einheimischen Pflanzen bedroht und verdrängt.

Das so genannt altamerikanische Papier Amate gilt als heilig und diente nicht nur als Beschreibstoff und als Träger für den Stempeldruck, sondern wurde bereits im 1. Jahrtausend v. Chr. auch für den Papierschnitt eingesetzt. Die Otomi-Indianer leben in enger Beziehung mit der Natur und den Elementen, sie zelebrieren religiöse und magische Rituale zur Heilung von Krankheiten, für die Fruchtbarkeit und den Göttersegen. Dabei symbolisieren Figuren aus hellem Papier die Macht der guten Geister und diejenigen aus dunklem Papier die Macht der bösen Geister. Während früher die Papiere ausschließlich dem Hexenmeister *brujo* oder dem Dorfzauberer zur Verfügung standen, gelangen nun seit vielen Jahren bunt bemalte Papiere auf den Markt und werden an Touristen verkauft.

Reispapier

Eine verwirrende Begriffsverwendung

Reispapier ist wesentlich jünger als Washi[20], handgeschöpftes Japanpapier, oder Reisstrohpapier.[21] 1634 wurde erstmals in einem Buch über chinesische Berufe[22] davon berichtet, und im Jahre 1727 erwähnte es ein französischer Missionar in einem Brief an seinen Vorgesetzten in Paris. Erst 1805 brachte Dr. Livingston das Reispapier nach Europa. Das eher empfindliche, poröse Material, das von seiner Verarbeitung her nicht mit Papier zu vergleichen ist, hat seine Bezeichnung wegen seiner hellen, durchscheinenden und körnigen Oberfläche und dem papierähnlichen Aussehen erhalten.[23]

Da die Nachfrage nach diesem Material immer größer wurde, begann man in Taiwan ab 1850 Reispapierbäume auf großen Plantagen zu züchten, und Reispapier wurde zum Exportartikel. 1903 wurden 7,5 Tonnen nach Hongkong und Kanton verfrachtet. Ungefähr 2000 Personen malten in Taiwan Aquarell-Miniaturen auf das reisweiße Material oder gestalteten aus gefärbtem Reispapier künstliche Blumen. Diese Produkte erfreuten sich großer Beliebtheit als Geschenkartikel unter den Handelsreisenden entlang der Seidenstraße. Selbst in der Hutkonfektion fanden minderwertige Markteile wegen ihrer idealen Formbarkeit zur Verstärkung ihre Verwendung. Die Fabrikation von Reispapier wurde jedoch in den letzten Jahrzehnten durch das Aufkommen der Kunststoffe nahezu verdrängt.

Spiralförmiges Mark des Reispapierbaumes

Der Rohstoff für echtes Reispapier ist das Mark des so genannten Reispapierbaumes, bekannt unter den Namen *kung-shu, tung-tsaon* und *bokshung* mit dem botanischen Namen *Tetrapanax papyrifera* oder *Fatsia papyrifera* aus der Pflanzenfamilie der *Araliaceae*. Der wild wachsende Reispapierbaum findet sich hauptsächlich in Nord- und Zentral-

Spiralförmiges Zuschneiden des inneren Marks des *Tetrapanax papyrifera* unter einem Reispapierbaum in Formosa, heutiges Taiwan, zur Erzeugung von echtem Reispapier.

Im Gegensatz zum Reispapier, das geschnitten wird, ist für die Herstellung von Reisstrohpapier ein Rahmen zur Auflage des Bambussiebes notwendig. Papiermacher im Heqin-Bezirk, Provinz Yunnan, China.

taiwan sowie im Süden Chinas. Die Pflanze gedeiht am besten in tropischen, regenreichen Klimazonen. Sie wächst in einem Jahr 60–90 cm und erreicht ihre volle Höhe (3–7 m) nach fünf- bis siebenjährigem Wachstum. Sie wird auch auf Plantagen kultiviert; dies hat den Vorteil, dass ab dem dritten Wachstumsjahr die Seitentriebe, die ein regelmäßiges Wachstum des Stammes beeinträchtigen, entfernt werden können.

Reispapier kann nicht den herkömmlichen geschöpften, gegossenen oder geklopften Papieren zugeordnet werden. Es weist wegen seines Herstellungsprozesses eine Verwandtschaft zum Papyrus auf. Bei beiden Pflanzen wird das Mark in dünne Streifen geschnitten und durch Pressen gefestigt. Äste des *Tetrapanax papyrifera* mit einem Mindestdurchmesser von 5 cm werden in 30–35 cm lange Stücke geschnitten und etwa fünf Tage lang in Wasser gelegt, damit sich das Mark vom Rindenteil zu lösen beginnt und mittels eines Holz- oder Metallstabs herausgestoßen werden kann. Nach dem Trocknen folgt die anspruchsvollste Aufgabe, die Blattbildung. Auf einem Holzbrett oder einer rauen, gebrannten Tonplatte von etwa 45 × 20 × 2 cm, mit in Längsrichtung seitlich erhöhten Kanten, wird das zylinderförmige Mark spiralförmig geschnitten. Das sehr scharfe, lange Messer liegt in einem bestimmten Anstellwinkel auf den erhöhten Kanten, während das Mark auf der tiefer liegenden Ebene gedreht wird. Dadurch entstehen dünne, opake Bänder mit feiner elfenbeinartiger Textur. Ein Band kann je nach Durchmesser und Konsistenz des Marks bis zu 130 cm lang sein. Die Breite richtet sich nach der Länge des Markzylinders. Mehrere Bänder werden aufeinander gelegt und mit Steinen beschwert, sie können unmittelbar danach in kleine Bogen geschnitten werden. Die Formate bewegen sich üblicherweise zwischen 10 × 15 cm und 25 × 35 cm. Qualität und Farbe des Reispapiers – von blendend weiß bis eierschalenfarbig – sind auf den Rohstoff zurückzuführen.

Während früher die Kultivierung der Pflanzen wie auch die Papierherstellung in Familienbetrieben stattfand, ging man später wie in vielen anderen Bereichen zur Arbeitsteilung über. Den Bergbewohnern oblag die Aufzucht der Pflanzen, während die Bevölkerung in den Tälern, organisiert in Genossenschaften, die Verarbeitung und den Export übernahmen. Doch auch hier hat die Zeit ihre Spuren hinterlassen. Die Kunden fehlen und die Handwerker haben sich anderen Berufsrichtungen zugewendet. Eine Ausnahme bildet die taiwanesische Familie Cheng, die in der fünften Generation noch immer Reispapier herstellt.

Echtes Reisstrohpapier in Asien

Im Gegensatz zu Reispapier ist Reis*stroh*papier in Asien noch immer verbreitet, doch entspricht die Qualität des Papiers nicht der westlichen Vorstellung von weißem, handgeschöpftem, asiatischem Papier. Verglichen mit dem hochwertigen japanischen Washi aus Kozo (Maulbeerstrauchfaser) erreichen die ästhetischen und haptischen Eigenschaften von Reisstrohpapier meistens nur eine geringere Qualitätsstufe. Dank seiner Verwendung als Geistergeld *huo chih* oder als Geld für die Götter findet es allerdings Eingang in die Rituale des Buddhismus und Taoismus.[24]

Die eher raue, dadurch stark strukturierte, gelbliche Papierfläche eignet sich kaum für kalligrafische Pinselstriche oder das unbehinderte Führen eines Bambusrohres auf der Papierfläche, dafür gelingt das Bedrucken mit einfachen, meist roten Stempeln oder das Veredeln durch Collagieren mit Folien und Gold- oder Silberblatt-Laminierung.

Die Verarbeitung von Reisstroh ist im Vergleich zu Rohstoffen wie Rindenbast und Bambus wesentlich weniger aufwändig und verursacht geringere Kosten als andere Papierqualitäten. Dieser Faktor führte dazu, dass handgeschöpfte Reisstrohpapiere auch als Verpackungsmaterial oder als Hygienepapiere *tshao chih* Verwendung fanden. Alleine für den kaiserlichen Hof wurden gegen Ende des

14. Jahrhunderts in China große Mengen produziert. Genauere Angaben waren beim *Office of Imperial Supplies* vor allem in Bezug auf die Qualität ausfindig zu machen: Das Papier war gelblich, parfümiert und dick, aber weich. In Bezug auf die Menge wurde festgehalten, dass die kaiserliche Manufaktur ein Rohstoffdepot hatte, das den Namen «Elefantenberg», *Hsiang Shan*, trug.[25]

In abgelegenen Gegenden Chinas wird heute noch artverwandtes Papier aus Recyclingmaterial angefertigt und auf dem Markt nach minutiösen Gewichtsangaben verkauft. In Indonesien, wo das Reserveverfahren[26] Wachsbatik gepflegt wird, dient Reisstrohpapier zum Entfernen des Wachses beim Ausbügeln nach dem Färbeprozess. Die gleichen Papiere, mit sichtbaren Reststücken von Reiskornhüllen, werden auch für die Verpackung von kunstvoll gestalteten Holzskulpturen eingesetzt.

Ein Sieb als Auflage für den Holzrahmen. Die filigranen Bambusstäbchen erzeugen die Textur des Papiers. Blütenblätter im Hintergrund sind in allen Kontinenten als Dekorationselement beliebt. Aufnahme im Durchlicht.

Papier und Filz

Ähnliche Material- und Verfahrensaspekte

Es gibt mehrere Gemeinsamkeiten zwischen Papier und Filz, besonders was die Materialität und die Herstellung betrifft. Im Shaanxi- Provinzmuseum in Xi'an befindet sich eines der ältesten Papiere, das je in China gefunden wurde. Was die Herstellung dieses in Kapitel 3 erläuterten Papierfragments betrifft, waren sich die Forscher lange nicht einig; es war nicht klar, ob es sich um ein von Menschenhand gefertigtes oder ein durch natürliche Feuchtigkeit und Druck entstandenes filzähnliches Papiergebilde handelt. Bei der Analyse des Rohstoffes fanden sich ausschließlich pflanzliche Fasern, was darauf schließen lässt, dass die Fläche bewusst von Menschenhand gefertigt wurde. Deshalb anerkennt die Wissenschaft heute diese Faserflächen als Papier. Weitere Exponate aus der Zeit der westlichen Han-Dynastie (206 v. Chr. – 9 n. Chr.) befinden sich im Regionalmuseum in Lanzhou am Gelben Fluss, in der Provinz Gansu. Die Papiere wurden von der Museumsdirektorin im Jahre 1999 einfach als «Raue Papiere» bezeichnet, die vermutlich aus Rohstoffen wie Baumwolle, Seide, Hanf oder Lumpen bestehen. Sie stammen aus der Region der Garnisonsstadt Jiayuguan.

Die Herstellungsprozesse von Filz und Papier weisen durchaus Parallelen auf. Während der Rohstoff für Filz hauptsächlich aus Tierhaaren besteht (in der maschinellen Produktion auch aus synthetischen Fasern), sind es beim Papier pflanzliche Fasern, die zu Schichten verdichtet werden. Beim Filz erfolgt beim Walken[27] eine Verkettung der Haare, verursacht durch das richtungsabhängige Friktionsverhalten (Verfilzen) und durch die Schuppenstruktur der Haare. Beim Papier überlagern sich die Fasern während des Schöpfens oder Gießens. Die Faserbindung entsteht nach der Blattbildung ohne weitere Lageveränderung durch Nebenvalenzbindungen[28] von Faser zu Faser bei der Trocknung.

Mikroskopisch betrachtet sind bei Papier und Filz ähnliche Faserverkettungen feststellbar. Bei beiden Verfahren ist die Überlagerung der Fasern nicht nur bezüglich ihrer Festigkeit und Stärke kontrollierbar, sondern auch was den Verlauf der Faserrichtung angeht. Während beim Filz die Fasern von Hand in die gewünschte Richtung oder auch kreuzweise überlagert geschichtet werden, wird dies beim Papier durch die Bewegungen des Schöpf- oder Eingusssiebes beeinflusst. In der industriellen Fertigung übernimmt die Maschine diese Aufgabe. Ausschlaggebend für die Faserrichtung ist die spätere Verwendung des Produkts.

Es wird davon ausgegangen, dass die ersten Papierflächen im Eingussverfahren auf einer gewobenen textilen Fläche, die unter einen Holzrahmen gespannt war und als Entwässerungsinstrument diente, hergestellt wurden. Das gerippte Bambussieb für die Blattbildung ist erst seit dem 4. Jahrhundert n. Chr. in China bekannt und es ist nicht ausgeschlossen, dass vergleichbare Bambussiebe zuvor für die Herstellung von Filz verwendet wurden. Das bereits im 4. Jahrhundert v. Chr. bekannte Filzverfahren ist anhand der Funde im Kurgan 5 von Pazyryk im Altai-Gebirge belegt.[29] Die in traditioneller Technik gefertigten Filzflächen waren als Vordach, Unterlagen für Wohn- und Schlafraum oder als Pferdesattel weit verbreitet.

Die ursprüngliche Technik der Verfilzung von Fasern durch mechanisches Verfestigen wie Stampfen und Klopfen auf beziehungsweise in einem Trägermaterial (Textilgewebe oder Bambusmatte) scheint die wahrscheinlichste Vorform des Papiermachens zu sein, und Filz wäre demnach das Bindeglied zwischen Tapa und Papier. Der entscheidende Schritt von der Verfilzung von Haaren zur Herstellung von Papier hat darin bestanden, die eher trockene, mechanische Herstellung von Vliesen wie Tapa oder Filz durch das Entwässern einer dichten Faserstoffsuspension aus der Bütte mittels eines Siebes zu ersetzen. Bambus-, Gras- oder Schilfsiebe werden im Fernen Osten noch heute zum Schöpfen von Papier verwendet.

Die Verfahren orientieren sich an den Gegebenheiten oder Bedürfnissen vor Ort. Die Verwendung des Rohstoffes hängt von den vorhandenen Tieren und Pflanzen ab; so habe ich am Rande der Wüste Gobi Filz aus Kamelhaaren angetroffen und in den nördlichen Gegenden Filz aus Schafhaaren. In Tibet wird in Höhenlagen über 3000 m der Filz aus Yak-Haaren gefertigt und in tieferen Lagen aus Schaf- oder Ziegenhaaren. Wie die Rohstoffe variieren auch die Zusätze in den verschiedenen Ländern. In der Mongolei wird das vorhandene Grundnahrungsmittel Zucker in Wasser aufgelöst, während in anderen Gegenden Seifenlauge den Haaren zugesetzt wird. Beide Varianten beschleunigen den Prozess des Filzens. Mit Papier verhält es sich ähnlich. In Japan wird der Maulbeerstrauch, in Nepal Daphne und in China Bambus verwendet; im Mittleren Osten benutzte man früher Baumwollfasern als Rohstoff. Die Zusätze für die Blattbildung reichen von Wurzelextrakten aus einheimischen Pflanzen bis zu lokaler Tonerde. Durch diese kulturellen Abweichungen, die leider zunehmend verschwinden, ergeben sich die spannenden Unterschiede in den jeweiligen Produkten.

Filz wie auch Papier können funktionelle wie auch gestalterische Aufgaben erfüllen. Bei der Konstruktion des fernöstlichen Papierschirms, dessen einzelne Papiersegmente über einen speichenartigen Unterbau aus Bambus geklebt werden, gibt es Verwandtschaften mit dem Filzdach einer mongolischen Jurte, bei der Filzelemente oder eine einzelne Filzrondelle über eine ähnliche Konstruktion in der Form eines Rades mit Speichen gelegt werden. In der Mitte bleibt eine kleine Öffnung, um das Ofenrohr hinauszuführen. Beim Schirm verbindet sich das Ende der Mittelachse mit dem Papier und verhindert das Eindringen von Regen.

Der Faden kann noch weiter gesponnen werden. Filzflächen als dekoratives Element im Innenraum der mongolischen Jurte finden Parallelen in abgelegenen Gebieten Tibets, wo noch im 21. Jahrhundert die sehr spärlich vorhandenen Zeitungen Wände und Decken schmücken. Filz ist ein beliebter Isolationsstoff und Wärmespeicher, und die gleiche Funktion erfüllt auch Papier, obwohl sein Effekt geringer ist. Filz wie auch Papier haben allerdings eine kurze Lebensdauer, wenn sie Sonne, Licht, Feuchtigkeit und Nässe ausgeliefert sind.

Dass auch mit Haarfasern von Menschen Flächenkonstellationen gestaltet und erprobt werden können, zeigte eine Ausstellung im Jahre 2000 in Zürich.[30] Präsentiert wurden beispielsweise Schmuckexponate aus der zweiten Hälfte des 19. Jahrhunderts, Objekte aus einem Ritual der Künstlerin Silvia Zumbach oder ein Haar-Bikini von Stephanie Pelz. Auf die Frage, wie seine Affinität zur Substanz Menschenhaar zustande gekommen sei, antwortete der 1955 geborene chinesische Künstler Wenda Gu: «Es war nur die archivale Qualität des Haares und natürlich der einfache Weg, Menschenhaar zu sammeln. Wenn Sie an die ägyptischen Mumien denken, ihr Haar ist nach Tausenden von Jahren noch intakt. Haar kann auch mit vielen historischen Mythen aus verschiedenen Kulturen assoziiert werden. Ich begann 1989, Haare in meine Arbeit zu integrieren.»[31] In seiner Installation *Ink Alchemie*, die aus Zöpfen aus Menschenhaar besteht und aus zehn Boxen mit Tintenstäben aus pulverisiertem chinesischem Haar, manifestiert sich die Tendenz, dass der künstlerische Gestaltungswille mit menschlichen, tierischen und pflanzlichen Fasern offene Wege vor sich hat.

Kultur

Ursprung und Verbreitung des Papiers – ein geschichtlicher Überblick

Die Erfindung des Papiers in China

Seite 36: *In Zeit und Raum*, 1997. Geschöpfte und gegossene Pulpe, Baumwoll- und Kozo-Fasern, Collage (Ausschnitt). 33x23 cm.

Oben: An der südlichen Seidenstraße, welche dem Südrand der Wüste Taklamakan im äußersten Nordwesten Chinas folgt, wurden bis 1750 Jahre alte Papiermanuskripte entdeckt. Im Bild der große Stupa von Rawak, 3.–6. Jahrhundert n. Chr.

Das heutige Papier ist das Resultat einer jahrhundertelangen Entwicklung voller visionärer Ideen und revolutionärer Innovationen. Ein Beispiel dazu ist beschrieben in Su Yijians *Wen fang si pu*[1], der ersten chinesischen Abhandlung über die Papiermacherkunst aus dem 10. Jahrhundert. Der Autor dokumentiert, dass die Papiermacher der Provinz Huizhou ein siebzehn Meter langes Papier anfertigten. Ein Schiffsdock wurde als Bütte[2] eingesetzt und mehr als fünfzig Männer waren damit beschäftigt, gemeinsam zu rhythmischen Klängen der Trommel das riesige Sieb herauszuheben.

Was die chinesische Erfindung des Papiers betrifft, ist die Ansicht, dass diese Ehre dem Staatsbeamten Ts'ai Lun um das Jahr 105 n. Chr. zufalle, in den letzten Jahrzehnten revidiert worden. Das älteste heute bekannte Stück Papier förderten im Jahre 1957 die Entdeckungen in Pa-chhiao bei Xi'an zutage. Dort fanden Archäologen in einem Grab aus der Zeit des Han-Kaisers Wu Di (140–87 v. Chr.) eine 10×10 cm große filzartige Papierfläche hinter einem Bronzespiegel. Ein anderer Fund aus dem Lop Nor, Provinz Xinjiang, lässt sich ins Jahr 49 n. Chr. datieren. Ts'ai Lun hat also nicht das Papier erfunden, jedoch das Verfahren verfeinert.

Der Faserbrei für die ersten Papiere Chinas wurde aus Hanf, *Cannabis sativa*, und ähnlichen pflanzlichen Fasern hergestellt; auch wird die Verwendung von Seidenabfällen vermutet. Das Papier hatte zu dieser Zeit eine eher raue Oberfläche, die Textur wies eine große Ähnlichkeit mit Filz auf, und es wurde mehrheitlich als Verpackungsmaterial eingesetzt, unter anderem auch für Medikamente. Fasern des Schilfrohrs verwendete man als Papierrohstoff erstmals während der Jin-Dynastie (265–420 n. Chr.), als das Papier das Holz als Schreibunterlage ablöste. Die hauptsächlich in Japan verwendete Maulbeerstrauchfaser *Broussonetia*

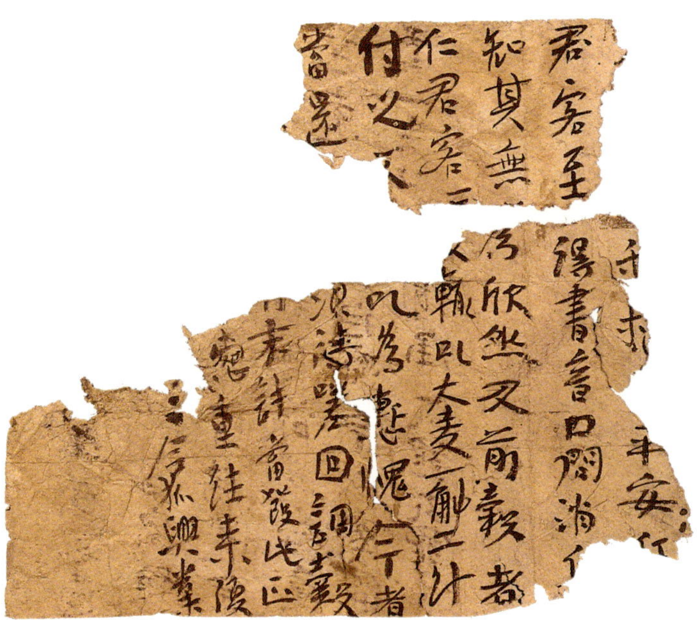

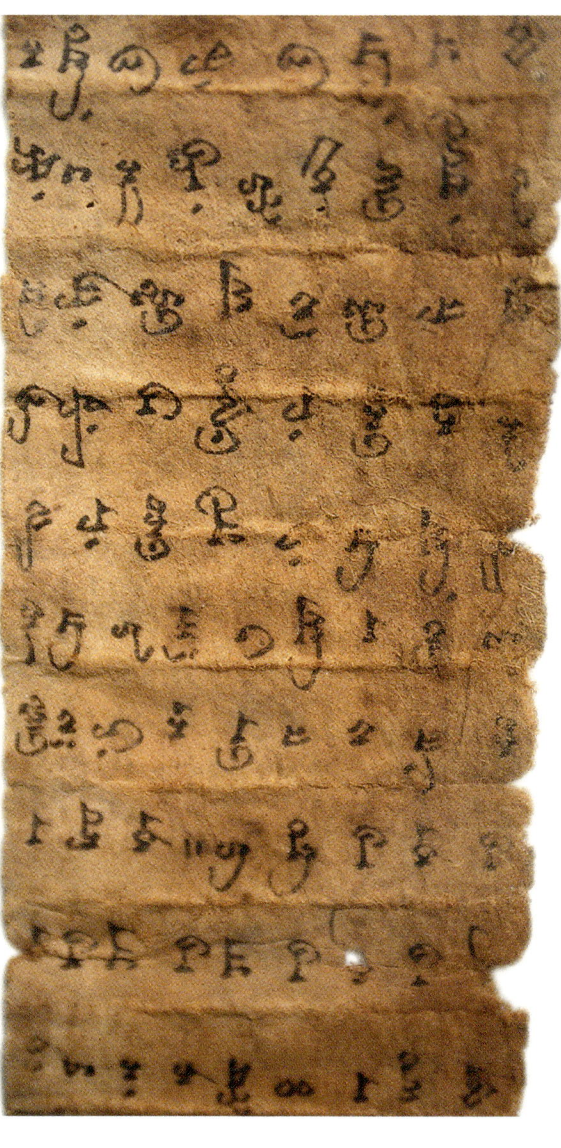

Links: Beidseitig chinesisch beschriebenes Papierfragment (Leinenhadern) aus Loulan, Wüste Taklamakan, Nordwestchina. Es handelt sich um einen Geschäftsbrief im Zusammenhang mit Getreidelieferungen. Spätes 3./frühes 4. Jahrhundert n. Chr. Ethnografisches Museum, Stockholm, Schweden.

Rechts: Beidseitig beschriebenes Papierdokument aus Dandan Oilik, Wüste Taklamakan. Der buddhistische Zauberspruch gegen Krankheiten ist in mittelkhotanesischer Sprache und kursiver Brahmi-Schrift verfasst. Archäologisches Institut Urumqi, China.

papyrifera und die Seidelbastgewächse wurden erstmalig zu Zeiten der Tang-Dynastie (618–907 n. Chr.) und das Bambusrohr während der Song-Dynastie (960–1278 n. Chr.) zu Papierpulpe verarbeitet.

Das Papier wurde in China schrittweise eingeführt und es setzte sich als Beschreibstoff erst 404 n. Chr. richtig durch, als der chinesische Kaiser Huan Xuan die Anordnung erließ, anstelle von Bambusstreifen, Holzplatten oder Seide nur noch Papier zu beschreiben. Damit reduzierte er die Möglichkeit, Dokumente durch Abschleifen oder Abkratzen der Schrift zu fälschen, was bei Papier unmöglich ist, da die Tusche in die Fasern eindringt. Diese Eigenschaft hat neben dem hohen Preis und den Beschaffungsproblemen der andern Rohstoffe sicher auch dazu beigetragen, dass das Papier Bambus, Holz und Seide verdrängte.

Die Kunst der Papierherstellung verbreitete sich nicht nur in Richtung Korea, Japan und in weitere südostasiatische Länder, sondern auch in entgegengesetzter Richtung über die Karawanenwege der südlichen Seidenstraße. In Khotan, am Südrand der Wüste Taklamakan, erzeugt noch heute Mesum Apiz[3], der wohl letzte Papiermacher der Region, Kozo-Papiere im traditionellen Gussverfahren.

Von Zentralasien über das islamische Reich nach Damaskus, Ägypten und Marokko gelangte der Beschreibstoff nach Europa, wo er mit Bewunderung, aber auch mit Skepsis aufgenommen wurde.

In einer Höhle in Dunhuang, in der chinesischen Provinz Gansu, entdeckte ein buddhistischer Mönch im Jahre 1900 über 30 000 Papierrollen. Darunter waren taoistische, buddhistische und konfuzianische Texte sowie Regierungsdokumente, Geschäftsverträge, Kalender und Schreibübungen in Chinesisch, Sanskrit, Sogdisch, Persisch, Uigurisch und Tibetisch. Nachdem die Höhle im Jahre 366 n. Chr erstmals benutzt und im 11. Jahrhundert wieder verschlossen worden war, müssen die Texte aus der dazwischen liegenden Zeit stammen. Der Forscher Sir Aurel Stein entdeckte 1907 in der Ruine eines Wachturms weiter westlich, zwischen Dunhuang und Loulan, Dokumente in einem Abfallhaufen. Es waren fünf komplette Briefe sowie weitere Brieffragmente

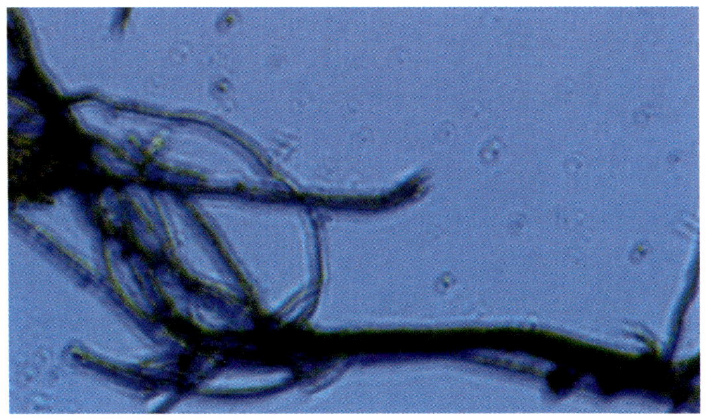

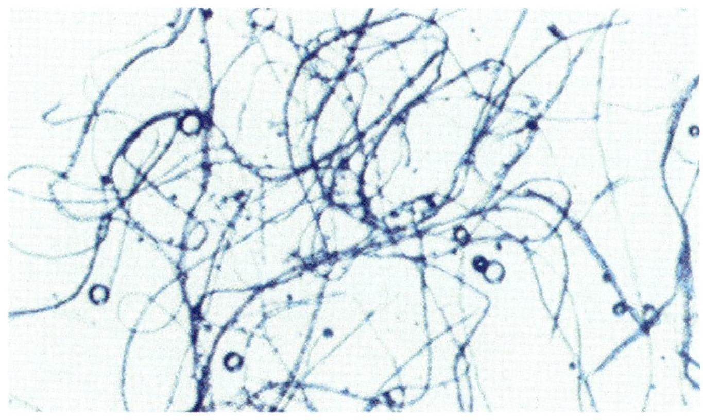

Analysen des Papierfragments aus Dandan Oilik. Die mikroskopischen Aufnahmen zeigen, dass es sich um Bastfasern handelt. Sichtbare winzige Seiden- und Baumwollfasern sind vermutlich während der Herstellung des Papiers in die Pulpe gelangt.

in sogdischer Schrift aus der Zeit zwischen dem 4. und 5. Jahrhundert. Einer der Briefe war in Seide gehüllt, durch einen Umschlag aus grobem Gewebe geschützt und an die 2300 Kilometer weiter westlich gelegene Stadt Samarkand adressiert. Vermutlich stammte der Brief aus einem Postsack, der auf der Seidenstraße in Richtung Westen verloren gegangen war. Papier war demnach in den Oasenstädten Zentralasiens bereits vor der Einführung des Islams bekannt und in Gebrauch.

Die Differenzierung der Papierfläche durch Ts'ai Lun

Ts'ai Lun wurde in Kuei Yang, in der heutigen Provinz Hunan, um das Jahr 50 n. Chr. geboren. Obwohl die neuesten Funde dagegen sprechen, ist Ts'ai Lun als der Erfinder des Papiers in die Geschichte eingegangen. Bereits in der Chronik der Kaiser der jüngeren Han-Zeit, *Hou Han Shu*, die um 450 n. Chr. verfasst wurde, wird Ts'ai Lun in diesem Sinne geehrt. Ts'ai Lun, mit dem Ehrentitel *Ching-Chung* versehen, trat um das Jahr 75 n. Chr. in den Dienst des kaiserlichen Hofes. Schon bald wurde er zum Hofunterbeamten befördert, und als Kaiser Ho Ti im Jahre 89 n. Chr. den Thron bestieg, wurde er zum *Chung Chang-Shih* ernannt, einem hohen Beamten, dessen Aufgabe es war, den Kaiser in der Führung der Staatsgeschäfte zu beraten. Bücher wurden zu jener Zeit aus zusammengebundenen Bambusbrettchen hergestellt und *chi* genannt, was Rohseide[4] bedeutet. Bambus war nicht einfach in der Handhabung und Seide war kostspielig; somit waren beide Materialien nicht besonders zweckmäßig für Bücher. Ts'ai Lun entwickelte die Idee, aus Baumrinde[5], Hanffasern, Textilabfällen und Resten von Fischernetzen Papier herzustellen. Um das Jahr 105 n. Chr. nahm der Kaiser diesen Vorschlag begeistert auf, was Ts'ai Lun großes Lob einbrachte. Sein Verdienst besteht darin, dass er den Werkstoff Papier, der als Verpackungsmaterial bereits seit zweihundert Jahren bekannt war, so verfeinert hat, dass er sich als Schriftträger für Kalligrafie eignete. Der feinere Faserstoff führte dank der besseren Auflösung der Rohstoffe zu Papieren mit regelmäßigerer Faserverteilung und Stärke innerhalb der gesamten Fläche des Bogens. Aus dem gut suspendierten Faserstoff entstanden relativ glatte und somit besser beschreibbare Papieroberflächen. Gleichzeitig konnte man nun auch dünnere und somit leichtere Papiere herstellen. Infolge dieser bahnbrechenden Verbesserungen diente das Papier nicht mehr nur als Verpackungsmaterial, sondern auch als Beschreibstoff.

Ts'ai Luns Erfindung einer neuen «Rezeptur» zur Papierherstellung entsprach einem dringenden Bedürfnis, denn die Weiterentwicklung des aus Tierhaaren hergestellten Pinsels setzte eine glattere Oberfläche des Beschreibstoffes als gewobene Seide voraus. Zudem war das Papier um ein Mehrfaches preisgünstiger als Seidengewebe. Dank Ts'ai Lun, der zu Recht als Türöffner der Papiergeschichte gilt, verdiente das Papier seinen Namen *chih*, denn im Wort *chih* steckt die Wurzel *shi*, die «glatt» und «gleichmäßig» bedeutet.[6] In der Folge wurde das verfeinerte Produkt im ganzen Land unter dem Namen «Papier des Grafen Ts'ai Lun» eingeführt.

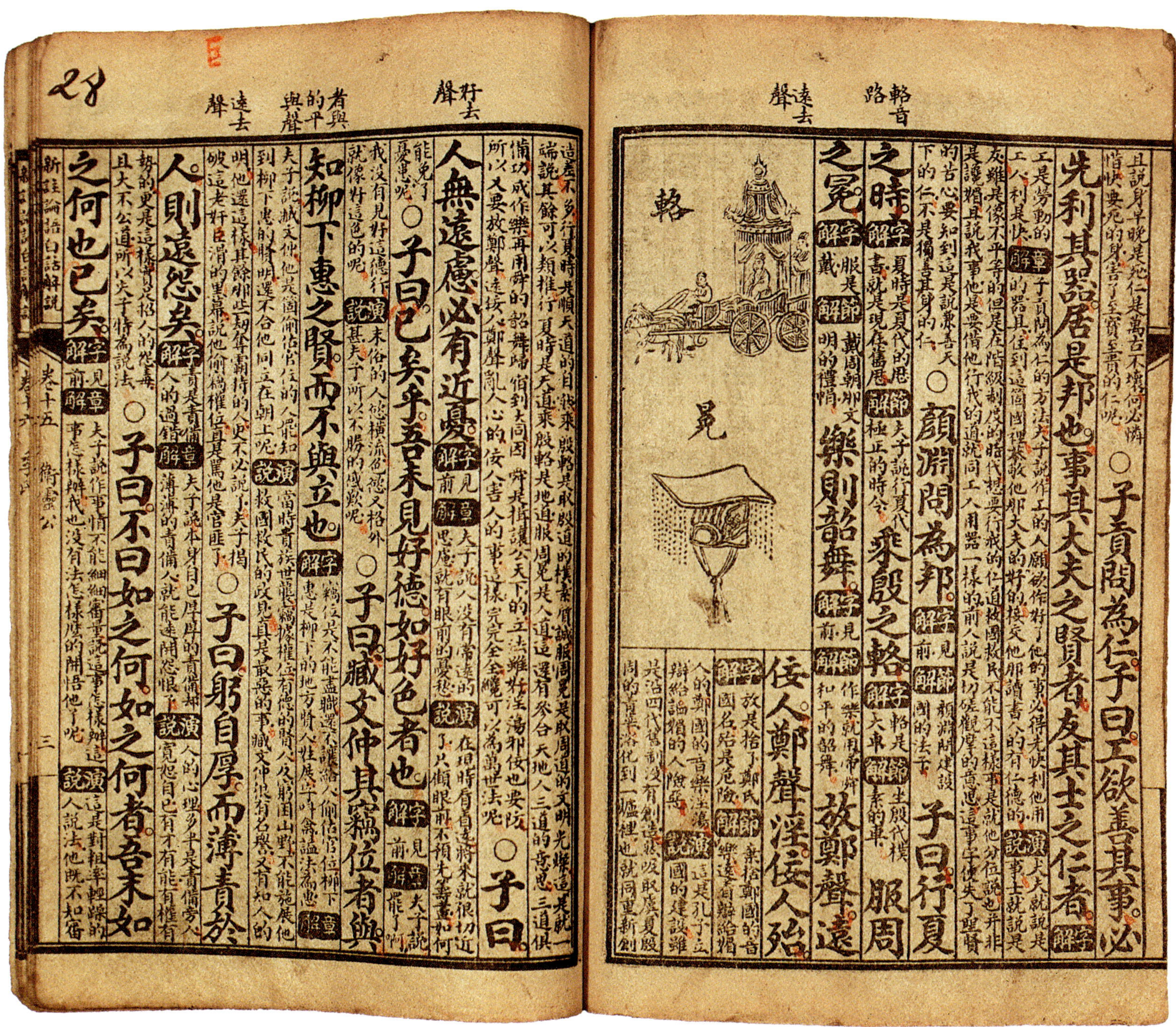

Buch mit Auszügen aus den Lehrtexten von Konfuzius (551–479), auch «Private Gespräche des Konfuzius» genannt, frühes 19. Jahrhundert. Die großen Schriftzeichen entsprechen dem Originaltext, die kleinen sind Anmerkungen oder Umschreibungen.

Oben: Meister Mesum, einer der letzten Papiermacher in Khotan an der südlichen Seidenstraße, Provinz Xinjiang, China.

Rechts oben: Papiermacherwerkstatt im Heqin-Bezirk, Provinz Yunnan, China.

Rechts unten: Textile Fläche des Schöpfsiebs (Vergrößerung) des Papiermachers Mesum.

Korea, die Brücke nach Japan

Links: Der Lagerraum der Druckplatten im Haein-sa, einem der bedeutendsten Klöster Südkoreas, östlich von Jeonju. Die Fenster ohne Glaseinsatz ermöglichen eine optimale, natürliche Ventilation.

Rechts: Das Gebäude beherbergt die 81340 Druckstöcke des *Tripitaka Koreana.*

Die Halbinsel Korea am Ostrand der eurasischen Landmasse galt über Jahrtausende als Sackgasse. Sie wurde zum Sammelbecken für Einwanderer aus Sibirien und der Mandschurei, die sich mit der Urbevölkerung zu einer homogenen Bevölkerung in einer damals isolierten Lage verbündeten.

Korea spielte ein wichtige Rolle in der Verbreitung der Papierherstellung. Wissen und technisches Können eignete es sich aus der chinesischen Kultur an. Das Land, das während langer Zeit im Schatten des großen Nachbarn gestanden hatte, entwickelte sich zur Kulturbrücke zwischen China und Japan. Korea wird für alle Bereiche der Kunst gerne als Lehrmeister Japans bezeichnet, und so hat sich auch die ursprünglich chinesische Papiermacherkunst dank der Vermittlung des koreanischen Mönchs Damjing[7] in Japan etabliert.

Während der ganzen Han-Dynastie (206 v. Chr. bis 220 n. Chr.) war der nördliche Teil Koreas unter chinesischer Oberhoheit. Auch wenn es keine Funde von koreanischem Papier aus dieser Zeit gibt, darf man davon ausgehen, dass

Oben: Traditionelles koreanisches Papierschöpfen in Suwon, Südkorea.

Unten: Auspressen des Wassers nach dem Abgautschen des Siebes.

gegen Ende der östlichen Han-Periode (25–220 n. Chr.) Papierdokumente mit buddhistischen Texten durch chinesische Mönche nach Korea gelangten. Aus diesem Grund wird angenommen, dass die Koreaner spätestens im 3. Jahrhundert Kenntnisse über die Papierherstellung hatten. In der gleichen Epoche gelangte Papier auch durch Handelsleute über die Seidenstraße in die Oasenstädte Zentralasiens.

Aus China kamen seit dem 4. Jahrhundert v. Chr. maßgebende Kulturimpulse in die südostasiatischen Länder. Die drei koreanischen Königreiche Koguryo, Paekche und Silla (1. Jahrhundert v. Chr. bis 7. Jahrhundert n. Chr.) erreichte das Verfahren der Papierherstellung, bevor es in Japan bekannt war. Aus diesem Zeitabschnitt stammt auch die Bezeichnung für koreanisches Papier *chi-lin chih*, was «Papier aus dem Königreich Silla» bedeutet. Koreanische Mönche und Gelehrte hielten sich an den wissenschaftlichen Institutionen Xi'ans, der früheren Hauptstadt Chinas, auf und eigneten sich dort auch Kenntnisse über die Herstellung von Papier an, die sie in ihrem eigenen Land weitergaben.

Bei archäologischen Forschungsarbeiten in einer nordkoreanischen Grabstätte wurden Papierfragmente aus der Koguryo-Zeit (37 v. Chr.–668 n. Chr.) entdeckt. Sie lassen erkennen, dass frühes koreanisches Papier, genannt *maji*, aus Hanf- oder Ramiefasern im Gussverfahren hergestellt wurde. Der Holzrahmen war mit Gewebe bespannt, die Pulpe wurde eingegossen und das Papier direkt auf dem Sieb getrocknet, vergleichbar mit den ersten Verfahren in China. Diese Technik wird in Tibet, Bhutan, Nepal und Myanmar noch heute angewendet.

In einer chinesischen Grabstätte aus der Tang-Dynastie (618–907 n. Chr.) entdeckte man festes, weiß getöntes Papier[8] mit glatter Oberfläche. Dieses gelang vermutlich als Tributzahlung von Korea nach China, wo es bei chinesischen Literaten und Künstlern äußerst beliebt war für Kalligrafie und Malerei. Erst gegen Ende des 9. Jahrhunderts wurde in China erstmals Papier aus Maulbeerstrauchfasern, *hanji*, gefertigt.

Im Stein eines Stupa in Pulguk-sa in Kyongju, der Hauptstadt des Königreiches Silla (Alleinherrschaft von 668 bis 935 n. Chr.) wurde 1966 das älteste bedruckte Papier gefunden: eine buddhistische *dharani*-Sutra, die aus einer Serie von zwölf Holzblöcken stammt. Im Jahre 751 n. Chr. wurde der Stupa erbaut und das Dokument eingemauert. Es ist ungewiss, ob das Papier in Korea bedruckt oder aus China importiert wurde.

Ein gigantisches Werk entstand im Jahre 1434 mit der Niederschrift der Geschichte Chinas *Tzu Chih Thung Chien*. Papiermacher der verschiedenen Provinzen waren mit dem Großauftrag betraut, 300 000 Bogen für den Druck zu liefern. Der *Tripitaka Koreana*, ein Meisterwerk, das zum Weltkulturerbe gehört, wurde bereits zwischen 1009 und 1031 unter König Hyonjong in erster Auflage gedruckt. Nach der Zerstörung durch einen Brand im Jahre 1232 entstand die zweite Auflage zwischen 1236 und 1251. Dieser Kanon, die älteste und umfangreichste noch existierende Sammlung buddhistischer Texte, ist in 81340 Holzblöcke eingeschnitten, die im Durchschnitt 69,5 cm breit und 23,9 cm hoch sind und beidseitig je 23 Schriftreihen mit jeweils 14 chinesischen Schriftzeichen, insgesamt rund 52 Millionen Zeichen, enthalten. Um den ganzen Kanon nur einmal zu drucken, bedarf es 162680 Bogen Papier. Die Druckstöcke sind im ältesten Teil des Haein-Tempels östlich von Jeonju archiviert, der seit seinem Bau 1488 glücklicherweise nie durch Krieg oder Feuer zerstört worden ist. Durch die einzigartige Bauweise mit einer natürlichen Ventilation sind die Druckstöcke noch heute in gutem Zustand.

Ein weiteres wichtiges Werk sind die Annalen der Choson-Dynastie, *Choson wangjo shillok*, eine chronologische Aufzeichnung von Ereignissen aus der Zeit von 1392–1863, der Regierungszeit von 25 Königen. Die Chronik umfasst 2077 Bände und ist die längste kontinuierliche, historische Schrift weltweit. Trotz äußerst sorgfältiger Aufbewahrung wurden Teile davon immer wieder zerstört, konnten aber nachgedruckt werden. Vier Kopien sind mit beweglichen Lettern gedruckt, ein Verfahren, das bereits 200 Jahre vor Gutenbergs Erfindung des Buchdrucks[9] in Korea bekannt war und angewendet wurde. Zeuge der frühen Kenntnis dieser Technik ist auch der Kodex *Kogum Sangjong Yemun*, der etwa im Jahre 1234 mit gegossenen Lettern auf der Insel Kanghawa, an der Westküste Koreas, gedruckt wurde.

Zurück zum aufwändigen Verfahren der Papierherstellung, das in einem alten koreanischen Sprichwort folgendermaßen beschrieben wird: «Es braucht 99 Handbewegungen, um einen einzigen Bogen *hanji* herzustellen. Die hundertste Berührung findet statt, wenn der Papierbogen seiner Verwendung zugeführt wird.» Dieses Sprichwort brachte dem koreanischen Papier den Spitznamen *paekchi* ein, was «einhundert Papiere» bedeutet.

Papiere unterscheiden sich in ihren Eigenschaften und in ihrer Qualität durch den Verarbeitungsprozess und die Wahl des Rohstoffs. In Korea bildeten ursprünglich Hanf, Rattan[10], Bambus, Reisstroh und Seegras die wichtigsten Ressourcen für Papier. Seit Beginn der Koryo-Epoche[11] (935–1392) wurde der innere, weiße Rindenbast des Maulbeerstrauches *Broussonetia kazinoki Sieb.*, koreanisch *tak* oder *taknamu*, mehrheitlich verwendet. Dieser revolutionierte die Eigenschaften und die Qualität des Papiers und blieb über alle Zeitepochen der wichtigste Papierrohstoff in ganz Ostasien.

Zu Beginn des 15. Jahrhunderts demonstrierte die koreanische Regierung ihre Wertschätzung für Papier mit der Gründung eines Papieramtes, *chojiso*, in der Hauptstadt Seoul, dem ehemaligen Hanyang; über 200 Papiermacher produzierten unter Aufsicht das gehämmerte, weiße Papier, das auf Koreanisch *pai chhui chih*[12] heißt. Infolge der Weiterentwicklung und des Fortschritts in der Papierherstellung wurden auf der ganzen Halbinsel Maulbeersträucher angepflanzt. Der langwierige Prozess zur Vorbereitung der Pulpe ist dem Verfahren Chinas oder Japans ähnlich. Die Kochzeit der Fasern wird verkürzt durch die Zugabe von *yukchae*, der Asche von Buchweizenstroh, und von Kalkpulver. Zur besseren Suspension der Fasern in der Bütte wird die schleimige Substanz *takpul*[13] zugefügt, die aus den Wurzeln des *Hibiscus manihot* gewonnen wird. Nach alter chinesischer Tradition wird das Papier gegossen, zum Abtropfen an die Sonne gestellt und auf dem Sieb getrocknet. Anders bei den beiden Schöpfmethoden *yupucjic*[14] und *yulmuljil*. Letztere ist die neuere, mehrheitlich für Exportpapier verwendete Methode, welche durch die Japaner um 1920, während der Besetzung Koreas, eingeführt wurde. Bei Ersterer, *yupucjic*, liegen feine Bambusstäbchen oder Grashalme rechtwinklig zur Längsseite des Schöpfsiebes. Dies unterscheidet koreanisches Papier von chinesischem und japanischem, bei denen die Stäbchen parallel zur Längsseite des Papierformates angeordnet sind.[15] Durch den stärkeren Faserauflauf zwischen den einzelnen Stäbchen entsteht eine Art ganzflächiges Wasserzeichen mit einer filigranen Streifenwirkung auf der ganzen Papierfläche.[16] Dies ist umso interessanter, als traditionelles asiatisches Papier nie mit Wasserzeichen gekennzeichnet war. Wasserzeichen wurden erstmals im 13. Jahrhundert in Europa als Handelsmarke und Sicherheitsgarantie entwickelt und angewendet.[17]

Ungewöhnlich ist bei der *yupucjic*-Methode auch die Ausrichtung und Befestigung des Rahmens mit dem lose aufgelegten Sieb während des Schöpfvorgangs. An beiden Enden der Längsseiten wird der Siebrahmen mit den Händen gehalten, während die gegenüberliegende Schmalseite an einer Aufhängevorrichtung der Bütte befestigt wird. Oft wird dadurch eine Seite des Papiers stärker, was aber durch das Aufeinandergautschen von zwei im Winkel von 180 Grad gedrehten Bogen wieder ausgeglichen wird. Durch Pressen und Trocknen verbinden sich die beiden Schichten zu einem einzelnen Bogen und die Faserschicht eines in diesem Verfahren hergestellten Papiers ist ebenmäßig und fest. Um die Papiere, welche ohne Zwischenlagen gegautscht werden, wieder trennen zu können, wird ein schmales Band zwischen die Bogen gelegt.[18] Nach dem Pressen werden die einzelnen feuchten Papierbogen voneinander gelöst. Ein geübter und effizienter Papiermacher formt in einem Tag 400 bis 500 Papiere. Wenn zwei sich gegenüberstehende Personen gemeinsam einen Bogen schöpfen, wie Dard Hunter[19] dies beschreibt, bedarf das Sieb keiner Aufhängevorrichtung. Im Team können noch wesentlich größere Formate produziert werden.

Die neuere Methode *yulmuljil*[20] unterscheidet sich durch den Siebrahmen und die Aufhängevorrichtung von der älteren. Die Faserschichten des Papiers werden regelmäßiger und die Oberfläche glatter, zudem können größere Bogen geschöpft werden.

Papier wurde in Korea nicht nur für Kalligrafie, Malerei- und Druckerzeugnisse, sondern seit der Silla-Dynastie (668–935) auch für Schirme, Schuhe, Laternen und weitere Alltagsprodukte eingesetzt, und dies zum Teil bis heute. In langen, kalten Winternächten diente es als Glasersatz bei Schiebetüren[21] und Fenstern und schützte vor Einblicken und Kälte. Eher außergewöhnlich war die Bearbeitung und Verwendung von mehrschichtigen *hanji*-Papieren. Eine imprägnierende Paste aus gemahlenen Soyabohnen und flüssigem Kuhdung wurde auf das Papier *jangpan* gestrichen und nachträglich poliert; dadurch wurde es gelblich und hatte den Ruf, pflegeleicht zu sein. Das Papier schützte den Boden und erfüllte den Zweck einer Schlaf- und Wohnunterlage.[22] Die Bogen wurden direkt auf den von unten mit einem Rohrsystem beheizten Boden *ondol*[23] gelegt. Der Rauch des Ofens wurde von der Küche über dieses unterirdische System zu einem vom Haus entfernt liegenden Kamin geführt und dort abgeleitet – ein Wärmesystem, das bereits im Römischen Reich angewendet wurde, und zugleich ein Vorfahre der modernen Bodenheizung ist. Traditionelle koreanische Häuser werden zum Schutz der *ondol* noch heute barfuß betreten.

Neben Fußböden wurden auch Zelte aus Papier errichtet, die jeder Witterung trotzten. Speziell behandelte Papiere *teng phi chih* erhielten lederartige Eigenschaften, weshalb aus ihnen Regenmäntel und Schutzkleider für die Armee geschneidert wurden. Letztere waren nicht nur Wasser abstoßend, durch ihre Festigkeit sollten sie auch Schutz vor Waffen gewähren. Doch dem ist nicht genug: Geschichtete und verklebte Papierlagen dienten den Mandschu[24] sogar als Leichentücher.

Papier und Licht ergänzen sich sehr schön bei feierlichen Ritualen, zum Beispiel am 14. Mai, wenn zu Ehren von Buddhas Geburtstag Tausende von Laternen die Straßen Seouls schmücken. Gestalterische Entwicklungen wie Buntpapier, Papiermaché oder Papiergarn verhalfen dem koreanischen Papier, seinen guten Ruf zu begründen und zu erhalten.

Das einst kulturell sehr reiche Korea hat durch die politischen Wirren einen unermesslichen Teil seines Kulturgutes verloren. Einst als «das Wunder der Han-Dynastie» bezeichnet, wurde es zuletzt im Koreakrieg von 1950–1953 praktisch völlig zerstört. Noch heute trennt die durch die amerikanische Armee intensiv bewachte Grenze den Norden, die Demokratische Volksrepublik Korea, vom südlichen Teil der Halbinsel, der Republik Korea. Dass der Haein-Tempel – die Lagerstätte der Druckstöcke des buddhistischen Kanons *Tripitaka Koreana* – all diese Zerstörungen überlebt hat, mutet an wie ein Wunder. Die UNESCO hat dies erkannt und 1997 die Stätte zum Weltkulturerbe ernannt.

Washi – Qualität, Ästhetik und Symbolkraft des Papiers in Japan

Perfektion einer alten Tradition

In der japanischen Geschichtsschreibung findet sich keine präzise Zeitangabe zum ersten Papier im Lande. Bekannt ist, dass der koreanische Gelehrte Wani Mitte des 4. Jahrhunderts dem japanischen Gericht chinesische Bücher aus Papier überbracht hat. Im 6. Jahrhundert schenkten die koreanischen Könige Japan zu verschiedenen Anlässen Bücher. Es ist anzunehmen, dass Japan zu dieser Zeit schon Papier aus Korea importierte.

Der japanische Prinz Shotoku Taishi (574–622), der dem Buddhismus in Japan zum Durchbruch verhalf, verfasste zwischen den Jahren 609 und 616 handschriftlich den Kommentar zum berühmten «Lotus Sutra», das aus dem 2. Jahrhundert n. Chr. stammt. Dieser Kommentar ist das älteste in Japan auf chinesischem Papier geschriebene Manuskript.[25]

Die ältesten in Japan angefertigten und noch erhaltenen Papierfragmente sind Haushaltsregister aus dem Jahre 701. Sie sind im Shoso-in[26], der kaiserlichen Aufbewahrungsstätte, in Nara archiviert. Das Wissen um den leichten Beschreibstoff Papier förderte das Bedürfnis, ihn für Dokumente und Kopien buddhistischer Sutras zu nutzen, und dies führte zum Wachstum der Papierproduktion im 7. und 8. Jahrhundert.

Frauen entfernen am fließenden Wasser die letzten Rückstände hölzerner Rindenteile in den gekochten Maulbeerstrauchfasern.

Oben: «Anke» oder «Trittstößel», eine Faser-Stampfe, die auf dem Prinzip der Hebelwirkung basiert.

Unten: Schöpfen von Tosa-Washi im *nagashizuki*-Verfahren, 1925. Die Papierbogen im Format von 270x270cm dienten als Ersatzpapiere für die Shojis im Kinkakuji-Tempel in Kioto, Japan.

Gekennzeichnet durch Stärke, Glanz, natürliche Farbe, lange Lebensdauer und geringes Gewicht, unterscheidet sich Washi, das handgeschöpfte Japanpapier, vom typisch westlichen Papier. Die Ursache liegt in den Rohstoffen, Zusätzen, Werkzeugen und dem Verfahren selbst – Faktoren, die das Produkt beeinflussen. Besonders der Rohstoff bewirkt deutliche Unterschiede bei den Papiereigenschaften.

Aus der Zeit zwischen 727 und 780 n. Chr. sind 233 Papiersorten aus verschiedenen Faserstoffen in Japan dokumentiert. Die ältesten Papiere waren aus Hanffasern und Textilabfällen gefertigt, später aus Bastfasern von zwei Maulbeerstrauchsorten, dem Kozo, *Broussonetia papyrifera, Vent.*, und dem Kozo/Kajinoki, *Broussonetia kazinoki, Sieb.*[27] Im 9. Jahrhundert wurde die wild wachsende Pflanze Gampi, *Wikstroemia sikokiana*, entdeckt. Der ursprünglich beliebte Rohstoff Hanf für feinstes Papier fiel in der Heian-Periode (794–1185 n. Chr.) in Missgunst und wurde von Kozo und Gampi verdrängt. Im Jahre 1598 ergänzten Mitsumata, *Edgeworthia papyrifera, Sieb.* und *Zucc.* aus der Familie *Thymelaeaceae*, die Rohstoffpalette. Mitsumata bedeutet «Glück bringender Duft».

Möglicherweise haben chinesische und koreanische Immigranten bereits im 5. Jahrhundert die Papierherstellung in Japan eingeführt. Das Handwerk wurde um das Jahr 610 n. Chr. durch den koreanischen Mönch und Gelehrten Damjing, der zu dieser Zeit nach Japan kam, verfeinert. Er gilt als der Erfinder des Washi und bezeichnete sich selbst gerne als Physiker, der neben Papierwissen auch Kenntnisse über die Herstellung von Farbe und Tusche hatte. Als Berater und Vertrauter am Hofe diente er der Kaiserin Suiku (592–628). Vermutlich wurden unter seiner Regie die ersten mit Wasserkraft betriebenen Papiermühlen gegründet, was die Verbreitung der Papierherstellung beeinflusste.

Während der Nara-Periode (710–794 n. Chr.) wurde Papier in verschiedenen Regionen nach chinesischer Tradition gegossen, möglicherweise auch schon geschöpft. In der Heian-Periode war in gut vierzig Präfekturen die Papierherstellung verbreitet und im 8. und 9. Jahrhundert wurde dann die typisch japanische Schöpftechnik *nagashizuki* mit dem lose aufgelegten Sieb und einer Hängevorrichtung entwickelt.

Gemäß einem Verwaltungsdekret von 701 n. Chr. wurde das kaiserliche Bibliotheksdepartement *zushory* beauftragt, Papier herzustellen. In der neuen Hauptstadt Kioto[28] entstand zwischen 806 und 810 die *kamayain*-Papiermühle, um die Bedürfnisse des Gerichtshofes zu befriedigen. Sie wurde von Gilden betrieben, die als Zinsleistung dem kaiserlichen Verwalter *kuraryo* Papier abliefern mussten. In der Schatzkammer kamen auf diese Weise jährlich 20 000 feine weiße und 4600 gefärbte Papierbogen zusammen. Obwohl in ganz Japan Papiermühlen gegründet wurden, blieb das *kamayain*-Papier bis zum Ende der Heian-Periode das Papier für das Hohe Gericht. Es wurde erst verdrängt, als die Papiermacher das kostbare Kozo mit Recyclingmaterial vermischten. In der Folge wurde *danshi*-Papier aus Tohoku als Ersatz gehandelt. In dieser Zeit erlebten die Gilden ihren Niedergang, denn die staatliche Papierherstellung wurde gestoppt und kleine, private Papiermühlen entstanden. Hochwertiges Papier wurde zu einem Kennzeichen der Aristokratie während der Kamakura-Periode (1185–1336 n. Chr.). Die Produktion der besten Sorten war limitiert und auf bestimmte Gebiete beschränkt. Die Papiermacher spezialisierten sich auf einige Sorten und Formate, wenige wurden für ihre bemerkenswerte Leistung mit dem Titel *National Treasure* geehrt.

Die traditionelle japanische Papierherstellungsmethode *nagashizuki*, mit der hauchdünne Papiere hergestellt werden können, hat sich bis heute kaum verändert. Das Spezielle an ihr ist, dass das traditionelle japanische Schöpfsieb *suketa* mehrere Male in die Papiermasse eingetaucht wird. Dabei entsteht ein mehrschichtig verkreuztes, starkes Fasergebilde. Das Verfahren ist nur möglich mit dem geleeartigen Zusatz *neri*[29], der aus der Wurzel *tororo-aoi, Hibiscus manihot, Abelmoschus manihot* oder *noriutsuki* gewonnen wird.

Bereits im Jahre 1031 n. Chr. wurde in Japan Ausschusspapier im Recyclingverfahren wieder verwertet und dieses stellte einen wichtigen Anteil der Papierproduktion dar. Recyclingpapiere mit den Namen *kamiya-gami* oder *shukushi* wurden als Verbrauchspapier gehandelt und waren über die japanischen Grenzen hinaus bekannt. Die einst mit Tusche beschriebenen Papiere erhielten durch die Wiederverwertung eine gräulich beige, matte Farbe.

Im 15. Jahrhundert wurden erneut Gilden, japanisch *za*, gegründet, um der Nachfrage nach Recyclingpapier gerecht zu werden. Die oberen und unteren Gilden *shuku-shi-za* gehörten zu den Familien Togai und Osaji. Beide hatten Anteil am Erbe der kaiserlichen Bibliothek und nutzten diesen Zugang hemmungslos aus, um Manuskripte und alte Bücher in Papierpulpe zu transformieren.

Zur gleichen Zeit wurden verschiedene Papiersorten produziert, deren Namen noch heute im Papierhandel vorkommen, zum Beispiel *danshi, sugihara, hanshi* oder *torinoko*. Viele Papiere haben ihren Namen von Alltagsgegenständen erhalten, wie *torinoko*, das «Ei» bedeutet. In Farbton und Textur hat diese Papiersorte Ähnlichkeit mit der Eierschale, und sie wird vorwiegend für wichtige Dokumente verwendet. Papierbezeichnungen können jedoch auch mit den Präfekturnamen ihrer Herkunft ergänzt werden.

Zum Ursprung der Papiermacherei in einzelnen Regionen zirkulieren mehrere Legenden. Die eine besagt: «Eine Göttin offenbarte sich an einem Flussufer in Echizen, im westlichen Teil von Honshu, als wunderschöne Frau. Sie legte einen Teil ihres Kimonos über Bambusstäbe und ahmte damit ein Papierschöpfsieb nach, welches sie vor ihrem Körper trug und damit im Fluss Schöpfbewegungen ausführte. Die Dorfbewohner, die den ungewöhnlichen Vorgang beobachteten, waren erstaunt und fragten sich, was dies zu bedeuten habe. Die Göttin antwortete der Dorfbevölkerung: ‹Der Boden dieser Erde ist arm, und es fehlt ihm an Fruchtbarkeit, aber das Wasser aus den Bergen ist rein und klar. Deswegen will ich euch lehren, Papier zu machen, damit alles durch dieses Handwerk leben kann.› Die Dorfbewohner fragten, wer die Fremde sei, und erhielten die Antwort: ‹Mizuhaa-Nome-No-Mikoto, ich bin die Göttin des Wassers.› Sie verschwand und wurde nie mehr gesehen.» Bald nach dieser Erscheinung wurde das Papiermachen in Echizen eingeführt. Zu Ehren und aus Dankbarkeit widmeten die Einwohner der Wassergöttin einen sechsteiligen Schinto-Schrein. Er steht in einer einsamen Hügellandschaft außerhalb des besagten Dorfes, umgeben von immergrünen Bäumen, welche dünne Lichtstrahlen auf die bemoosten Dächer durchschimmern lassen. Der Schrein ist bis heute ein kleiner Wallfahrtsort für Eingeweihte.

Während des 15. Jahrhunderts steigerte sich die Papierproduktion kontinuierlich. Vor allem die Abschaffung der Zollgebühren verschaffte der Papiermacherkunst eine Blütezeit. Jeder Clan hatte eine eigene Papiermühle mit Lagerhaus. Im 19. Jahrhundert gehörten allein zur Vereinigung der Papierhändler in Osaka 155 Rohstoffhändler, 70 Großhändler und 500 Einzelhändler.

Hervorragende Qualität, ästhetischer Anspruch und vor allem die ungewöhnlich großen Formate verhalfen zur weltweiten Popularität.

Wie keine andere Kultur sind die Japaner Meister des Formates. Es wird unterschieden zwischen *koban* (kleines Format) *minoban*, *hanshiban*, *hanori* oder *zenshi* (volles Format), um nur einige Abstufungen zu nennen. Alle diese Bezeichnungen beziehen sich auf die Größe eines Papierbogens. In früherer Zeit waren die üblichen Formate zum Beispiel 33,3 × 24,2 cm oder in der Gifu-Präfektur 39,4 × 27,3 cm. Über die Jahrhunderte wuchsen die Formate an bis zu einer Größe von 620 × 210 cm. Dieses *okadaishi*-Kozo-Papier, hergestellt in der Fukui-Präfektur, bildet allerdings eine Ausnahme, und es wird nur auf Anfrage angefertigt. Heute sind folgende Formate geläufig: *shojigami*, 63,6×93,9 cm, *gasenshi*, 72,7×136,4 cm, *hoshoshi*, 39,4×53,0 cm, oder *udagami*, 31,8×45,5 cm. Das größte Format, das von einem Papiermacher noch alleine gefertigt werden kann, beträgt 97 × 188 cm.

Mit dem Beginn der Meiji-Periode 1868 setzte der Konkurrenzkampf mit westlichen Papiersorten ein. Die Einführung der ersten Papiermaschine schuf neue Regeln in der Produktionsgeschichte des Papiers. Im Jahre 1874 stellten bereits sieben Fabriken Papier im westlichen Stil her. Daneben wurde weiterhin Washi gefertigt. In einer Statistik der Regierung wird das Jahr 1903 als Höhepunkt des handgeschöpften Papiers bezeichnet. 68 562 Familien waren damals als Papiermacher registriert, danach ging die Zahl auf dem Archipel kontinuierlich zurück. Im Jahre 1986 fertigten auf den vier Hauptinseln Honshu, Shikoku, Kyushu und Hokkaido noch rund 360 Familien und Kleinbetriebe Washi an.

Die Überzeugung der Japaner, dass ausschließlich ihre Papiere von exzellenter Qualität seien, spiegelt sich im Sprichwort wider: «Chinesisches Papier ist so unvollkommen, dass gierige Insekten sich sofort darauf stürzen.» Um diesem Umstand entgegenzuwirken, wurde importiertes Papier zum Zweck der Konservierung gefärbt. Bereits die Koreaner färbten ihre Papiere mit Safran in dezenten Farbtönen, um sie vor Insekten zu schützen, oder sie fügten der Pulpe Substanzen von ausgekochten Pflanzen bei, die während der Monsunzeit auch vor Schimmel schützen sollten.

Washi ist ein kostbares Gut und nicht einfach Papier, das beschrieben, gelesen, archiviert oder entsorgt wird. In kulturellen, religiösen oder wissenschaftlichen Zusammenhängen spielt es auch in der Gegenwart eine zentrale Rolle. Gefaltete Zickzack-Papierbänder, *nusa* oder *gohei* genannt, sind Gestaltungselemente schintoistischer Tempel und dienen auch als Opfergaben. Gruppiert und befestigt an Reisstrohkordeln *shimenawa* haben sie die Funktion, einen heiligen Ort von seiner unheiligen Umgebung zu trennen, damit kein Unheil und kein schlechter Gedanke den Bezirk der Reinheit entweihe. *Nusa*, Symbole des Göttersegens, sind auch Elemente an Hausaltären, bei Grundsteinlegungen oder bei Zeremonien, wo sie als Zeichen der Reinigung betrachtet werden. Der berühmteste *shimenawa* befindet sich südlich der Stadt Ise, südwestlich von Nagoya. Er verbindet zwei Felsen, welche die japanischen Urgottheiten Izanagi und Izanami repräsentieren. Tausende Pilger und Gläubige lassen sich auch ihre Gebete, Wünsche, Sehnsüchte und Hoffnungen von einem Tempelmeister in gekonnter *kanchi*- und *hiragana*-Schrift auf Washi schreiben, um das Papier, zu einem Streifen gefaltet, vor dem Tempel an einen Strauch oder eine Bambuswand zu knoten.

Aus dem Alltagsbild verschwunden sind die Papiertaschen der Teepflückerinnen. Sie werden längst aus Bambus oder Kunststoff hergestellt, während die Pflückerinnen früher Taschen aus geöltem Papier als Gefäß für ihre geernteten Teeblätter verwendeten. Mit Persimonensaft *shibu*[30] behandelte Papiersäcke waren üblich zur Aufbewahrung von Korn und Getreide, denn dieser Saft hielt die Insekten fern und förderte Dauerhaftigkeit und Stärke des Papiers. Verschwunden sind auch die Wagendecken für Menschen und Tiere, die so genannten *tarpauline*, aus geöltem Papier. Ebenso der gefütterte Mantel des Rikscha-Fahrers aus demselben Material, der nicht nur warm hielt, sondern auch Wasser abstoßende Wirkung hatte. Aus geöltem Papier wurden außerdem Regenmäntel für die Feld-, Bau- und Bahnarbeiter geschneidert. In jeden Hausrat gehörte ein Stapel dieses Papiers – doch dies sind Bilder der Vergangenheit. Hingegen tragen Geishas noch heute Kimonos mit kostbaren Obis[31] aus Shifu[32] und den dazugehörenden Papierschirm Kasa zum Schutz gegen Sonne wie Regen.

Papierballone über dem Pazifik

Die Kunde von den erfolgreichen Ballonflügen der Brüder Montgolfier gelangte über einen Artikel im *Journal de Paris* am 25. März 1784 und im holländischen *Vaderlandsche Courant* am 7. Mai 1784 nach Japan. Studenten der Rangaku-Schule, die anhand holländischer Quellen Geschichte und Kultur des Westens studierten, verbreiteten die Nachricht, und die ersten Versuche der Nachahmung von Heißluftballonen begannen.

Der fliegende Ballon, einst ein Traum der Menschheit und heute ein besonderes Freizeitvergnügen, hat auch eine dunkle Seite. In Japan wurde er während des Zweiten Weltkriegs für einen Militärakt in großem Ausmaß eingesetzt. Im *Doolittle*-Luftangriff der Amerikaner auf Tokio und Yokohama am 18. April 1942 entstand in beiden Städten wenig Sachschaden, doch wurde praktisch die ganze Flotte der Flugzeugträger zerstört und die japanische Bevölkerung fühlte sich massiv bedroht. Japan sah sich gezwungen, seine Luftverteidigung zu verstärken, und wollte gleichzeitig einen Vergeltungsschlag gegen die Amerikaner auf möglichst direktem Weg ausüben. Für dieses Vorhaben wurden zwischen 1942 und 1944 Heißluftballone mit einem Durchmesser von zehn Metern produziert, die beladen mit 15 Kilogramm schweren Bomben und zwei Brandbomben den amerikanischen Kontinent erreichen und durch den Abwurf der Bomben ganze Gebiete zerstören sollten. 9000 Ballone erhoben sich über dem Festland von Japan und schwebten je nach Windstärke mit einer Durchschnittsgeschwindigkeit von 170 Kilometer pro Stunde in einem Zeitraum von 30 bis 100 Stunden die 9900 Kilometer lange Strecke über den Pazifischen Ozean nach Nordamerika. Lediglich die Ankunft von 285 Ballonen wurde dokumentiert, die anderen erreichten ihr Ziel nicht. Sie flogen nördlich bis zu den Aleutischen Inseln und südlich bis nach Mexiko.

Der Produktion ging eine Entwicklungsphase voraus. Der Versuch, die Ballone mit gummierter Seide zu konstruieren, misslang, denn sie wurden zu schwer, und so musste ein geeigneteres, leichtes und zugleich starkes Material gefunden werden. Diesen Anforderungen entsprach das langfaserige Kozo-Papier.[33] Die Bogen wurden in paralleler Faserrichtung geschöpft, und jeweils vier Papiere wurden in getrocknetem Zustand kreuzweise übereinander geschichtet. Mit *konnyaku*[34], einer Essenz aus einem japanischen Knollengewächs, wurden die Bogen zu einer verdichteten Fläche zusammengeklebt. Um den Auftrag des transparenten Klebstoffes besser kontrollieren zu können, färbte man diesen mit Tusche leicht ein. Der einzelne Bogen hatte ein Flächengewicht von 15 Gramm/m^2. Mit Hilfe einer Lichtbox wurden die zusammengeklebten Bogen auf undichte Stellen getestet und anschließend in eine Substanz aus Wasser und Soda[35] eingetaucht, um das Papier geschmeidiger zu machen. Dann folgte eine Schicht aus Glyzerin, welches jedoch bald durch Kalziumchlorid ersetzt wurde, da dieses für die Produktion von Munition unerlässlich und somit in großen Mengen vorhanden war. Die präparierten Bogen wurden an den Ecken in Form geschnitten und 600 Papiere zu einer Kugel zusammengeklebt. Mit Luft gefüllt, prüfte man den Ballon während 24 Stunden auf undichte Stellen. Entwich keine Luft, bekam er eine schützende, feuchtigkeitsresistente Lackschicht und wurde mit der restlichen Ausrüstung sowie der Bombenlast bestückt.

Auch wenn die japanische Bevölkerung ungern über diese Zeit spricht, verwendet Kikuchi san Senior, ein japanischer Papiermachermeister, das Ereignis dennoch als Beweis für die unglaubliche Reißfestigkeit des dünnen Japanpapiers. Er berichtet, dass zwischen 1942 und 1944 die meisten Papiermacher des Landes Tag für Tag Papierbogen für das damalige Militärregiment schöpften. Selbst Schüler/innen wurden für die Produktion eingesetzt. Zweck und Funktion des Papiers waren ihnen offiziell nicht bekannt.

Am 4. November 1944 wurde der erste Ballon an der Westküste Kaliforniens gesichtet, und als es immer mehr wurden, erfolgte in Amerika das Verbot, in den Medien darüber zu berichten, damit die Bevölkerung sich nicht beunruhigte, vor allem aber, um die Japaner über die Ankunft der Ballone im Unklaren zu lassen. Die östlichste Ankunft wurde im Staat Michigan verzeichnet und dank eines glücklichen Zufalls entstand einzig im Staat Washington ein Schaden in Form eines kontrollierbaren Waldbrands.

Ballone sind trotz des beschriebenen kriegerischen Einsatzes mehrheitlich ein Attribut der Freude und Feier, und in dieser Form sind sie in verschiedenen Kulturen verbreitet; eine sei hier kurz erwähnt: Zu Ehren Buddhas steigen am Inle-See in Myanmar jedes Jahr in der November-Vollmondnacht originelle Heißluftobjekte zum Himmel. Diese kulturell gewachsene Tradition ist ein riesiges Spektakel und lockt neben den Gläubigen auch Schaulustige zum einmaligen, wenn auch nicht ungefährlichen Vergnügen. Die Formen werden jährlich gewagter, sodass das Flugobjekt je nach Windstärke die Balance verlieren kann und im schlimmsten Fall in Flammen aufgeht.[36]

Der lange Weg vom Orient zum Okzident

Die islamische Kultur spielte die Schlüsselrolle bei der Verbreitung des Papiers *kaghad*[37] in der arabischen Welt im 7. und 8. Jahrhundert und auch in Europa rund 400 Jahre später. In geschichtlichen Abhandlungen über Papier bleibt diese Epoche meistens unerwähnt, umso umfangreicher wird über asiatisches Papier geschrieben. Doch ein gutes Jahrtausend liegt zwischen der Erfindung des Papiers in China und der ersten Papierproduktion in Sizilien und Spanien Anfang bis Mitte des 12. Jahrhunderts – eine lange Zeitspanne, die in diesem Kapitel beleuchtet wird.

In der muslimischen Welt diente das Papier dazu, das Wort des Propheten, den Koran, sowie die gesamten religiösen und philosophischen Traktate in möglichst kurzer Zeit bekannt zu machen. Papier hatte in diesem Sinne im Orient die gleiche Rolle wie im Okzident, wo es in Form der Bibel zur Verbreitung des Christentums eingesetzt wurde.

Oben: Bände zur Auslegung des islamischen Rechts. Bibliothek von Mohammed Hussein Mudjtahidin in Sultaniyeh, Iran.

Seite 53 oben: Karawanserei Robat-e Sharaf, 12. Jahrhundert. Die Karawanserei lag an demjenigen Abschnitt der Seidenstraße, den man für die Zeit zwischen dem 7. und 9. Jahrhundert auch als «Papierstraße» bezeichnet; die Papierstraße verband die Städte Merw im heutigen Turkmenistan mit Rey, dem heutigen Teheran.

Seite 53 unten: Die Festung Alamut im Norden Irans gehörte der islamischen Sekte der Assassinen und war für ihre überaus reiche Bibliothek berühmt. Der mongolische Eroberer Hülägü, der von 1256 bis 1265 regierte, ließ Alamut im Jahr 1257 vollständig zerstören.

Gemäß einer weit verbreiteten Überlieferung gelangte die Papiermacherei im Jahre 751 in den islamischen Kulturraum, nach der Schlacht am Fluss Talas rund 500 Kilometer östlich von Samarkand[38], bei der ein arabisches Heer eine chinesische Armee besiegte. Aber es bleibt fraglich, ob wirklich chinesische Gefangene den arabischen Kaufleuten die Technologie des Papiermachens vermittelt haben oder ob dies lediglich eine der vielen Legenden ist, die sich um die Geschichte des Papiers ranken. Vielleicht glauben wir dem arabischen Historiker al-Tha'alibi, der in seinen Erzählungen 300 Jahre später aus dem Tagebuch des Chinesen Du Hwai berichtet: «Einzelne vom Heerführer Ziyad ibn Salih in Gefangenschaft gehaltene Chinesen praktizierten die Papierherstellung, danach hat sich das Verfahren verbreitet und Papier wurde von den Muslimen in Samarkand hergestellt.» Bestimmt darf man annehmen, dass die Schlacht am Talas in diesem Kontext nur symbolhaften Charakter hat und eine Art Zeitzeichen ist für die rasche Aneignung der Papierherstellung durch die Araber in Sogdien. Dass Papier bereits Mitte des 7. Jahrhunderts, also hundert Jahre vor besagter Schlacht, in Samarkand bekannt war, scheint durchaus möglich. Ein erster Kontakt der Araber mit den Chinesen hatte im Jahre 651 stattgefunden, als eine arabische Gesandtschaft dem chinesischen Kaiser Gaozong ihre Aufwartung machte. Als Nebeneffekt haben die Araber bei dieser Gelegenheit möglicherweise das Papier kennen gelernt. Weitere diplomatische Kontakte folgten 713 und 732. Im Jahre 712 eroberten die Araber Afrasiab, die Hauptstadt Sogdiens, das heutige Samarkand, wo möglicherweise bereits ein Zentrum chinesischer Papiermacherkunst etabliert war.

Papierfragmente mit Inschriften aus den Anfängen des 8. Jahrhunderts in Palästina und ein in Ägypten gefundenes Fragment, das möglicherweise aus dem 7. Jahrhundert stammt, beweisen das Vorhandensein von Papier. Es bleibt ungewiss, ob das Papier von China importiert oder bereits vor Ort hergestellt wurde. Außer Zweifel steht, dass Papier im Mittleren Osten auf dem Weg über Zentralasien eingeführt wurde und dass die Verbreitung und Herstellung von größeren Papiermengen nach der Schlacht am Talas eingesetzt hat. Dabei spielte die Seidenstraße als Handelsverbindung eine wichtige Rolle. Mehrere Funde in dieser extrem trockenen und dadurch für die Erhaltung des Papiers sehr geeigneten Gegend belegen dies.

Nachdem die Technologie der Papierherstellung einmal bekannt war, verbreitete sie sich schnell in die anderen muslimischen Metropolen, zum Beispiel nach Bagdad in Mesopotamien, wo bereits im Jahre 794 die erste Papierfabrik eröffnet wurde. Papier wurde zu einem wichtigen Wirtschaftszweig; im Stadtzentrum Bagdads entstand der *suq al-waraqin*, ein Papiermarkt, bestehend aus über hundert Papiergeschäften und Buchhändlern, die die Straße säumten. Diese Läden sollen zur Zeit der Abbasiden (750–1258) wie private Forschungsbibliotheken funktioniert haben. Von einem Universalgelehrten des 9. Jahrhunderts, al-Jahiz, wird berichtet, dass er sich tagelang in Buchhandlungen eingemietet habe, um Bücher zu studieren.

Papier wurde zum Sinnbild für Fortschritt. So untersagte ein abbasidischer Kalif seiner Verwaltung, Papyrus zu verwenden, und befahl die ausschließliche Benutzung von Papier. Ein ähnliches Prozedere hatte sich früher in China abgespielt. Holz und Bambus wurden damals als Beschreibstoff verboten, mit der Absicht, Fälschungen zu vermeiden.

Im 8. Jahrhundert, als das Papier seinen Siegeszug antrat, gab es neben den Abbasiden noch andere Dynastien, die für die Verbreitung des Papiers wichtig waren, zum Beispiel die Fatimiden in Ägypten oder das Omayyadische Emirat von Cordoba in Südspanien. Beide spielten später eine wichtige Rolle im Mittelmeerraum. Mit dem Sturz der Abbasiden durch die Mongolen im Jahre 1258 wurde das Ende einer ersten kulturellen Blütezeit in Bagdad eingeläutet.

Seit dem 9. Jahrhundert entstanden weitere Papiermühlen in Sanaa, Jemen, in Damaskus und Hama, Syrien, in Tripoli, im heutigen Libanon, oder im Iran, wo in der nordöstlichen Provinz Khorasan das angeblich beste Papier hergestellt wurde. In Kairo wurden große Mengen Papier produziert, sodass der persische Reisende Nasir-i Khusrau im 11. Jahrhundert mit Erstaunen berichtete, dass die Händler in Kairo ihre Produkte mit Papier verpackten. Dass die Rohstoffe zeitweise auch knapp wurden, geht gemäß Dard Hunter aus der Erzählung des Arztes Abd al-Hatif zu Beginn des 13. Jahrhunderts hervor: «Beduinen entwenden die Leichentücher von Mumien, und wenn diese als Kleidungsstücke nicht mehr tragbar sind, werden sie als Rohstoff für Papier verkauft und zu Papierpulpe verarbeitet.»

Seit dem 10. Jahrhundert wurde Papier aus Ägypten, genannt *charta damascena*, zu einem beliebten Exportartikel für den europäischen Markt. In der zweiten Hälfte des Jahrhunderts breitete sich das Wissen über die Papierherstellung durch die islamische Bevölkerung nach Tunesien, Mauretanien und Marokko aus, und spätestens im 12. Jahrhundert gelangte es, möglicherweise ausgehend von Fes, nach Spanien und Italien.

In der Türkei begann man erstaunlicherweise erst Mitte des 18. Jahrhunderts, Papier herzustellen. Nach der Eroberung Ägyptens durch die Osmanen im Jahre 1517 wurden zwar Papierhandwerker auch nach Istanbul gebracht, um Papierzentren einzurichten, aber alle Projekte misslangen. Möglicherweise lag der Grund im Import umfangreicher Mengen Papier aus dem Osten und Westen, weshalb die örtliche Produktion keine Abnahme fand.

Beschreibungen über die Herstellung von arabischem Papier sind in der Literatur sehr rar und stellen unterschiedliche Verfahren vor; auch Bildmaterial ist in Archiven kaum zu finden. So bezieht sich das Wissen über arabisches Papier auf die Forschungsanalysen der wenigen Papiermanuskripte, die erhalten sind.

In einem Aufsatz über die Kunst hielt der ziridische[39] Herrscher al-Mu'izz ibn Badis im 11. Jahrhundert Folgendes fest: «Ein Hanfzopf wird mit einem Kamm von Verunreinigungen, Rinde und Blättern befreit und weitergekämmt, bis die Fasern geschmeidig sind. Diese werden über Nacht in Kalk (vermutlich in eine Wasserlösung) eingelegt. Am Morgen werden die Fasern mit den Händen ausgedrückt und zum Trocknen einen ganzen Tag lang an die Sonne gelegt. Während drei, fünf oder sieben Tagen wird das Prozedere wiederholt und es ist von Vorteil, wenn das Kalkwasser zweimal täglich ausgewechselt wird. Wenn der gewünschte Weißton der Fasern erreicht ist, werden diese mit der Schere in Stücke geschnitten und sieben Tage lang in Süßwasser gelegt, das jeden Tag ausgewechselt wird. Sobald der Kalk ausgewaschen ist, muss man die Fasern in einem Mörser stapeln und zermalmen. Wenn sie geschmeidig sind und keine Verdickungen mehr aufweisen, wird wieder frisches Wasser dazugegeben und sie werden darin liegen gelassen, bis sie «ölig» wie Seide sind. Jetzt wird eine Form im gewünschten Format genommen, die wie ein Binsenkorb hergestellt ist, der auf den Seiten offen ist, darunter wird ein leeres Holzbecken gestellt. Die Hanffasern werden energisch mit den Händen verrührt, bis sie sich gut verbunden haben, dann werden sie von Hand herausgenommen (geschöpft) und auf der Form regelmäßig verteilt. Wenn das Wasser abgetropft ist, wird die Form aufgehoben, die starren Fasern werden auf ein Tuch abgeschüttelt und zum Trocknen an eine Wand appliziert, bis sich das Papier ablöst und herunterfällt. Die gleiche Menge Kreide wie Stärkemehl wird in kaltem Wasser angerührt, bis sich alle Klumpen auflösen, danach wird die Masse im Wasserbad aufgewärmt, zum Sieden gebracht und gerührt, bis sie ungetrübt und leicht durchsichtig wird. Der Papierbogen wird aufgehoben, von Hand mit der Masse bestrichen und zum Trocknen auf Schilf ausgelegt. Wenn der Bogen trocken ist, wird die andere Seite bestrichen, das Papier auf ein Brett gelegt und sorgfältig mit Wasser besprüht. Wenn alle Papierbogen bestrichen sind, werden sie zu einem Ries[40] gebündelt, geglättet und beschrieben.»[41]

In einem Text aus dem 15. Jahrhundert, dem *Diwan al-insa*, wird ebenfalls die Verwendung von Hanf als Rohstoff erwähnt. Die Papierqualität wurde außerdem folgenden Umständen zugeschrieben: «Die Qualität des Papiers ist abhängig von der Feuchtigkeit der Region und der Jahreszeit, in der es hergestellt wird. Zudem vom richtigen Grad der Fermentierung in Kalk, von der Wirksamkeit des Spülens, der Reinheit des Wassers, der Qualität des Stärkemehls und schließlich der Perfektion des Glättens auf beiden Papierseiten mit einem Stück Glas oder dem Zahn eines Kamels. Das im Frühjahr gefertigte Papier erbringt die beste Qualität.»[42] Bekannt ist auch die Verwendung von Textilien, die als Lumpen oder Hadern bezeichnet werden. Im Grunde handelt es sich dabei um ein frühes Recyclingverfahren, welches später in Europa für die Herstellung von Pulpe ebenfalls eingesetzt wurde. In einem anderen Text wird als Papierrohstoff auch die einheimische Pflanze *Ficus populifolia* erwähnt.

Bis zu Beginn des 13. Jahrhunderts hielten sich die Papierformate im islamischen Kulturraum im Rahmen eines DIN-A3-Bogens, der für die Fertigung eines gebundenen Buches gefaltet und dadurch um die Hälfte verkleinert wurde. Für die Dokumenten- oder Dekretsrollen der Kalifen und Sultane wurden einzelne Papierbogen zu einem Band zusammengeklebt. Dies änderte sich im 13. Jahrhundert, als mongolische Dynastien China, Zentralasien, Südrussland und einen Teil des Mittleren Ostens beherrschten und ein enger Kontakt zu China bestand, wo die Technologie inzwischen weiter verfeinert worden war. Zum Beispiel wurden in China bereits Siebe mit Haltegriffen eingesetzt, die die Herstellung eines wesentlich größeren Papierbogens ermöglichten; auch kannten die Chinesen zu dieser Zeit die flexible Aufhängevorrichtung für das Sieb an der Decke, die den Papiermacher entlastete.

Kunstschaffende nutzten die Vorteile des neuen Mediums vermehrt, um skizziertes Gedankengut und ausgetüftelte Pläne über zeitliche und räumliche Distanzen zu verbreiten. Architekten und Baumeister schätzten die großen Papierbogen, da bis anhin die ganze Baukunst auf mündlicher Überlieferung oder auf kleineren Skizzen basierte; nun konnten erstmals großformatige Pläne gezeichnet werden. Das Einfärben von Papierpulpe war noch nicht bekannt und so wurden farbige Papiere in zurückhaltenden Ocker-, Rosa- und Grüntönen erst nach der Blattbildung mit Farbe bestrichen oder durch ein Farbbad gezogen.

Ein möglicher Grund, weshalb die Verbreitung des Papiers in den muslimischen Ländern in der Literatur wenig Erwähnung findet, liegt darin, dass arabische Papiere nicht durch Wasserzeichen gekennzeichnet wurden wie ihre europäischen Nachfolger und dadurch Herkunft und Alter schwierig zu erforschen sind. Auch führten die bürgerkriegsähnlichen Zustände nach dem Zusammenbruch der iranischen Dynastie der Il-Khane (1258–1335) zu einem starken Rückgang der Papierherstellung; ein kultureller Niedergang setzte ein, der bis Anfang des 15. Jahrhunderts dauerte. Davon profitierten die italienischen Papierproduzenten, die ihre Papiere nach den Qualitätsansprüchen der Araber fertigten und zu tiefen Handelspreisen exportierten.

Goldene Kuppel des Imam-Reza-Mausoleums im Iman-Reza-Bezirk, Maschad, Iran. Die 1995 eingerichtete Bibliothek verfügt über eine Million Buchbände in 53 Sprachen, 50 000 Manuskripte und 8000 antike Koranbände. In der Abteilung für Zeitschriften ist die erste Zeitschrift Irans aus dem Jahr 1805 archiviert. Sie wurde im Steindruckverfahren in einer kleinen Auflage hergestellt.

Während die Papierherstellung zwar spät, dann aber innerhalb kurzer Zeit im ganzen Mittelmeerraum Verbreitung fand, dauerte es mehrere Jahrhunderte, bis in der islamischen Welt Druckverfahren genutzt wurden. Die Muslime verzichteten bis zum 14. Jahrhundert auf die Druckschrift, vermutlich aus religiösen Gründen. Die arabische Sprache und die arabische Schrift ist für die Muslime die Ausdrucksform Allahs und somit heilig; der Sprache und Schrift ist deshalb mit Respekt zu begegnen. Erst ab dem 10. oder 11. Jahrhundert wurden Druckverfahren für Amulette angewendet, vorher wurden Texte ausschließlich von Hand geschrieben. Ein Versuch, im Jahre 1294 im Iran mittels

Links: Im *atelier du livre* diktiert ein Gelehrter einem Schreiber einen Text, während zwei Maler, ein weiterer Schreiber und ein Papiermacher ebenfalls mit der Herstellung von Büchern beschäftigt sind. Gouache auf Papier; aus einer zwischen 1590 und 1595 für den indischen Kaiser Akbar angefertigten Handschrift.

Rechts: Der armenische Erzbischof Katchatur Kesaratsi (1590–1646) galt als der «Gutenberg Irans». Im Jahre 1636 setzte er die erste Druckerpresse des Mittleren Ostens in Betrieb und produzierte eigenes Papier und Druckfarbe. Das älteste Dokument, das von ihm erhalten ist, ist ein Psalmenbuch, das in der *Bodleian*-Bibliothek in Oxford aufbewahrt wird.

Blockdruck Papiergeld herzustellen, scheiterte, weil die Regierung das Münzgeld schlagartig verbot. Da die Händler kein Vertrauen ins Papiergeld hatten, schlossen sie ihre Geschäfte und die Menschen litten bald an Hunger. Die Regierung musste nach wenigen Monaten das Papiergeld zurückziehen.

Dennoch wurde nicht sehr lange nach dem ersten Buchdruck in Europa die erste Druckerpresse im Jahre 1493 im islamischen Raum in Betrieb genommen. Es waren vor der spanischen Inquisition flüchtende Juden, die in Istanbul die Thora druckten. Muslimen aber blieb es im Osmanischen Reich untersagt, Texte in Arabisch zu drucken, wie aus den Dekreten von 1485 und 1515 hervorgeht. Zwar druckte im Jahre 1538 Paganino de Paganini den Koran, er tat dies aber in Venedig und der Koran war für christliche Missionare bestimmt. Im Iran und in Syrien existierten Druckerpressen erst seit dem 17. Jahrhundert, und diese wurden von christlichen Armeniern und Melkiten verwendet, um die Bibel zu drucken. Der erste Muslim, der einen arabischen Text druckte, war der Türke Ibrahim Müteferrika. Er druckte 1741 eine Chronik der Osmanen-Dynastie. Das Drucken des Korans und anderer religiöser Texte blieb weiterhin untersagt. Erst gegen Ende des 18. Jahrhunderts wagten sich russische Muslime in St. Petersburg an den Druck des Korans. Ebenso fremd war den Arabern das Wasserzeichen. Die Muslime waren schockiert, als sie im 14. Jahrhundert, möglicherweise in Nordafrika, erstmals davon hörten. Es durfte nicht sein, dass das Gotteswort auf Papier geschrieben wurde, welches Bilder, Symbole oder sogar ein Kreuz in sich trug.

Die neue Verfügbarkeit von Papier seit dem 9. Jahrhundert brachte dem islamischen Kulturraum einen außergewöhnlichen Aufschwung in allen Bereichen der Wissenschaften und der Literatur. Geistliche Gelehrte kodifizierten die *Hadiths*, die Überlieferung des Propheten Mohammed, die nach seinem Tod im Jahre 632 mündlich tradiert worden waren, und hielten sie schriftlich fest. Zu den wenigen aus dem 8. und 9. Jahrhundert erhaltenen Manuskripten gehören erstens ein Teil des Werkes *Kitab Gharib al-Hadith* von

Abu Ubayd al-Qasim ibn Sallam, datiert auf 866, archiviert in der niederländischen Universitätsbibliothek in Leiden. Zweitens Teile von Alf Laylah wa Laylahs *Tausend und eine Nacht*, datiert auf den 20. Oktober 879. Möglicherweise ist das Papier jedoch wesentlich älter, da das Datum erst später eingetragen wurde; die Fragmente sind im orientalischen Institut in Chicago aufbewahrt. Drittens eine Kopie des *al-Masa'il* von Ibn Hanbal, datiert auf 879, die sich in der *Zahiriyyah*-Bibliothek in Damaskus befindet, sowie viertens die 1890 in Kairo entdeckten *Geniza-Dokumente*, eine Sammlung kommerzieller und persönlicher Dokumente einer jüdischen Gemeinschaft in Kairo aus den Jahren 1002–1266. Gemäß ihren Glaubensvorstellungen könnte jedes geschriebene Dokument den Namen Gottes enthalten und darf aus diesem Grund nicht zerstört werden.

Der älteste erhaltene Koran auf Papier wurde 971 vom Kalligrafen 'All ibn Sadan al-Razi geschrieben. Die Reste des vierbändigen Manuskriptes sind in der nordiranischen Stadt Ardabil, in der *Chester Beatty*-Bibliothek in Dublin und in der Universitätsbibliothek Istanbul aufbewahrt.

Für den Mongolen Il-Khan Öljeitü entstand von 1306 bis 1309 ein Mammutwerk in dreißig Bänden, das über 2000 Blätter umfasste. Die Koranseiten messen 72×50 cm, was eine Bogengröße von mindestens 72×100 cm voraussetzt. Der Koran war für sein Mausoleum in Sultaniyeh, Iran, bestimmt.

Eindrücklich ist der gigantische Koran in *mohaghag*-Schrift, der 1450 von Prinz Mirza Baysongur, dem Sohn des Timuriden-Fürsten Shah Rukh, kalligrafiert wurde. Die etwa 180×100 cm großen Bogen aus *khanbalic*-Papier[43], das entweder aus China importiert oder nach chinesischem Muster in Samarkand hergestellt wurde, wogen insgesamt 300 Kilogramm. Sie ruhten ursprünglich auf dem steinernen Lesepult in der Bibi-Khanim-Moschee von Samarkand. Später wurde der riesige Koran nach Herat in Afghanistan gebracht, wo ihn Nadir Shah[44] auf seinem Feldzug durch Afghanistan und Indien im Jahre 1739 raubte. Als eine Art Talisman ließ er ihn vor seiner Armee hertragen. Nach seinem Tod teilten sich seine Generäle den größten Koran der Geschichte auf, die einzelnen Seiten wurden in alle Winde zerstreut, zehn davon sind im Muzeh-e Qods-e Razavi in Maschad, in der Provinz Khorasan im Nordosten Irans, deponiert. Der Brite William Frazer berichtete in seinem Buch *Journey to Khorasan* im 19. Jahrhundert erstmals darüber.

Handgeschriebener Koran auf poliertem Papier, Anfang des 19. Jahrhunderts, Iran.

In der *New National Library* in Täbris, Iran, wird eine seltene nestorianische[45] Bibel aus dem 12. Jahrhundert aufbewahrt. Der Text ist in ostsyrischer Sprache und in der Estrangelo-Schrift, die aus dem Aramäischen abgeleitet wurde, auf Pergament geschrieben. Später wurden die zwei vorderen und vier hinteren Bünde mit Vergé-Papier ersetzt. Das Format der Bibel ist 23×16,5 cm.

Viele historische Werke wurden bei kriegerischen Handlungen vernichtet. Die Bibliothek Harun al-Rashids und al-Ma'muns in Bagdad wurde 1258 von den Mongolen komplett zerstört. Die Bibliothek von Tripoli brannten die Kreuzfahrer nieder – sie hatte drei Millionen Manuskripte beherbergt. Auch die große Bibliothek von Alamut im Nordosten Irans wurde durch die Mongolen zerstört. Mit der Vernichtung der Bibliothek in der Moschee des Propheten in Medina gingen der größte Schatz der islamischen Geschichte und gleichzeitig Tausende von Beispielen alter Papiermuster verloren. Aus diesem Grund können keine Vergleiche zwischen frühen islamischen und chinesischen Papieren angestellt werden. Fragen nach der Entstehung von Papier in Persien oder der Verwendung von chinesischem Papier bei den Sogdiern bleiben somit unbeantwortet.

Die Verbreitung des Papiers von Samarkand nach Europa

Die faszinierende Welt des Papiers ist geprägt von Innovationen und Entwicklungen. Menschen aus verschiedenen Arbeitsbereichen und aus entfernten Erdteilen begegneten sich, um eine gemeinsame Vision umzusetzen. Das eigentliche Interesse, die Nachfrage nach Papier, war überall vorhanden, jedoch extrem abhängig von den lokalen politischen und wirtschaftlichen Verhältnissen.

Die folgenden Kapitel zeigen anhand ausgewählter Papiermühlen und Erfinderdynastien, wie sich die Tradition der Papierherstellung in wichtigen Regionen Europas etabliert und entwickelt hat.

Nordafrika und Sizilien

Über das abbasidische Kalifat erreichte das Papier von Samarkand aus Bagdad im Jahre 794, Damaskus und Kairo um das Jahr 950 herum. Mit der langsamen Eroberung des Maghrebs[46] durch die Araber verbreitete sich das Wissen über die Papierherstellung in weitere Länder Nordafrikas – im Jahre 1100 wurde die erste Papiermühle in Fes, Marokko, registriert – und in die maurischen Gebiete Südspaniens. Es gibt verschiedene Hinweise in der Literatur, dass in Fes rund 400 Papiermühlen existiert haben, doch wahrscheinlich handelt es sich bei dieser Zahl um einen Übersetzungsfehler.[47] Fraglich bleibt auch, ob die Papiermacherei zuerst im Maghreb oder in Südspanien bekannt war.

Die ersten Papiere entstanden nach arabischem Verfahren, indem man mit Wasser suspendierte Fasern auf einen mit Gewebe bespannten Holzrahmen aufgoss. Das Sieb wurde dabei in eine mit Wasser gefüllte Erdvertiefung oder in einen Wasserbehälter gelegt und die Bogen wurden zum Trocknen auf ein Brett oder an eine Wand übertragen.

In Sizilien ist Papier seit 1102 bekannt, es wurde vermutlich aus Ägypten oder Syrien importiert. Aus dieser Zeit stammt auch die erste europäische Urkunde auf Papier: ein Dokument, das Graf Roger II. (1095–1154), ab 1130 König von Sizilien, zur Errichtung einer Papiermühle schreiben ließ. Die technische Revolution der Papierproduktion setzte in Italien vermutlich im 13. Jahrhundert ein. Italien entwickelte sich bis in die Gegenwart zum wichtigsten europäischen Land der traditionellen Papierherstellung, gefolgt von Frankreich und Spanien.

Spanien

Das erste in der westlichen Welt auftauchende Papier betrachteten die Christen mit Missbilligung als ein Manifest der muslimischen Kultur. Ein Dekret von Friedrich II. aus dem Hause Staufer erklärte 1221 alle auf Papier geschriebenen Dokumente für ungültig. Vermutlich hatten Schaf- und Viehzüchter, die um den Verkauf der Tierhäute für Pergament und somit um ihren Wohlstand bangten, Einfluss auf dieses Dekret ausgeübt. Erst durch die Einführung der Druckerpresse Mitte des 14. Jahrhunderts veränderte sich die Einstellung zum Papier.

Gemäß Überlieferung soll die erste Papiermühle im Jahre 1151 in Jativa an der Ostküste Spaniens, südlich von Valencia, erbaut worden sein. Nach neuen Erkenntnissen[48] werden die Anfänge der Papierproduktion in Spanien aber bereits auf das Ende des 11. Jahrhunderts, zeitgleich wie die Mühlen in Cordoba, Toledo und eventuell auch in Aragon und auf den Balearen, datiert. Nachdem Spanien zuerst auf dem Schiffsweg Manuskripte und Papiere aus Kairo importiert hatte, wurden später die besonderen und ausschließlich im maurischen Teil Spaniens und im Maghreb hergestellten Zickzackpapiere nach Portugal, Südfrankreich und Italien exportiert. Diese so genannten Zickzackmuster sind Zeichen, die durch geradlinige, parallele Einritzungen mit einem Falzbein oder Holzstab im nassen Papier angebracht werden. Sie haben eine Ähnlichkeit mit Wasserzeichen, entstehen aber nach dem Schöpfen des Papierbogens und haben wohl eine andere Funktion gehabt. Eindeutige Definitionen fehlen, die Annahme, dass es sich um Kennzeichnungen zum Zählen der Papierbogen handelt, ist jedoch die wahrscheinlichste.

Die große Mühle *Capellades* westlich von Barcelona in Katalanien wurde 1238 erbaut. Seit der Übernahme durch die Familie Juan Romani im Jahre 1620 wurde das dort her-

Zum Trocknen aufgehängtes Papier.

gestellte Papier mit dem Attribut «hochwertig» versehen, es galt als das feinste des Landes. Die produktive Blütezeit der Mühle war im 18. und 19. Jahrhundert. Im Zeitalter der Papiermaschine, als die meisten Mühlen ihre Tore für immer schließen mussten, konnte *Capellades* dank dem Patronat einer Gruppe von Papierliebhabern und -industriellen die Produktion weiterführen, und dies bis heute. Die historische *Molí de la Villa* mit ihren traditionellen Werkzeugen und Geräten blieb dank finanzieller Zuwendungen erhalten und stellt einen lebenden Beweis der Papiergeschichte und des Papierhandwerks dar. 1961 wurde ein Museum eingeweiht, das auch Workshops anbietet. Die alte Mühle ist ein Begegnungszentrum für Kultur- und Kunstinteressierte der ganzen Welt geworden.

Italien

Im 10. und 11. Jahrhundert löste im byzantinischen Reich das Papier das Pergament ab, und zur gleichen Zeit wurde in Italien wahrscheinlich bereits Papier nach arabischer Methode hergestellt. Konkrete Spuren sind allerdings keine mehr vorhanden, doch wird vermutet, dass die Papiermühle *Amalfi* in der Nähe von Neapel, deren Archive ein Brand zerstört hat, lange vor dem 13. Jahrhundert Papier hergestellt und exportiert hat. Ein Museum erinnert an die Hochblüte des Papierhandwerks in Amalfi. In kleinen Mengen wird noch immer von Hand Hadernpapier für limitierte und luxuriöse Editionen geschöpft, und auf Maschinen entsteht Papier für den weltweiten Export.

Die bis in die Gegenwart bedeutende Papiermühle *Cartiere Miliani* in Fabriano entstand im Jahre 1238 südöstlich von Florenz. Sie gehörte zu den ersten Papierzentren in Italien. 1585 existierten um die zwanzig Papiermühlen in Fabriano, 1711 waren noch zwei in Betrieb. Unter der Führung von Pietro Miliani wurde ab 1880 erneut hochwertiges Papier gefertigt. Zu Beginn des 20. Jahrhunderts wurden für kommerzielle Produktionen Maschinen erworben. Nach jahrhundertelanger Familientradition ging die Firma 1930 in die Hände des Staates über.

Auch *Cartiere Enrico Magnani* zählt seit dem 15. Jahrhundert zu den traditionsreichen Papierhäusern Italiens. Durch die Etablierung von Druckerwerkstätten wie zum Beispiel *Francesco Cenni* im Jahre 1485 in Pescia, Toskana, stieg der Papierbedarf enorm. Die Mühle von Enrico Magnani ging zu einem viel späteren Zeitpunkt in den Besitz der Familie Miliani über.

Zu Beginn des 21. Jahrhunderts zählt die Firma *Cartiere Miliani*, die seit 2002 zur *Fedrigoni Group of Verona* gehört, zusammen mit *Cartamano* und *S. I. M. A.* zu den fünf führenden Papierproduzenten der Welt. Das Werkgelände ist mit einem außergewöhnlich hohen Sicherheitssystem ausgestattet, da das Unternehmen Papier für Euro-Geldscheine herstellt. Parallel dazu existiert noch heute der Büttenraum,

Lumpensammler beim Abliefern ihres Sammelgutes vor dem Keller des Lumpenhändlers. Ausschnitt aus *Die Pariser Lumpensammler.*

in dem Papier von Hand geschöpft oder mit der Rundsiebmaschine in bester Qualität gefertigt wird.

Während in Spanien nach traditionell arabischem Verfahren Papier hergestellt wurde, entwickelte sich in Norditalien eine Verfeinerung der Technologie, die zu einer Qualitätssteigerung des Papiers führte. Beim europäischen Verfahren ist das Drahtsieb auf dem Holzrahmen fixiert, und es wird, um das Ausfließen der Fasern zu verhindern, mit einem Deckelrahmen begrenzt, während beim arabischen oder asiatischen Verfahren das Sieb aus Schilf, Bambus oder Gras lose auf den Holzrahmen aufgelegt wird. Das befestigte Sieb ermöglichte eine schnellere Abfolge des Schöpfprozesses und führte zu einer effizienten Teamarbeit. Eine Person schöpfte den Bogen und eine zweite gautschte ihn auf den Filz ab, während der Schöpfer mit einem zweiten Sieb den nächsten Bogen schöpfte. Durch das fixierte Sieb war es erstmals möglich, Wasserzeichen anzufertigen. Auch die Aufbereitung des Stoffes[49] wurde durch die Einführung des mechanischen Lumpenstampfwerks verbessert.

Die rasche Verbreitung des Papiers in Europa basiert unter anderem auf der Tatsache, dass Großkaufleute italienischen Papiermachern den Auftrag erteilten, Papiermühlen in ihren eigenen Ländern zu gründen. Als Folge reduzierte sich der Export von italienischem Papier, denn durch die neuen Produktionszentren konnten lange Transportwege und -kosten vermieden werden. In der Mitte des 16. Jahrhunderts schrieb der Inhaber der *Fabriano*-Papiermühle, Domenico Scevolino von Bertinoro: «Der erste Wohlstand dieses Landes wurde möglich durch den Papierhandel, jetzt läuft das Geschäft weniger gut. An diesem Zustand waren Papiermacher beteiligt, die *Fabriano* verlassen haben, um in anderen Ländern Papiermühlen einzurichten, sie haben ihrer Heimat dadurch großen Schaden zugefügt.»[50]

Im Zeitalter der Industrialisierung entstanden neue leistungsfähige Betriebe, teilweise an Standorten ehemaliger Papierzentren. *Fabriano* geht als eines der erfolgreichsten Papierzentren der Welt in die Geschichte ein.

Frankreich

Die möglicherweise erste Papiermühle Frankreichs in Troyes, in der Champagne, stammt aus dem Jahr 1348, doch auch die Auvergne und die Ardèche erheben den Anspruch, zu den ersten Papierregionen Frankreichs zu gehören, was allerdings nicht belegt werden kann. Bis Mitte des 16. Jahrhunderts entstanden die wichtigsten Papiermacherzentren in der Charente, der Normandie, in Lothringen, den Vogesen und im Elsass. In der Charente waren zum Beispiel *Le Moulin de Fleurac* und *Le Moulin de Verger* von Bedeutung. Letztere war 1537 ursprünglich als Kornmühle durch das Kloster *De la Couronne* erbaut worden. Die Schließung der Mühle erfolgte 1916. Dem Zerfall nahe, erlebte sie durch die Reparatur von M. Lacombe, dem Sekretär der historischen und archäologischen Gesellschaft der Charente, 1929 einen Neuanfang. 1960 wechselte *Le Moulin de Verger* mehrere Male den Besitzer. Neben der Nutzung als Museum wird in der Mühle bis heute in kleinerem Umfang Papier produziert, neuerdings auch mit Rohfasern aus dem asiatischen Raum.

Durch die gezielte Einwanderung holländischer Papiermacher im frühen 17. Jahrhundert, die französisches Papier nach Holland ausführten, existierten im Département Charente bis 1685 rund 150 Mühlen. Der Grund für die Auswanderung der holländischen Papiermacher aus ihrer Heimat war das kalte Klima, das das Wasser in strengen Wintern gefrieren ließ, was die Papierherstellung in diesen nördlichen Gegenden erschwerte.

Das weltweit bekannte Label *Arches* hat seinen Ursprung in den Gebirgszügen der Vogesen in der Nähe von Épinal. Frühere Kornmühlen am Fluss Rupt-de-Raon wurden seit 1469 als Papiermühlen betrieben. Die Inbetriebnahme von *Le Moulin d'Arches* wird auf 1492 datiert. Seit dem 17. Jahrhundert genießt diese Mühle den Ruf, exklusivstes Papier von hoher Qualität mit aufwändigen Wasserzeichen zu schöpfen. Ende des 17. Jahrhunderts führten ein Umbau und eine Erweiterung der Mühle durch einen reichen Financier zur Teilung in *Archettes-la-Haute* und *Archettes-la-Basse*. Diese Neuerung mit der zusätzlichen Papeterie, einem Produktions- und Manufakturgebäude, führte zu weiteren Erfolgen.

Verschiedene Bedürfnisse können zum Kauf einer Papiermühle führen, und so erfolgte ein Besitzerwechsel der *Arches* durch den Strohmann Jean-François Le Tellier im Auftrag des Pariser Dramatikers und Verlegers P. A. Caron de Beaumarchais (1732–1799). Beaumarchais' Absicht war es, das Gesamtwerk des Schriftstellers und Philosophen Voltaire zu verlegen, doch dieser war in Frankreich verboten.[51] Beaumarchais investierte neben der Papiermühle auch in eine Druckerei und in ein Verlagshaus. Er gründete die *Société littéraire typographique*, unter deren Namen die aufwändige Gesamtausgabe veröffentlicht wurde. Diese Aktivitäten führten Beaumarchais in den Ruin, und im Jahre 1790 setzte die Auflösung der *Société* den ausufernden Editionen ein Ende. Der Betrieb wurde den Brüdern Desgranges verkauft. Neben der Bewältigung der finanziellen Schwierigkeiten gelang es ihnen, Aufträge der königlichen Bibliothek auszuführen. In den folgenden Jahren erlebte die Papeterie auf verschiedenen Ebenen Höhe- und Tiefpunkte, die von mehreren Besitzerwechseln geprägt waren.

Zwischen 1954 und 1956, durch die Fusion der *Arches* mit den beiden Firmen *Johannot* und *Marais* in der Region von Paris und mit der renommierten Mühle *Rives* bei Grenoble, begann eine neue Etappe der Papiergeschichte. Das Quartett firmiert unter *Arjomari*, einer Kombination der jeweils ersten beiden Lettern der beteiligten Firmen. Die weitere Fusion mit der Firma *Prioux* im Jahre 1968 führte zu einer verstärkten Marktposition und zum Namen

Oben: Sortierte Baumwollabschnitte zur Herstellung von Pulpe. *Renker & Söhne*, Hürtgenwald-Zerkall, Deutschland.

Unten: Zerfasern der Baumwollabschnitte mit der Messerstampfe. *De Schoolmeester*, Wind-Papiermühle, Zaan, Niederlande.

Arjomari-Prioux. Eine nochmalige Vergrößerung erfolgte 1976 durch die partielle Übernahme von *Canson-Montgolfier*. Drei Viertel der Gesamtproduktion werden in die europäischen, amerikanischen und australischen Märkte sowie nach Japan exportiert. Wie *Fabriano* in Italien oder *Renker & Söhne* in Deutschland gehört *Arjomari-Prioux* zu den Topleadern der Welt im Papiersektor.

Am Ende des 18. Jahrhunderts kam die entscheidende Wende in der Papierproduktion von der handwerklichen zur maschinellen Fabrikation. Die *Papeterie d'Essonnes*, welche der berühmten Buchdruckerfamilie Didot gehörte, deren Druckerei als Nachfolgerin der Staatsdruckerei im Louvre eingerichtet wurde, betrieb Mitte des 19. Jahrhunderts schon neun Papiermaschinen. Diese erlaubten im Schichtbetrieb eine Produktion von 4000 Tonnen im Jahr.[52] Saint-Léger Didot (1767–1829) ließ die erste Langsiebmaschine vom englischen Mechaniker Donkin nach einer verbesserten Konstruktion des Louis-Robert-Modells aufstellen.[53] Der Stolz über die Anschaffungen äußerte sich unter anderem in der Bezeichnung der Maschinen mit persönlichen Namen wie «Amadeus» oder «August».

Im Erdgeschoss der Mühle lagerten tonnenweise Lumpen, denn die maschinelle Fertigung erforderte große Mengen Faserstoff, die im Sortierraum nach Qualität getrennt sowie zerkleinert und im Kugelkocher zur weiteren Verarbeitung aufgeschlossen wurden. Auch die ersten Holländermaschinen Frankreichs, gebaut vom Niederländer L'Ecrevisse, waren in Essonnes in Betrieb. Die Antriebskraft für die ganze Firma erfolgte über Turbinen von 120 PS und Dampfmaschinen von 500 PS. Die ersten Methoden der Stoffzubereitung, die man von den Asiaten kannte, funktionierten durch Manpower oder durch mechanischen Antrieb. In der Papierfabrik der Gegenwart sind der Holländer längst durch Mahlaggregate wie den Refiner und der Kollergang durch den Pulper ersetzt worden, der mittels eines Rotors den Halb- oder Vollzellstoff auflöst.[54]

Ein seltenes Glück war der Mühle *Richard de Bas* beschieden. Wie viele andere Mühlen in Ambert, im Val de Laga in der Auvergne, lag sie praktisch in Trümmern, als der 34-jährige Marius A. Péraudeau die Mühle 1940 kaufte und restaurierte. 1941 gründet er den Verein *La Feuille Blanche*, die Vereinigung der Freunde des Papiers, der Kunst und der Druckgrafik. Er richtete ein historisches Museum ein und einen botanischen Garten mit Papiermacherpflanzen sowie

Schöpfsieb mit berühmtem Wasserzeichen und nachgestelltem Datum, *Richard de Bas*, Frankreich.

Farnkräutern und Blumen, die seit 1948 für «Blütenpapier»[55] Verwendung finden. Marius A. Péraudeau rettete nicht nur eine der berühmtesten traditionellen Papiermühlen Frankreichs, er gehörte auch zu den Ersten in Europa, die sich aktiv mit *Paper Art* auseinander gesetzt haben.

Die Mühle trägt den Namen von Antoine Richard, der die Mühle 1463 kaufte, als sie bereits in Betrieb war. Die Anfänge der Papierproduktion gehen möglicherweise auf Mitte des 14. Jahrhunderts zurück. Die Bäche in den engen Tälern führten kalkarmes Wasser, das sich hervorragend für die Papierherstellung eignete. In der Folge siedelten sich seit dem frühen Mittelalter viele Mühlen auf engstem Raum dicht nebeneinander an. Mühlen, die sich gegenseitig das knapp werdende Wasser und den Platz strittig machten. Die Namen der Mühlen *Richard de Bas* oder *Richard de Haut* beziehen sich auf die geografische Lage des Papiermacherzentrums am Hang von Ambert, das bis in die zweite Hälfte des 17. Jahrhunderts von mehreren Generationen der Richard-Familien betrieben wurde. Selbst der französische König Louis XIV. (1643–1715) hat seine Memoiren auf *Richard de Bas*-Papier geschrieben.

Die Architektur der Mühlen in den südlichen Gegenden ist schlicht. Oft schließt ein aus Holz gebauter Trocknungsraum an das Hauptgebäude an. In kälteren Klimazonen sind die Mühlen meistens in Fachwerkhäusern untergebracht, erkennbar an den vielen Dachluken in den steilen Satteldächern. Diese sorgen für eine gute Luftzirkulation auf dem Trockenboden während der durch die Kälte bedingten längeren Trocknungsphase der Papierbogen.

Die zum Teil fast nachbarschaftliche Lage der Textilindustrie zu den Papiermacherzentren lässt vermuten, dass neben Lumpen auch Abschnitte der Textilverarbeitung als Rohstoff für Papier zerfasert wurden. Ausgehend vom Stoffballen entstehen beim Zuschnitt der einzelnen Teile der Kleidungsstücke kleine Stoffreste, die in der Bekleidungsindustrie keine weitere Verwendung finden. Für textile Gewebe oder Gewirke wurden bis ins 19. Jahrhundert natürliche Fasern verarbeitet, was das Aufschließen der Textilien zu Faserzellstoff begünstigte. Erst 1884 gelang es dem Chemiker Graf Louis-Marie-Hilaire Bernigaud, Chemiefasern zu erzeugen, und 1932 stellte der Amerikaner Wallace Hume Carothers den ersten spinnbaren synthetischen Nylonfaden her. Der Siegeszug der synthetischen Chemiefasern verunmöglichte die Auflösung von Textilien für die Papierherstellung, weil sich diese in nützlicher Zeit nicht aufschließen lassen. Seither stammen die für die Papierherstellung verwendeten Textilien aus der Medizinalindustrie, zum Beispiel aus Resten der Gazeproduktion.

Die Brüder Montgolfier und der erste Heißluftballon

Bei der Geburtsstunde der Aeronautik spielte Papier eine wichtige Rolle: Es wurde als Material für die Konstruktion des ersten Heißluftballons eingesetzt, der das kostbare Gas nicht entweichen lassen durfte, weil dies den Aufstieg behindert hätte. Experimentiert wurde auch mit Geweben aus Seide und Baumwolle oder einer Kombination von Textilien und Papier. Joseph-Michel und Etienne-Jacques Montgolfier, den Brüdern der 16-köpfigen Montgolfier-Familie, gelang nach langer Entwicklungszeit und einigen Fehlschlägen am 5. Juni 1783 der erste Flug einer Heißluftkugel ohne Besatzung in Annonay bei Lyon. Die durch den Regen leicht angefeuchtete Kugel landete in einem Weinberg und begann zu brennen. Die Bauern flohen vor dem fliegenden Monster und vergaßen, dieses zu löschen. Der Ballon aus 750 m² Papier und Seide erreichte eine Höhe von 1800 Metern und trieb fast 2,4 Kilometer dahin. Im Vorjahr war bereits ein Flug auf dem Fabrikgelände in Vidalon gelungen, der aber nicht in die Geschichte einging, da er nur von kurzer Dauer war.

Gerüchte über die Erfindung des Heißluftballons verbreiteten sich und in der Folge reihte sich Versuch an Versuch. Papierstärke und Verbindung der einzelnen Bogen mussten getestet werden, denn das Gewicht spielte eine wesentliche Rolle. Beim dritten Versuch bestand der Ballon aus mehreren Hüllen, die innere aus dreischichtigem, feinstem Papier, die äußere war ein imprägniertes Verpackungsgewebe, versehen mit 1800 Knopflöchern zur Verbindung der einzelnen Teile. Auch diese Montgolfière führte noch nicht zum Erfolg, da durch die Knopflöcher zu viel Luft entwich.

Entgegen den Behauptungen der Brüder Montgolfier, sie hätten ein Gas, das *air alcalin*, erfunden, stieg auch ihr Ballon nur mit heißer Luft, die durch das Verbrennen von feuchtem Stroh und Schafswolle unter der Startrampe und während des Flugs durch glühende Holzkohle entstand. Doch die Nachricht von der Ballonfahrt erreichte Paris, und die Brüder wurden aufgefordert, das Experiment dort zu wiederholen. Inzwischen waren ihnen jedoch der spätere Erfinder der Papiermaschine Nicolas-Louis Robert und der Physiker Alexandre Charles zuvorgekommen. Doch am 19. September 1783, in der Anwesenheit von König Louis XVI. und 130 000 Schaulustigen, stieg die 17 Meter hohe Montgolfière «Martial» mit den ersten Passagieren Hahn,

Im Park von *La Muette* stieg am 21. November 1783 der erste bemannte Heißluftballon «Reveillon», konstruiert von den Brüdern Montgolfier, in die Luft.

Ente und Schafsbock für acht Minuten in Richtung Norden in himmlische Höhen. Der Schafsbock konnte zukünftig im Zoo als «Himmelsfahrer» bestaunt werden, die beiden Genossen landeten in der Pfanne. Besser erging es Vater Montgolfier, dem der Adelsbrief des Königs übergeben wurde. Joseph bekam eine einmalige Rente von 40 000 Livres[56] und seinem Bruder Etienne wurde das Ordensband des Heiligen Michaels übergeben. Am 21. November 1783 wurden die Brüder erneut als Helden gefeiert. Im Garten des Schlosses von *La Muette* erhob sich der erste Heißluftballon mit Menschen an Bord, und zwar mit Marquis d'Arlandes und Pilâtre de Rozier. Während 25 Minuten schwebten sie in der Luft über der Seine und landeten bei der Mühle von Croule-Barbe. 1784 stieg der Ballon «Les Flesselles» mit sieben Passagieren auf 1000 Meter Höhe und landete unfreiwillig bereits nach zwölf Minuten wieder.

Der Traum vom Fliegen ist bekanntlich alt. Auch Leonardo da Vinci war der Faszination fliegender Objekte erlegen. Zu Ehren der Krönung von Papst Leo x. hatte er im Jahre 1513 heißluftgefüllte Heiligenfiguren aus Papier oder Leinwand aufsteigen lassen. Und Jean-Jacques Rousseau (1712–1778) hatte sich rund vierzig Jahre vor den Brüdern Montgolfier mit der Flugkunst der Vögel auseinander gesetzt, angeregt vom Flugversuch des Marquis de Bacqueville, der mit papierenen «Engelsflügeln» aus dem Fenster fliegen wollte.

Etienne und Joseph Montgolfier hatten ihre Chance genutzt, die Faszination der Ballonfahrt verbreitete sich in alle Welt[57] und fand Nachahmer und experimentierfreudige Nachfolger. Es war den Brüdern gelungen, in die Einsamkeit eines neuen Raumes aufzusteigen, das Glücksgefühl von Freiheit, die Ahnung einer Utopie und die Überwindung irdischer Fesseln zu erleben. Darauf wandten sich die beiden Erfinder wieder dem Familienunternehmen zu.

Der Weg zur Erfindung der Montgolfière war allerdings eine wahre Odyssee. Die Wurzeln der Montgolfiers, einer aufgeschlossenen, wohlsituierten Papiermacherfamilie in Vidalon-lès-Annonay, lassen sich bis ins 16. Jahrhundert zurückverfolgen. Der junge Joseph litt schon früh unter den Anforderungen, die an ihn gestellt wurden, und verließ das Elternhaus. In der Nähe von Saint-Etienne richtete er ein kleines Labor ein und entwickelte Farbstoffe; als Erstes gelang ihm die Herstellung von Preußischblau. Er färbte Papiere, indem er sie mit Farbstoff durchtränkte, und konnte von dieser Produktion leben und sich sogar eine Reise nach Paris leisten. Das verführerische Leben der Großstadt zog ihn in Bann und erst zu Beginn der 1770er-Jahre kehrte er etwa zeitgleich mit seinem Bruder Etienne nach Vidalon, wenige Kilometer von Annonay entfernt, zurück. Etienne hatte in der Zwischenzeit nicht nur einflussreiche Freunde aus Wissenschaft und Kunst gewonnen, sondern hatte wegen seines guten Formgefühls Architekturaufträge wie zum Beispiel die Kirche von Faremoûtiers oder in Paris die Papierfabrik für Jean-Baptiste Reveillon erhalten. Die Rückkehr fiel dem gelernten Architekten nicht leicht.

Mit gegensätzlichen Charakteren und unterschiedlichen Begabungen entwickelten die Brüder Etienne-Jacques und Joseph-Michel gemeinsame Projekte, unterstützt von viel technischem Geschick und dem unternehmerischen Mut der ganzen Familie. Joseph übernahm später die nahe gelegenen Papierbetriebe von Rives und Voiron. Etienne widmete sich nach dem Tod des ältesten Bruders mit aller Energie der väterlichen Papierfabrik im Tal der Deûme. Erneuerungen gehörten zur Tagesordnung, Gebäude wurden errichtet, moderne, Rohstoff sparende Zylinder aus Holland eingeführt und gute Kunden gesucht. In seinem Betrieb wurde an achtzig Papierstapeln gearbeitet, dies bedeutete achtzig Papierschöpfer, ebenso viele Gautscher und weitere Angestellte für alle anderen Tätigkeitsfelder.

Durch den Forschungswillen der Montgolfiers kam es zu einigen Erfindungen und technischen Verbesserungen, so auch zur Einführung der hydraulischen Presse. Ein weiterer Höhepunkt wurde 1777 mit der Herstellung von feinstem Velin-Papier[58] und Kalk- oder Pauspapier erreicht – Neuerungen, die Etiennes technischem Experimentierwillen zu verdanken sind. Eine Einladung der *Académie Royale des Sciences* zur Präsentation des neuen Papiers, dem die Kostbarkeit von Pergament zugesprochen wurde, krönte die der asiatischen Tradition entlehnte «Erfindung». Beneidet von anderen Papierherstellern, die nichts unterließen, um an das Papiergeheimnis heranzukommen, gingen die neuen Papiere in die Geschichte ein.

Joseph gründete mit seinem Bruder Augustin eine weitere Papiermanufaktur in Voiron mit einem Labor für physikalische und chemische Experimente. So konnte er seinen Forschungsdrang mit den täglichen Pflichten verbinden. Er entwickelte beachtliche technische Neuerungen und, fasziniert von diesem Tätigkeitsfeld, vernachlässigte er die Geschäfte. Seinen Konkurrenten gab er Ratschläge und selbst neueste Erfindungen hielt er nicht geheim – mit der Folge, dass sein Wissen ausgebeutet wurde. In diesem Ungleichgewicht begann die Laborarbeit das Vermögen aufzuzehren, gleichzeitig wurde Joseph in eine unerfreuliche Geldgeschichte verwickelt. Es kam zum Prozess gegen die mächtigen Widersacher, die großen Papiermacher Johannot, welche ihre Kornmühle zu Beginn des 17. Jahrhunderts in eine Papiermühle umfunktioniert hatten. Unschuldig, wie alle beteuerten, ging Joseph 1782 für kurze Zeit ins Gefängnis. Sein Plan, Wissenschaft, Forschung und Produktion zu kombinieren, war gescheitert. Die Geschichte eines Papierfabrikanten endete im Bankrott.

Anders Bruder Etienne, der in Vidalon erfolgreiche Bilanzen in der Papierproduktion vorweisen konnte und dessen Betrieb zur königlichen Papiermanufaktur ernannt wurde. Seiner Begeisterung für Wissenschaft noch immer verbunden, hatte er ein Zentrum für wissenschaftlich-literarische Diskussionen etabliert. Sein Haus mit aristokratischer Note im provinziellen Vidalon beherbergte eine Sammlung von über tausend Bänden aus den Gebieten der Geisteswissenschaften, Astronomie und Physik. In diesem geistigen Umfeld des Humanismus und der Aufklärung konnte sich Joseph von seinen Misserfolgen erholen. Sein weltoffener Bruder beherbergte ihn, und so blieb ihm Zeit, sich von seiner Phantasie beflügeln zu lassen, und seine Gedanken drehten sich immer häufiger um den großen Traum vom Fliegen. Die akribische Zusammenarbeit nahm ihren Lauf. Die Aufzeichnungen der Brüder über die Ballonfahrt geben kaum Hinweise, aus welcher Quelle das Know-how ihrer Erfindung stammt. Beide wurden 1796 Mitglieder der Akademie der Wissenschaften. Etienne starb im Jahre 1799, sein Bruder Joseph 1810.

Im Jahre 1784 übernahm Etiennes Schwiegersohn Barthélémy Baron de la Lombardière de Canson einen der Betriebe. Als Hommage an das berühmte Papier aus dem Tal der Deûme entstand der Doppelname *Canson et Montgolfier*, der bis heute weltweit Anerkennung findet. Das ständige Wachstum der Firma und die Weiterentwicklungen im Bereich der Papiertechnologie sind beachtlich. Bis 1972 waren alle Montgolfier-Betriebe in den Großbetrieb eingebettet. Seit 1976 werden *Canson et Montgolfier* zu 60 Prozent von *Arjomari-Prioux* kontrolliert. Auch gegenwärtig steht die Marke *Montgolfier* für Papier, das unter anderem auch als Zwischenlage beim Schlagen von Blattgold verwendet wird.

Vom Bogen zum endlosen Papierband –
Die Erfindung der Langsiebmaschine

Verschiedene Entwicklungsphasen des Papiers sind bedingt durch innovative Menschen wie Johannes Gutenberg oder René-Antoine Réaumur, der 1719 empfahl, Holzfasern anstelle alter Textilien als Papierrohstoff zu verwenden. Revolutionär war Nicolas-Louis Roberts Konstruktion der ersten Maschine mit dem bewegten Sieb zur Herstellung von Endlospapier. Sie hat die Fachleute dermaßen in Bann gezogen, dass seine weiteren Innovationen wie zum Beispiel die Kopiermechanik mittels Klischees[59] auf einer lithographischen Presse oder die Konstruktion einer Schreibmaschine kaum Beachtung fanden. Die Erfindung der Langsiebmaschine besiegelte seinen großen Traum; sie löste aber auch viele Turbulenzen in seinem Leben aus.

Der im Jahre 1761 geborene Robert musste seinen ersten großen Wunsch bereits mit zwanzig Jahren begraben, denn es blieb ihm untersagt, die angestrebte Offizierslaufbahn anzutreten, da diese den Adeligen vorbehalten war. In Paris, das sich gerade im Ballonfieber der Brüder Montgolfier befand, lernte Robert den Physiker Alexandre Charles kennen. Dieser belächelte die Experimente der Montgolfiers, besonders die Tatsache, den Ballon mit heißer Luft zum Fliegen zu bringen, und der Wettlauf begann.

Nicolas-Louis Robert baute eine 3,40 Meter große Ballonkugel aus Seidengewebe, die er mit verflüssigtem Kautschuk, gelöst in Terpentinöl, imprägnierte. Charles wusste von Experimenten des englischen Physikers Henry Cavendish, dass Wasserstoff leichter ist als Luft. Charles und Robert schafften es, aus mit Schwefelsäure behandelten Eisenspänen Wasserstoff zu gewinnen. Am 23. August 1783 hob der unbemannte Ballon «La Charlière» von Paris ab. In 45 Minuten legte er über zwanzig Kilometer zurück und wurde nach der Landung im Dorf Gonosse, nachdem sich die Bewohner mit dem Ungetüm, das in ihren Augen direkt vom Himmel kam, anfreunden konnten, bejubelt. Die Montgolfiers starteten vier Wochen später ihren Heißluftballon mit Hahn, Ente und Schaf an Bord. Es folgte eine bemannte Montgolfière, die die Konkurrenten Charles und Robert zu neuen Taten antrieb. Bereits am 1. Dezember 1783 stieg der neue Wasserstoffballon, angeblich von über 300 000 Menschen bestaunt. In der Führerkanzel agierten die Luftfahrer Robert und Charles. In zwei Stunden legten sie über dreißig Kilometer zurück und wurden dafür geehrt. Charles, der eine zweite Fahrt im Heißluftballon wagte, wurde vom König mit einem physikalischen Kabinett im Louvre und einer Rente belohnt, Robert ging leer aus. In Paris ist den beiden Erfindern die «Rue Charles-Robert» an der Porte Montreuil gewidmet.

Nicolas-Louis Robert experimentierte weiter und baute an physikalischen Geräten. Doch die Revolution und das Revolutionstribunal veränderten die Lebenssituation. Fast alle wissenschaftlichen Institute schlossen 1790, die Roberts wurden arbeitslos. Nicolas-Louis hatte Glück, er wurde ein Jahr danach vom Druckereikönig Pierre-François Didot in Paris als Korrektor eingestellt. Als dieser bereits zwei Jahre später starb, wurde sein Sohn Saint-Léger Eigentümer der zum Erbe gehörenden Papierfabrik in Essonnes bei Corbeil. Robert wurde Betriebsleiter der Papierfabrik, in der Tag und Nacht an den Bütten geschöpft wurde. Doch die 300 Beschäftigten machten es dem jungen Herrn nicht einfach. Die großen Aufträge für die Revolutionsregierung konnten trotz Schichtarbeit nicht erfüllt werden, es kam sogar zum Streik. Die Qualität des Papiers war schlecht, und oft wurde es noch feucht in den Druckereien abgeliefert. Der technisch geschickte Robert kreierte in seiner Phantasie eine Maschine zur Vereinfachung des Blattbildungsprozesses, mit der Zeit und Herstellungskosten gespart und größere Papierbogen auf rein maschinelle Weise produziert werden konnten. Robert sah darin auch eine Möglichkeit, die undisziplinierten Arbeiter zu ersetzen. 1794 entwickelte er ein Erfolg versprechendes Modell. Die Alltagsarbeit ließ ihm jedoch keine Zeit für schöpferische Gedanken. Erst zwei Jahre später arbeitete er fieberhaft an der Verbesserung der Maschine. Die 260 cm lange hölzerne Maschine hatte bereits 1798 ein endloses Sieb von 64 cm Breite und 340 cm Länge.

Die Trümmer der Revolution hinterließen auch im Papiersektor ihre Spuren. Am 9. September 1798, zweieinhalb Monate nachdem Napoleon I. in der Schlacht bei den Pyramiden die Mamelucken besiegt hatte, fasste Robert Mut und schrieb an das französische Innenministerium: «Bürger Minister, seit mehreren Jahren bin ich in einer der bedeutendsten Papierfabriken der Republik beschäftigt. Dort habe ich eine Maschine konstruiert, mit der man ohne Zuhilfenahme eines Arbeiters Papier in der außergewöhnlichen Länge von 12 oder 15 Metern herstellen kann. Ich habe aber weder das Geld für ein Patent noch für die Frachtkosten, um Ihnen das Modell dieser Maschine zusenden zu können. Bitte geben Sie mir ein Patent gratis.» Die Antwort des Ministers François de Neufchâteau erfolgte rasch: «Bürger, ich habe mit Interesse Ihre Niederschrift gelesen. Die Gesetze verlangen jedoch Bezahlung für eine Erfindungsanmeldung. Ich schicke Ihnen aber eines der Mitglieder des Konservatoriums für Kunst und Handwerk, um sich Ihre Erfindung anzusehen. Gruß und Bruderschaft.» Die folgende Nachricht vom Minister erreichte Robert am 4. Dezember 1798: «Bürger, ich darf Ihnen zu meiner Freude mitteilen, dass ich den Chef der Buchhalterei angewiesen habe, Ihnen 3000 Francs als Belobigung auszubezahlen.»[60] Am 18. Januar 1799, nachdem der 38-jährige Robert 1562 Francs Gebühren bezahlt hatte, konnte er seine bahnbrechende Erfindung mit der Patentnummer 329 anmelden – sie trat sofort in Kraft. Nur, Robert hatte nicht die Mittel, die Erfindung zu konstruieren; er verkaufte sie an seinen Arbeitgeber Didot. Die Preisverhandlungen führten zum Streit und schließlich zum Prozess.

Die folgenden zwanzig Jahre waren reich an Verhandlungen und Intrigen um Roberts Langsiebmaschine. Eine erste Entscheidung wurde im März 1800 gefällt: Die mit einem Metallsieb bestückte Maschine ging an Didot, der bereits Verbesserungspläne hegte. Da die Qualität für exzellente Druckpapiere nicht ausreichte, sollte sie zur Herstellung von Tapetenpapier umfunktioniert werden. Die einzelnen Bogen mussten nicht mehr zusammengeklebt werden, sondern konnten über das endlose Papierband in beliebig lange Papierbahnen geschnitten werden.

Didot reiste nach England, um seinen Schwager Gamble, der inzwischen mit den erschlichenen Patentskizzen der Robert'schen Erfindung Furore machte, zu stoppen. Gamble beabsichtigte, großes Geld mit Tapeten zu verdienen, die in England gerade in Mode waren. Er arbeitete bereits in Kooperation mit den Ingenieuren John Hall und Bryan Donkin an technischen Weiterentwicklungen. 1801 erhielt Gamble das erste und 1804 das zweite englische Patent, und im gleichen Jahr wurde die neue Maschine in der Fourdrinier'schen Papierfabrik von Frogmore in Hertfordshire in Betrieb gesetzt. Doch erst die dritte Maschine der *Two Waters*-Papiermühle brachte im Jahre 1805 den geschäftlichen Erfolg. In zwölf Stunden produzierte die 7,40 Meter lange Maschine in einer Papierbreite von 1,34 Meter die gleiche Menge wie sechs Papierschöpfer an der Bütte. Diese Effizienz hatte verheerende Auswirkungen auf die herkömmlichen Papiermühlen. Robert fand sich, betroffen von seiner eigenen Erfindung, wiederum mit Problemen konfrontiert. Inzwischen Direktor der Mühle von Essonnes, die Büttenpapiere der herkömmlichen Art herstellte, fehlten ihm die Aufträge und er musste im Jahre 1806 Arbeiter entlassen. Zudem sorgten die politischen Wirren der vergangenen Jahre für einen massiven Rückgang des Papierverbrauchs. Die Regierungsbehörde Frankreichs stoppte den Druck von 42 Zeitungen, zum Teil wurden sogar die Druckerpressen vernichtet. Napoleon hatte bereits mit dem Pariser Dekret vom 17. Januar 1800 sechzig von damals insgesamt 72 politischen Zeitungen verboten. Die Abhängigkeit der Wirtschaft von den politischen Ereignissen führte die Papierproduktion in den Ruin und Robert bezahlte die Errungenschaften der Revolutionsjahre mit Armut.

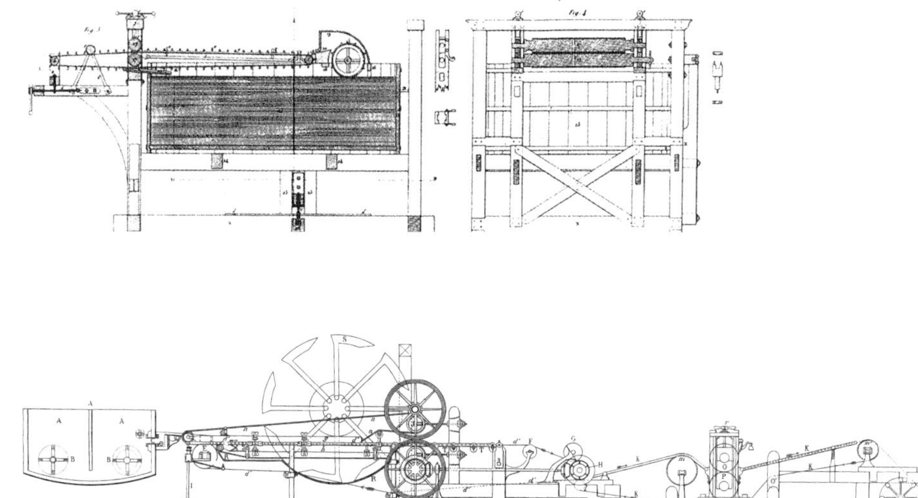

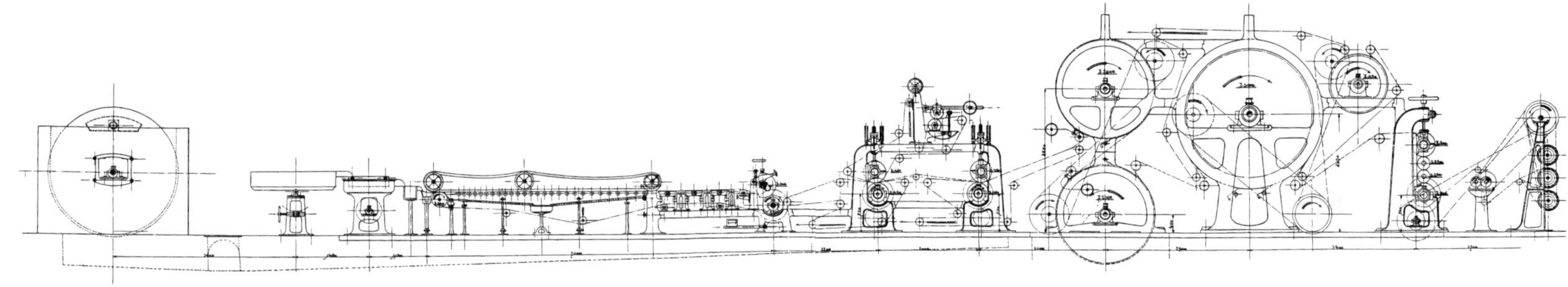

Saint-Léger Didots mittlerweile verschuldete Papierfabrik wurde am 23. Juni 1810 verkauft. Laut Vertrag sollten die Rechte an der Erfindung der Langsiebmaschine wieder an Robert zurückgehen. Der in England weilende Didot ließ die inzwischen verbesserten Pläne über den Generalbevollmächtigten Anne-François Berte nach Frankreich bringen. Diese trafen bei Robert jedoch nie ein, stattdessen meldete Berte die Erfindung unter seinem eigenen Namen in Paris an. Didot wie Robert fühlten sich betrogen. 1814 erfolgte der erneute Versuch der beiden, die Maschine zu perfektionieren, doch wieder fehlte das Geld, und englische Maschinen wurden importiert. Der mittlerweile 53-jährige Robert wandte sich einer neuen Aufgabe zu und eröffnete eine Schule für Weinbau. Dem Papier noch immer verbunden, traf es den vom Glück Benachteiligten im Jahre 1826 schwer, als Langsiebmaschinen der Marke *Donkin & Co.* bei der Erweiterung der Druckerei Donkin, die einem Cousin von Saint-Léger Didot gehörte, in Paris installiert wurden. Er hatte seine Hoffnung nicht aufgegeben, seine Maschine doch noch einmal verkaufen zu können.

Nach dem Grundprinzip der von Hand betriebenen Maschine mit auf laufendem Sieb entwässertem Papier funktionieren noch heute hoch technisierte Maschinen wie zum Beispiel eine der modernsten in England fabrizierten Feinpapiermaschinen von *Sappi Blackburn*. Mit einer Produktionsbreite von fünf Metern und einer Geschwindigkeit von 800 Metern pro Minute schafft sie Höchstleistungen.

Oben: Konstruktionszeichnung der ersten Papiermaschine von Nicolas-Louis Robert (1799), mit von Hand betriebenem, laufendem Sieb und Entwässerung der suspendierten Fasern durch Pressenwalzen.

Mitte: Langsiebpapiermaschine, perfektioniert von Saint-Léger Didot, um das Jahr 1811.

Unten: Langsiebpapiermaschine der Gebrüder Bellmer, Maschinenfabrik in Niefern, im Jahre 1890.

England hatte bis Mitte des 19. Jahrhunderts viele Gießereien, weshalb man Maschinen frühzeitig in Eisen zu konstruieren begann. Auf dem Festland wurden sie mehrheitlich noch aus Holz gebaut, was sich auf die Nasspartien der Papiermaschinen ungünstig auswirkte.

Jakob Widmann konstruierte 1830 die erste Papiermaschine in Deutschland für Gustav Schaeuffelen in Heilbronn. Weiterhin wurden jedoch die meisten Maschinen zu sehr hohen Preisen in England gekauft.[61] Die Unzufriedenheit über die lange Wartefrist bei der Beschaffung von Ersatzteilen nahm stetig zu, denn während dieser Zeit standen die Maschinen still. Aus diesem Grund gründeten *Bellmer und Bauer* im Jahre 1842 eine mechanische Werkstätte und begannen zwei Jahre später mit dem Bau von Papier- und Kartonmaschinen. Auch die Firmen *Beloit, Valmet und Voith-Sulzer* folgten der Robert'schen Erfindung und tun dies bis heute.

Schweiz

Wie die anderen europäischen Länder war die Schweiz bis ins 15. Jahrhundert von den Papierimporten aus Italien abhängig. Erst im Jahre 1433 führte der Großkaufmann Heinrich Halbisen in der Basler Stampfmühle, der ehemaligen Getreidemühle *Zu allen Winden* am Riehentor, die Papierherstellung in größerem Umfang ein, nachdem kurz zuvor die erste Papiermühle in Genf gegründet worden war. Später erwarb Halbisen zwei weitere Mühlen im St. Alban-Tal, Basel, die er zu Papiermühlen umfunktionierte. Sein Sohn führte nach seinem Tode eine davon, die *Rychmühle*, weiter, während die Brüder Gallician die damalige *Klingenthalermühle*, die heute nach ihnen benannte *Gallicianmühle*, weiter betrieben.

Recycling, eine alte Tradition, Papierfabrik *Kaisersberg*, Elsass, Frankreich.

Die Einberufung des Konzils zu Basel Mitte des 15. Jahrhunderts löste eine enorme Nachfrage nach Papier, Schrift und Druck aus, was der technischen Entwicklung weitere Impulse verlieh. Die Niederlassung der ersten Buchdrucker in Basel steigerte den Papierbedarf zusätzlich, und gegen Ende des 16. Jahrhunderts wurden die Mühlen der Familie Düring im St. Alban-Tal zum Zentrum der Papiermacher. Bereits im 12. Jahrhundert war an dieser Stelle am Rhein, veranlasst durch den Konvent des Cluniazenser-Klosters, ein Kanal gelegt worden, um zwölf Getreidemühlen zu betreiben. Später wurden zehn davon zu Papiermühlen umfunktioniert. Weitere Mühlen in der Gegend entstanden unter anderem in Laufen, Lausen und Waldenburg. Die *Stegreif- und Gallicianmühle* beherbergt seit 1980 ein Arbeitsmuseum, die Basler Papiermühle, und das *Schweizerische Museum für Papier, Schrift und Druck*.

1955 gründete der Basler Papierchemiker und -historiker Walter Friedrich Tschudin aus Riehen die *Papierhistorische Sammlung* im damaligen Museum für Völkerkunde. Auf Initiative seines Sohnes Peter F. Tschudin konnte die Sammlung 1980 ins St. Alban-Tal verlagert und kontinuierlich ergänzt und vergrößert werden. Sie ist ein Juwel der Papiergeschichte, mit ihrem einzigartigen Fundus an Dokumenten. Papiertraditionen werden exemplarisch vor Ort weitergeführt. All dies befindet sich in der Architektur des Gewerbegebäudes mit dem vom Wasserrad angetriebenen Hadernstampfwerk und den Dachluken zur Durchlüftung des Dachbodens, der als Trocknungsraum dient. Am hinteren Teich, ganz in der Nähe, gründete die Familie Stöcklin die erste Papierrecycling-Fabrik der Schweiz. Nach der Auslagerung und späteren Schließung der Firma steht das Gebäude seit 1980 ganz dem Museum für Gegenwartskunst zur Verfügung.

Die Papiergeschichte der Schweiz konzentriert sich hauptsächlich auf die Mühlen in Basel, Genf, Worblaufen bei Bern, die Ende des 18. Jahrhunderts gegründet und 1863 erweitert wurde, und auf die Papiermühle *Bäch* aus dem

Oben: *Museum für Papier, Schrift und Druck* mit dem Wasserrad der Papiermühle St. Alban-Tal, Basel, Schweiz.

Rechts oben 1: Durch das Wasserrad betriebenes Hadernstampfwerk.

Rechts oben 2: Schöpfen eines Papierbogens und Schichten von getrockneten Papieren.

Rechts oben 3: Pressen des geschöpften Papierstapels mit Filzzwischenlagen.

Unten: Glätten des getrockneten Papiers mit dem durch das Wasserrad betriebenen Eisenhammer.

Jahre 1769 am Zürichsee. Wenig bekannt ist, dass über mehrere Jahrhunderte hinweg auch in der Zentralschweiz, am Vierwaldstättersee, Papiermühlen existierten. Neben Mühlen in Luzern und Horw gründete Nikolaus Rieser, der in der Nähe von Stansstad eine Getreidemühle, eine Sägerei und eine Gießerei betrieb, im Jahr 1596 die Papiermühle *Rotzloch*. An der Stelle des heutigen Steinbruchs wurde bis 1874 Papier produziert. In den knapp 300 Jahren beeinflussten politische und wirtschaftliche Turbulenzen die Papierherstellung. Nach rund 200 Jahren erfolgreicher Produktion marschierten 1798 französische Truppen in den Kanton Nidwalden ein, plünderten die Mühle und steckten diese und eine nahe gelegene Kapelle in Brand. Glaubt man dem Chronisten und Kupferstecher Johann Heinrich Meyer, so haben die Franzosen zuvor die vielen Toten in die Mühle gebracht, um die Leichen durch den Brand zu «entsorgen». In der Folge wurde die Mühle zwar wieder aufgebaut, aber 1807 wegen des schwindenden Interesses der Besitzer an der Papiermacherei zum Verkauf angeboten. Mangels Käufer wurde die Mühle versteigert und ging für wenig Geld an die Brüder und Bauunternehmer Kaspar und Johann Blättler über. Mit 100 Pferdekräften und 132 Arbeitern verarbeiteten sie pro Jahr 6500 Zentner Rohstoff im Wert von 100 000 Schweizerfranken, woraus sie 4500 Zentner Papier im Wert von 170 000 Franken produzierten. Von den 132 Arbeitskräften waren 41 weniger als 16 Jahre alt, der Lohn variierte zwischen 85 Rappen und 3 Franken pro Tag.[62] Die Papierfabrik galt damals als eine der bedeutendsten der Schweiz. Ein Vierteljahrhundert später wurde in der Mühle auch Holz verarbeitet. 1874, zwei Jahre nach dem Tod von Kaspar Blättler, wurde die Papierfabrikation eingestellt, der Grundbesitz ging in französische Hände über zwecks Etablierung eines Steinbruchs, der bis heute in Betrieb ist.

Deutschland

In Deutschland war Nürnberg mit seiner 1390 von Ulman Stromer gegründeten *Gleißmühle* wohl der erste Standort, an dem Papier hergestellt wurde. Sein Wissen über die Papierproduktion sammelte der Kaufmann auf Geschäftsreisen in der Lombardei. Weitere Papiermacherzentren entstanden in wirtschaftlich und kulturell wachsenden Städten wie Ravensburg, Augsburg oder Reutlingen. Auch in Schlesien und Sachsen öffneten die ersten Mühlen ihre Tore. Anhand dieser Standorte wird auch ersichtlich, dass ungünstige topografische Bedingungen wie eine flache Landschaft ohne fließende Gewässer unattraktiv waren für die Gründung von Papiermühlen. Zu jener Zeit galten Papier und Pergament in Europa als gleichwertig, und Letzteres wurde noch immer häufig benutzt, auch wenn es achtmal teurer war.

Erst durch die Einführung des Drucks ab dem 15. Jahrhundert stieg die Nachfrage nach Papier und in der Renaissance und der Reformation nahm diese immer mehr zu; so wurde beispielsweise die Bürokratie ausgebaut und im Handelsgeschäft wurde das Papier nicht nur in der Verwaltung, sondern auch in der Werbung eingesetzt, die zum besseren Absatz der Produkte im zunehmenden Konkurrenzkampf an Bedeutung gewann. Die Schriftkultur etablierte sich und für geistige Bewegungen wie die Reformation diente das beschriebene Papier als effiziente Methode der Verbreitung von Wissen; zudem stieß Papier in den Alltagsbereich vor. All diese Faktoren schlugen sich in der Neugründung von Papiermühlen nieder. Im Zeitraum um 1450 existierten in Deutschland schätzungsweise zehn Mühlen, um das Jahr 1500 waren es sechzig und um 1600 waren es rund 190.[63]

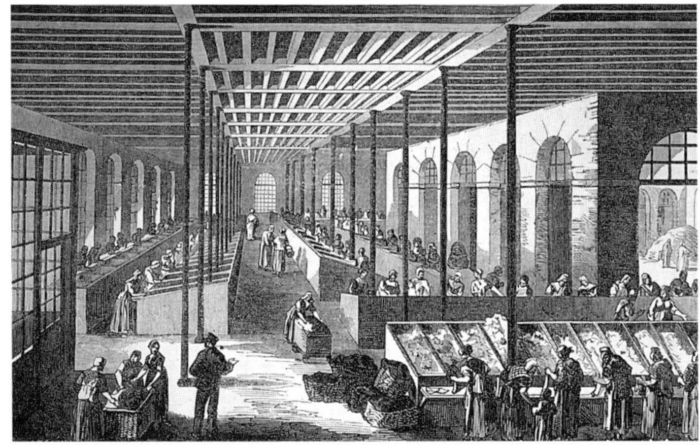

Lumpensortiersaal in der *Papeterie d' Essonnes*, Frankreich, im 19. Jahrhundert. Frauen und Kinder zerschneiden die Lumpen als Vorbereitung für die Pulpe.

In Deutschland wurde wie in anderen Ländern die Wichtigkeit des Papierhandels erkannt. Die Rentabilität der Mühlen stand in direktem Zusammenhang mit den Exportmöglichkeiten und der Zusammenarbeit mit Kaufleuten des Fernhandels. Die ältesten Standorte des Buchhandels wie Frankfurt und Leipzig waren gleichzeitig Messeplätze des

Papierhandels. Es war keine Ausnahme, dass wichtige Drucker oder Verleger ihre eigene Papiermühle betrieben; so gehörte zum Beispiel die Mühle *Gengenbach* dem Frankfurter Buchdrucker Christian Egenolff, und Mühlen in Nürnberg und Ravensburg waren im Besitz der Buchhändlerfamilie Endter. Ebenso hatten Papiermühlen mehrere Verleger als feste Kunden, denn Papier wurde auch im Auftragsverfahren hergestellt.

Eine Region, die seit 1576 mit der Gründung der ersten Papiermühle in Krauthansen im Raum Düren mit Papier und Kunst Erfolgsgeschichte schreibt, liegt zwischen Köln und Aachen in Nordrhein-Westfalen. Der Anschluss an die Eisenbahnstrecke Köln-Aachen im Jahre 1841 begünstigte die Entwicklung dieser Gegend zum Industriestandort. Bis heute genießt die dortige Papierindustrie – Firmen wie *Sihl, Zanders, Schoellershammer* oder auch die *Voith Sulzer Papiermaschinen* –, die sich zum Teil auf Nischenbereiche spezialisiert hat, internationale Anerkennung. Auch die Firma *Renker & Söhne*, die Hersteller der geschützten Marke *Zerkall-Bütten*, ist in dieser Region angesiedelt, obwohl ihr Stammbaum Wurzeln in der Schweiz aufweist. 1512 wurde auf dem heutigen Fabrikgebäude an der Kall erstmals eine «Müller an der Kall», eine wasserbetriebene Öl- und Schleifmühle, sowie eine Walkmühle zur Herstellung von gewalkten Wollgeweben[64] betrieben. Später dienten die Mühlenräume auch als Bleischmelze. Erst 1887 begann in dieser Mühle die Produktion von Pappe. Nach dem Erwerb der Firma durch Gustav Renker im Jahre 1903 wurde der Betrieb auf Rundsiebbütten umgestellt. Die Papierbogen wurden mittels einer zylindrischen Schöpfform kontinuierlich aus der Bütte geschöpft. Vier Jahre später arbeitete die ergänzte Anlage mit je einer Rundsiebmaschine für Papier und Wickelpappe (Vollpappe).

Gustav Renker war vor seiner Papierkarriere in verschiedenen anderen Berufen tätig gewesen: In der Schweiz hatte er am Durchbruch des Gotthard-Eisenbahntunnels und in Deutschland als Brückenbauer gearbeitet. Zudem hatte er in verschiedenen europäischen Ländern Elektrokabel verlegt. Durch seine Heirat mit Adelheid Schoeller, die aus einer Dürener Papiermacherdynastie stammte, führte sein Weg definitiv nach Deutschland und in das Papiergewerbe. Als neues Familienmitglied von *Schoellershammer* und als Dürener Papierfabrikant entschloss er sich zur Selbständigkeit mit der Mühle am Kallbach in Hürtgenwald-Zerkall, um auf effiziente Weise echte Büttenpapiere mit dem modernen Verfahren der Rundsiebtechnologie herzustellen.

Links oben: Auf Schienen werden die Wagen mit den zerkleinerten Lumpen in die Produktion gefahren. Im Kugelkocher werden die Lumpen zur Reinigung im Kalkwasser gekocht. *Papeterie d'Essonnes*, Frankreich, im 19. Jahrhundert.

Links unten: Die Anfänge der industriellen Papierherstellung. Die Papiermaschinen «Amadeus» und «August» in der *Papeterie d'Essonnes*, Frankreich.

Unten: Sortieren des Büttenpapiers in der *Papeterie d'Essonnes*, Frankreich.

1910 übernahm der älteste Sohn Max Renker die Firmenleitung in Zerkall, und zwei Jahre später wurde die *Zerkall GmbH* gegründet. Während des Ersten Weltkrieges wurde die Produktion gezwungenermaßen auf Pappe umgestellt, um den Betrieb aufrechtzuerhalten. Die Wiederaufnahme der Papiererzeugung 1918 und der Eintritt des jüngsten Sohnes Armin Renker in die Firma bedeuteten einen Aufschwung und den Beginn der weltweiten Markterschließung unter dem Firmennamen *Renker & Söhne*.[65] Die technischen Anlagen der Fabrik wurden erweitert und eine Druckerei kam dazu. 1932 fanden sich beim Wettbewerb der fünfzig schönsten Bücher der USA sechs Preisträger, welche auf Zerkall-Bütten gedruckt waren; die kostbaren Papiere mit hohem ästhetischem und haptischem Reiz erlangten weltweite Bekanntheit.

Papierfabrik *Renker & Söhne* in Hürtgenwald-Zerkall, Deutschland. Hier werden bis heute die bekannten Zerkall-Büttenpapiere hergestellt.

Die Erfolge wurden jedoch im Zweiten Weltkrieg erneut erstickt, und zur Aufrechterhaltung des Betriebes produzierte man Banknotenpapier. Starke Zerstörungen führten 1944 zur Stilllegung der ganzen Produktion, zwei Jahre dauerte anschließend der Wiederaufbau. Mit der Übernahme der Firma durch Klaus Renker und Alfred Renker im Jahre 1961 blieb die Firma ein Familienunternehmen, das seit 1994 durch Felix Renker und Stefan Renker bereits in der vierten Generation und mit stets neuen Entwicklungen betrieben wird. *Renker & Söhne* zählt zum kleinen Kreis renommierter Anbieter von echtem Büttenpapier. Der Slogan «Papier ist nicht einfach Papier» trifft in diesem Falle voll und ganz zu. Die Bogen mit vierseitig charakteristisch ausfaserndem Büttenrand und der Vergé-Rippung sind von höchster Qualität. Speziell ist zum Beispiel das Papier mit der Textur der gebogenen wilden Rippung, genannt *drunken dandy*.[66] Auch die großen Flächenformate von 225×150 cm für den druckgrafischen Bereich sind auf dem internationalen Markt einzigartig. Die Papiererzeugung erfolgt nach wie vor auf dem typischen Sieb in Zylinderform, das durch die konstante Drehbewegung den Faserstoff in Bogenformaten aus der Bütte schöpft. Die Bogen werden entwässert, von Filzen übernommen und über beheizten Metallzylindern getrocknet. *Zerkall-Bütten* finden auch in der deutschen Geschichte einen renommierten Platz. Zahlreiche Staatsverträge, darunter auch der Einigungsvertrag zwischen der BRD und der DDR vom 31. August 1990, der im Museum *Haus der Geschichte* in Bonn ausgestellt ist, wurden auf diesem Papier unterzeichnet.

Papierproduktion, Forschung und Wissenschaft stehen in enger Verbindung. Dies zeigt sich exemplarisch in der Chronik der Unternehmerfamilie Renker. Papieringenieur und -forscher Armin Renker studierte auch Literaturgeschichte und war Autor. Sein populärstes Werk, *Das Buch vom Papier*, erschien im Insel Verlag in vier Auflagen. Im Vorwort stehen die treffenden Worte: «Wie mancher Bücherfreund mag achtlos vorbeigegangen sein an den wertvollen Papieren, die seine Bücher bergen, mag unwissend die vielseitige Welt der Wasserzeichen in feinen Frühdrucken überblättert haben, weil ihm die Gelegenheit fehlte, das Wesen des Papiers zu erfassen, sich über seine Herkunft, seine Arten, seine Eigenschaften zu unterrichten.» Ein Zitat aus den Anfängen des 20. Jahrhunderts, das bis heute seine Gültigkeit hat.

Sein Sohn Alfred Renker hat sich dem Wissen und der Sorgfalt um die Erhaltung des Papiers verschrieben. Wissend um die negativen Einflüsse von Luft, Licht, Feuchtigkeit, Temperatur und Schadstoffen, ist ihm die Papiererhaltung und Alterungsbeständigkeit durch Verwendung geeigneter Faser- und Hilfsstoffe, aber auch die Entwicklung zeitgemäßer Papiersorten ein Anliegen. Sein Interesse gilt besonders dem Grafikmarkt und den bibliophilen Pressendrucken, wo er sich bemüht, zum Beispiel durch Mitarbeit an Werkverzeichnissen, eine größere Transparenz bei der Benennung von Papiersorten und Papiertechnologien zu erzielen.

Niederlande

Um ein Wasserrad anzutreiben und effizient in Bewegung zu halten, bedarf der Fluss eines leichten Gefälles. Dieses fehlt in den Niederlanden weitgehend und so entstand 1622 die erste Turmwindmühle im Bezirk Zaan, nördlich von Amsterdam. In einigen Regionen war eine Koppelung von Wasser- und Windmühle zur optimalen Nutzung der natürlichen Energien möglich, in anderen setzte man die eher seltene Wind/Pferd-Mühle ein; in windstillen Zeiten diente das Pferd für einige Stunden als Ersatz für die Windenergie, indem es im Kreis marschierte und über ein Zahnräderwerk das Hadernstampfwerk antrieb. Im Vergleich zu den mit Wasserkraft betriebenen Mühlen etablierten sich aber nur wenige Windmühlen, weil der Bau des Turmes sehr aufwändig war. So war das Verhältnis zwischen Wind- und Wassermühlen in allen Epochen unausgeglichen. 1740 produzierten an der Veluwe in den Niederlanden 168 Mühlen mit Wasserantrieb, nur zwei wurden mit Wind betrieben. Der einzige erhaltene Betrieb steht im Norden der Niederlande. 1692 unter dem Namen *Van Gelder* erbaut, wurde die Windmühle später zu *De Schoolmeester* umbenannt und ist bis heute als Museum erhalten.[67]

Die Erfindung des «Holländers»

Das Aufschließen der Hadern[68] nach einem Mazerationsprozess[69] erfolgte bis Mitte des 17. Jahrhunderts im Stampfwerk. Das Verfahren beanspruchte viel Zeit, bis zu 48 Stunden, und wegen des kontinuierlichen Klopfens der schweren Hämmer sehr laut.

Einer Gruppe holländischer Papiermacher aus dem Bezirk Zaan gelang es 1670, eine Mahlmaschine, die bereits vorher in einfacherer Form existiert hatte, zu perfektionieren.[70] Der Entwicklung dieser Idee lag vermutlich der Kollergang, ein Gerät der Kornmühlen, zugrunde. Dieser wurde ergänzend zum Stampfwerk, vereinzelt auch zum Mahlen von Lumpen, verwendet. Die geniale Neukonstruktion erhielt den Namen «Holländer» und bildete einen bedeutenden Fortschritt in der mechanischen Methode der Stoffaufbereitung, was zu einer massiven Mengen- und Qualitätssteigerung der Faserproduktion führte. Doch das «neue Papier» wurde nicht kritiklos angenommen. Es galt wegen des höheren Mahlgrades als weniger stark und widerstandsfähig und es wurde auch vermutet, dass die Fasern durch die Bearbeitung im Holländer nicht nur zerquetscht, sondern auch geschnitten wurden. Bis 1861 erhob das französische Briefmarkenamt deshalb den Anspruch auf Papier, das aus Mühlen kam, die ausschließlich mit dem Stampfwerk arbeiteten.[71] Doch das einfache und effiziente Prinzip der angetriebenen Walze mit querstehenden Messern, welche durch die Rotierung das Fasermaterial in einer ovalen Stein-, Stahl- oder Betonwanne gegen einen Messerbock pressen und dadurch zerquetschen, setzte sich durch. Der Holländer

Rechts oben: Einlegen des Rohstoffes in den Kollergang, Papierfabrik *Renker & Söhne* Hürtgenwald-Zerkall, Deutschland.

Rechts unten: Mit Keilriemen angetriebene Flügelholländer, *Papeterie d'Essonnes*, Frankreich.

Trocknungs- und Lagerraum der Papiere. Zeichnung von John Barcham Green II. (1885–1982), England.

verbreitete sich bis nach Asien. Dort wurde die Rotationswalze mit langen, hervorstehenden Messern ausgerüstet, die optimal geeignet sind, die langfaserigen Rindenbastfasern zu zerquetschen, ohne ihre erwünschte Faserlänge zu reduzieren.

Holländer fanden Eingang in die Papierindustrie, sie wurden konsequent weiterentwickelt und später von der Kegelstoffmühle, auch Refiner genannt, abgelöst. Durch den Aufschwung der Handpapiermacherei Mitte des 20. Jahrhunderts in Amerika kamen alte Holländer wieder in Betrieb, und auch diverse neue Modelle wurden nach dem alten Prinzip konstruiert.

England

In England wurde 1494 erstmals Papier hergestellt, und zwar von John Tate in Hertfordshire; zuvor wurde es importiert. Englisches Papier war damals von dürftiger Qualität. Es handelte sich hauptsächlich um bräunliches Papier, da die richtige Methode, Lumpen zu Hadernpapier aufzuschließen, nicht bekannt war. Die Wende kam durch James Whatman (1702–1759), einen ehemaligen Gerber in Maidstone, der 1740 innerhalb kürzester Zeit zu einem ausgezeichneten Papiermacher avancierte und mit dem Prädikat «bester britischer Papiermacher» geehrt wurde. Bereits 1680, kurz nach der Erfindung des Holländers in den Niederlanden, war dieses Gerät nach England importiert, aber während gut fünfzig Jahren nicht effektiv eingesetzt worden. Erst durch Whatman wurden die Möglichkeiten des Holländers genutzt und beste Hadernfasern aufbereitet. Auch sein Sohn spielte bei der Etablierung der Papiermanufaktur und der Entwicklung der technischen Errungenschaften eine zentrale Rolle. Die Einführung von Schöpfsieben mit Metallgeweben, mit denen ausschließlich Velin-Papier produziert wurde, ist auf Whatman zurückzuführen. Aus England stammt auch die Erfindung der ersten hydraulischen Presse durch Bramah im Jahre 1795.

Die Grafschaft Somerset entwickelte sich bereits 1610 zu einem Papiermacherzentrum mit der bekannten *Wookey Hole Mill*. Ende des 18. Jahrhunderts erlebte die Mühle unter der Familie Bands ihre Hochblüte. Kurze Zeit später mussten jedoch die meisten Somerset-Mühlen schließen, auch *Wookey Hole* reduzierte ihre Bütten um die Hälfte. Ab Mitte des 19. Jahrhunderts, nach dem Kauf und Umbau durch den Papierhändler William Sampson Hodgkinson, gelangte die Mühle dann zu neuem Erfolg. Ein Glück, denn zu Beginn der Produktion unter Hodgkinson entstanden Probleme mit der Wasserzufuhr aus dem Fluss Axe, der durch Bleianteile aus dem Bergbau verunreinigt war. Dies führte zu einem Gerichtsprozess, der zu Gunsten der Papiermühle entschieden wurde.

Bis 1972 waren die Papiermacher im ganzen Somerset-Betrieb aktiv und noch heute, wenn auch in kleinen Mengen, werden handgeschöpfte Papiere herstellt. Nach 1976 wurde der Hauptteil der Mühle zu einem Museum umfunktioniert – ein Gang durch die ehrwürdigen Produktionsräume lässt die ehemalige Blütezeit der Mühle erahnen.

Parallel zu Somerset begann am Fluss Medway in Kent mit der *Hayle*-Mühle eine weitere Papiergeschichte, die noch lange von sich reden machte. Bereits im 16. Jahrhundert stellte die Familie von John Green I. in verschiedenen Mühlen handgeschöpftes Papier her. John Green IV. nahm im Jahre 1810 als Erster die Tätigkeit in der *Hayle*-Mühle auf und 1817 erwarb er diese. Infolge finanzieller Schwierigkeiten machte die Mühle Bankrott und wurde 1838 zum Kauf ausgeschrieben. Johns Bruder Samuel erwarb die Mühle, die 1852 in die Hände seines Sohnes John Barcham Green I. überging. Dieser bewirtschaftete bereits erfolgreich mehrere Papier- und Kornmühlen. Nach dessen Tode übernahm sein Sohn Herbert Green mehrere Betriebe, andere wechselten den Besitzer. Die wirtschaftliche Lage verschlechterte sich nach 1900 und die Papierproduktion brach ein. Nach dem Ersten Weltkrieg folgten zwar einige Gewinn bringende Jahre, doch die Weltwirtschaftskrise traf die *Hayle*-Mühle im Jahre 1930, und von dieser erholte sie sich kaum mehr. Selbst die Installierung einer Maschine zur Herstellung von Filterpapier im Jahre 1948 brachte keinen wirtschaftlichen Aufschwung. Die Produktion reduzierte sich 1965 auf die Arbeit an einer Bütte und schließlich wurde das traditionelle Familienunternehmen, jedoch nicht das Grundstück, an *W. & R. Balston* verkauft. 1974 erfolgte die Schließung der *Hayle*-Mühle. Der Papierwissenschaftler und Technologe Simon Barcham Green, in der zehnten Generation der Papiermacherdynastie, übernahm danach die verbleibenden Firmenteile der *Hayle*-Mühle und führte die Manufaktur zu erstaunlichen Erfolgen. Das Unternehmen *Barcham Green & Co.* avancierte bis Ende des 20. Jahrhunderts erneut zum Zentrum der Papiermanufaktur in England.

Eine Papiermacherin, gekleidet in gefärbtes, geprägtes und mit Gold verziertes Papier, das auch als «Kattun-Papier» bezeichnet wird. Kupferstich um 1740.

Von Deutschland nach Nordamerika, Symbiose der Papiermacher und Drucker

Im Jahre 1620 startete die *Mayflower* von England und landete in der holländischen Kolonie New Amsterdam, die 1664 von England erobert und in New York umbenannt wurde. Es ist durchaus möglich, dass sich bei dieser Überquerung des Atlantischen Ozeans einige Papiermacher an Bord befunden haben.

Nachweislich wurde 1690 durch den deutschen Papiermacher William Rittenhouse alias Wilhelm Rüdinghausen in der englischen Kolonie Pennsylvania, außerhalb von Germantown, die erste Papiermühle gegründet.[72] 1689 emigrierte der in Mülheim im Sauerland geborene Rittenhouse von den Niederlanden nach Amerika. Zuvor hatte er sich bei seinem Onkel Mathias Voster[73] nach einer vierjährigen Papiermacherlehre zum Meisterhandwerker hochgearbeitet. Nach verschiedenen Stationen in den Niederlanden, wo die als «Weiße Kunst» bezeichnete Papiermacherei geringeren Restriktionen unterworfen war als in Deutschland, siedelte er – wahrscheinlich motiviert durch den britischen Quäker[74] und Gründer des Staates Pennsylvania William Penn – nach Nordamerika über.

Um den Aufbau seiner Papiermühle zu finanzieren, gründete er eine Firma mit vier wohlsituierten Teilhabern. Einer von ihnen war der einzige Drucker der Kolonie, William Bradford aus London. Dieser beanspruchte das Exklusivrecht auf den Kauf des produzierten Papiers, und damit war die Abnahme gesichert. 1692 fiel Bradford allerdings in Ungnade, als er durch den Druck von George Keiths Propaganda-Publikation *An Appeal from the Twenty-Eight Judges to the Spirit of Truth* den Zorn der Quäker entfachte, und er büßte die Tat mit einer Gefängnisstrafe.

Eine Überschwemmung zerstörte die erfolgreiche Mühle im Jahre 1701. In den Folgejahren errichtete Rittenhouse zusammen mit seinem Sohn Klaus eine neue Mühle am selben Standort. Bradford blieb Kunde, und nach Ver büßung seiner Gefängnisstrafe zog er nach New York, um dort die erste Druckerei zu gründen; 1725 rief er die *New York Gazette* ins Leben. Im Tauschgeschäft gegen Papier wurden Lumpen von New York nach Germantown geschickt. Bradfords Sohn Andrew, der in Philadelphia geblieben war, brachte bereits 1719 die Zeitung *The American Weekly Mercury* auf Wasserzeichenpapier mit dem Logo KR (Klaus Rittenhouse) heraus. Es war die erste Zeitung der Stadt und die dritte von den sechs Zeitungen, die zwischen 1700 und 1728 in Amerika entstanden. Durch gute Beziehungen hatte das Rittenhouse-Papier-Label bis weit ins 19. Jahrhundert Bestand.

Die zweite Mühle entstand 1710 durch William DeWees, den Schwager von Klaus Rittenhouse. Die Mühle wurde jedoch bereits drei Jahre später von einer anderen Firma übernommen. Um 1728 gründeten die Partner Henchman, Phillips, Faneuil und Hancock die erste Mühle in Boston. 1729 entstand die *Ivy Mill* in Chester Creek, in der Nähe von Philadelphia. Der aus Devon emigrierte, gut situierte Inhaber Thomas Willcox war ein Freund des Politikers, Forschers und Schriftstellers Benjamin Franklin (1706–1790). Dieser war bis zum Befreiungskrieg ein Abnehmer großer Papiermengen für seine persönlichen Druckaktivitäten sowie für den Druck von Banknoten. Durch die *Ivy Mill* wurde Papier zu einem wichtigen kolonialen Industriezweig; die Mühle diente als Ausbildungsplatz für Papiermacher, die danach ihre eigene Mühle errichteten. Der Unabhängigkeitskrieg (1776–1783) führte allerdings zum Niedergang vieler Papiermühlen.

Bahnbrechend für den Aufschwung der Papiermacherei in den USA war die Einführung der Rundsiebmaschine durch Joshua und Thomas Gilpin, die 1787 eine Papiermühle in Delaware gründeten. Nachdem sie auf einer Englandreise die Rundsiebmaschine von John Dickinson entdeckt hatten, gelang es ihnen, den Ingenieur Lawrence Greatrake, der an der Konstruktion beteiligt gewesen war, anzuwerben. Die Anstrengung hatte sich gelohnt, mit dem Patent für eine eigene Rundsiebmaschine begann in den USA die erfolgreiche Industrialisierung der Papiermacherei.

Durch die Inbetriebnahme von Fourdrinier-Langsiebmaschinen ab dem 19. Jahrhundert sanken die Papierpreise, und die Nachfrage wuchs entsprechend an; gleichzeitig verknappten sich die Rohstoffe. Um 1860 arbeiteten in den Vereinigten Staaten rund 11 000 Arbeitnehmer/innen in 550 Papierfabriken. In dieser Zeit bestanden noch 90 Prozent des Rohstoffs aus Textilabfällen. Doch dies änderte sich 1854, als der Engländer Watt und der Amerikaner Burgess den Natronzellstoff[75] entdeckten. 1863 erhielt B. C. Tilghman das erste Patent zur Auflösung von Holzschnitzeln im Sulfitverfahren[76] und 1884 erfand C. F. Dahl die Sulfatzellstoffherstellung.

Heute weisen die USA und Japan den höchsten quantitativen Papierausstoß pro Kopf aus, während Europa im Bereich der technischen Innovationen und Entwicklungen seit Mitte des 20. Jahrhunderts führend ist.

Nicht nur Papiermacher und Erfinder verdienen es, in die Geschichte einzugehen. Der Forscher und Pionier Dard Hunter (1883–1966) hat alle Etappen seines Lebens genutzt, um die Papiergeschichte weltweit zu dokumentieren. Seine wissenschaftliche Arbeit, seine Erfahrungen und Sammelstücke aus allen Kontinenten hat er in mehreren Dutzend Büchern publiziert. Viele davon sind in limitierten Auflagen erschienen, gedruckt auf handgeschöpftem Papier mit kostbaren Papiermustern aus allen Kontinenten. Nachdem

Oben: Der amerikanische Papierspezialist und Erfinder Douglass Morse Howell in seinem Atelier auf Long Island.

Unten: Der von Douglass Morse Howell im Jahre 1961 konstruierte Holländer aus Plexiglas, der bis 1982 täglich in Gebrauch war. Er kann eine Fasermenge von 454 Gramm (Trockengewicht) auf 30 Liter Wasser verarbeiten.

praktisch alle Bücher vergriffen waren, entstand 1943 die erste Ausgabe von *Papermaking – The History and Technique of an Ancient Craft*, eine Enzyklopädie der Kulturgeschichte des Papiers auf 700 Seiten. Seine Sammlung, die auch für Forschungszwecke zugänglich ist, befindet sich seit kurzem in Atlanta, Georgia, im *American Museum of Papermaking* von Robert C. Williams.

Ein unermüdlicher Forscher in technischen und gestalterischen Belangen war Douglass Morse Howell (1906 bis 1994). Er befreite das Papier von seiner traditionellen Funktion als Beschreibstoff, Druck- und Malunterlage und machte es zu einem Material mit ganz spezifischen Gestaltungsmöglichkeiten. Als Pionier der *Paper Art* gelang es ihm, Künstler/innen in den USA zu motivieren, anstelle des Papiers die Pulpe als konzeptuelles, gestalterisches und individuelles Ausgangsmaterial zu nutzen. Er schöpfte unter anderem eigenhändig Wasserzeichenpapier für den Kunstmaler Joan Miró. Ausschlaggebend für sein Interesse an Kunst und Handwerk war die Begegnung mit dem Produzenten und Schriftsteller Gordon Craig in Italien. Der gelernte Bankinspektor Morse Howell gab um das Jahr 1932 seine Stelle auf, um als freischaffender Journalist, Schriftsteller und Gestalter von Holzschnitten zu arbeiten. 1946, nach vier unfreiwilligen Jahren als Soldat in Paris, erstand er in New York eine Presse und begann, seinen ersten Holländer zu konstruieren. Sein drittes Modell aus dem Jahre 1961 ist, mit Ausnahme des Zylinders, aus Plexiglas gebaut, um die Veränderung der Fasern während des Auflösungsprozesses beobachten zu können. Sein großes Interesse galt den Leinen- und Hanffasern, die je nach Länge und Intensität der Bearbeitung und je nach Trocknungsprozess zu unterschiedlichen Resultaten führen können. Er bevorzugte außerdem texturierte Papiere, die durch eine mechanische Manipulation und die Färbung der Pulpe entstehen.

Auch Elaine und Sidney Koretsky, die Gründer des *Carriage House Handmade Paper Works* in Brookline, Boston, zählen zu den Erforschern der Papiergeschichte. Im ehemaligen Gartenhaus entstanden Atelier und Museum der zahlreichen Exponate, die die Koretskys von ihren vielen Forschungsreisen hauptsächlich im asiatischen Raum zurückbringen. Im Garten finden sich auch Papiermacherpflanzen aller Gattungen, deren Samen und Sprösslinge sie aus vielen Ländern importieren. Geschäftspartnerin und Tochter Donna Koretsky etablierte um 1992 das *Carriage House* in Brooklyn, New York, und setzt die Forschungs- und Entwicklungsarbeit fort.

In New York Downtown Manhattan befindet sich auch die 1974 von Susan Gosin und Bruce Wineberg gegründete *Dieu Donné Press and Paper Inc.* Ein Atelier, ausgerüstet mit der ganzen Infrastruktur für das traditionelle Schöpfen von Papier sowie für die Umsetzung von gestalterischen Konzepten. Im angrenzenden Ausstellungsraum werden die Werke internationaler Künstler/innen präsentiert. Diese und viele andere Initiativen gehen letztlich zurück auf Dard Hunter, Douglass Morse Howell und Golda Lewis. Letztere ist eine der ersten Frauen, die mit öffentlichen Projekten wie *Sidewalks of Manhattan*, dem Abformen von Fußgängerzonen mit Papierpulpe, auf sich aufmerksam machte.

In der zweiten Hälfte des 20. Jahrhunderts erweiterte sich nicht nur das technische Wissen im industriellen Bereich, auch Künstler/innen begannen sich mit diesem Medium zu identifizieren. Diese Kunstform, die von den Vereinigten Staaten ausging, wird in Europa immer populärer und durch verschiedene Internationale Biennalen der Papierkunst gekrönt.

Die Wespe – Lehrmeisterin der modernen Papiertechnologie

In einem venezianischen Dekret aus dem Jahre 1366 steht geschrieben, «dass zum Wohle und Nutzen des Papiers, das sehr stark zum Wohlstand der Gemeinde beiträgt, keinesfalls Hadern aus dem Veneto an einen anderen Ort gelangen dürfen».[77] Zu dieser Zeit galt es als privilegierte Arbeit, als Lumpensammler durch Europas Städte und Dörfer zu ziehen und durch lautes Pfeifen auf die Sammelaktion aufmerksam zu machen. Leinen- und Baumwolltextilien waren während Jahrhunderten die geschätzten Rohstoffe der europäischen Papiermanufaktur.

Der erhöhte Papierkonsum nach dem Erfolg des Buchdrucks hatte die Verknappung der Rohstoffe zur Folge. In Deutschland wurde ein Schmuggelverbot für Lumpen ausgesprochen. Trotzdem schafften es gewiefte Händler, die Ware als Halbstoff[78] über die Grenze nach Holland zu schmuggeln, um ihn dort in den von Windrädern betriebenen Mühlen zu gutem Papier verarbeiten zu lassen, und dieses wieder in Deutschland einzuführen. So und auf andere Weisen verdienten sie als schlaue Geschäftsmänner mit überhöhten Preisen ein Vermögen. In England wurden im Jahre 1666 sogar Totenhemden aus Leinengeweben verboten, um die kostbaren Fasern für die Papierproduktion zu reservieren. Stattdessen wurden Wollhemden vorgeschrieben.

In verschiedenen Dokumenten ist nachzulesen, dass Grabschänder Leichentücher für die Papierherstellung geplündert hätten. Ägyptische Fellachen pflegten schon um 1140 auf pharaonischen Friedhöfen Gräber zu öffnen, um die Mumien ihrer Leichentücher zu berauben. In der Mitte des 19. Jahrhunderts griff dann der Amerikaner Augustus Stanwood diese unübliche Wiederverwertungsmethode auf, indem er aus Ägypten antike Mumien einführte, um deren Leichentücher aus Leinen für die Papierproduktion zu verwenden.[79]

Die Hadernknappheit manifestierte sich am stärksten im 17. Jahrhundert, und dieser Mangel beschleunigte die Suche nach Ersatzstoffen. Nach langer Forschungsarbeit gelang es, einen akzeptablen Ersatzstoff zu entwickeln. Lehrmeisterin dieser neuen Technologie war die Wespe. Der französische Zoologe René-Antoine Réaumur hielt 1719 in einem Bericht an die französische Akademie fest: «Die Wespen bilden ein sehr feines Papier, ähnlich dem unsrigen. Sie lehren uns, dass es möglich ist, Papier aus Pflanzenfasern herzustellen.»[80]

Zu dieser Zeit stellte man in Asien schon längst Papier direkt aus Pflanzenfasern her. In Europa folgten reihenweise Versuche mit Ersatzstoffen aus Algenarten, Kenaf, Kokos, Jute, Ananas und Agavengewächsen wie Sisal bis hin zu Asbest.[81] Doch erst die Versuche der Schweden Westbeck und Liungquist dürfen als wegweisende Experimente in Richtung Holzschliff[82] bezeichnet werden. Die fundiertesten Auseinandersetzungen mit der Idee Réaumurs (der Verwendung von Holzfasern) führen zum deutschen Theologen und Naturforscher Jacob Christian Schäffer, der auch als Pionier der pflanzlichen Hadernersatzstoffe bezeichnet wird, und zum Franzosen Léorier Delisle. In ihren Experimenten zur Zeit der Aufklärung manifestierten sich die Einflüsse der Rohstoffverarbeitung und die Technik der Papierherstellung in den Endprodukten. Die Resultate ihrer Forschungsarbeit (mit Originalpapieren) finden sich zum Beispiel in Schäffers sechsbändiger Ausgabe *Versuche und Muster ohne alle Lumpen oder doch mit einem geringen Zusatze derselben Papier zu machen* von 1765–1771. Für Aufsehen sorgte der von Delisle 1786 veröffentlichte Band *Gedichte des Marquis de Villette*, das erste Buch, das auf haderfreiem Papier gedruckt wurde. Wäre die damals ausgeübte Technik empirisch weiterentwickelt worden, hätte man nicht bis zu Kellers Erfindung warten müssen.[83]

Industriell wird Holzschliff erst angewendet, seit es Friederich Gottlieb Keller im Jahre 1843 gelungen ist, auf einem nassen Schleifstein Holz zu schleifen. Drei Jahre später, als die Maschine Stetigschleifer auf den Markt kam, wurde der Holzschliff allgemein bekannt. Die negativen Eigenschaften wie kurzes Fasermaterial, das die Brüchigkeit des Papiers erhöht, sowie die Lignin- und Harzreaktion, welche eine gelbliche Färbung des Papiers bewirkt, schadeten dem allzeit zugänglichen Rohstoff kaum. Das Material Holz hatte seine erste Phase als Ressource für Papier erreicht. Parallel dazu forschte der Londoner Matthias Koops an der

chemischen Aufschließung von pflanzlichen Fasern. Er setzte Kalkmilch ein und kochte den Rohstoff unter Dampfdruck. Als in der zweiten Hälfte des 19. Jahrhunderts den Forschern B. C. Tilghman und C. F. Dahl die chemische Herauslösung von Holzzellulose im Sulfit- oder Sulfatverfahren[84] gelang, wurde die Verwendung von Holzfasern erst richtig praktikabel. Diese neue Umwandlungsweise von Holzzellulose, bei der die Fasern nicht geschnitten, sondern die Bindung zwischen den Fasern durch Kochen in einer chemischen Flüssigkeit gelöst wird, setzte sich ab 1874 durch und wird leicht modifiziert bis heute angewendet.

Links: Rot und gelb gestrichenes Papier als Beschreibstoff für Glückwünsche bei Festen und Ritualen. Laden in Chengdu, Sichuan, China, der Heimat von Ts'ai Lun.

Seite 81: Papst Pius XII. (reg. 1876–1958); Schattenwasserzeichen der *Cartiere Miliani Fabriano*, Italien.

PIVS·XII·PONT·MAX·

E M
P

IV

Wissenserhaltung und Kommunikation in Ost und West

Das Blockdruckverfahren und die Verbreitung buddhistischer Sutras

Das Blockdruckverfahren hat seine Wurzeln zum einen in den 5000 Jahre alten steinernen Rollsiegeln Mesopotamiens und zum andern in den Tonsiegeln der chinesischen Shang-Dynastie (16.–11. Jahrhundert v. Chr.) sowie in den Steinabrieben der östlichen Han-Dynastie (25–220 n. Chr.). Damals meißelte man religiöse Schriften in Stein und zur mehrfachen Wiedergabe des Textes wurden Abriebe davon hergestellt. Nach dem Auflegen und Andrücken von Gewebe oder feuchtem Papier entstand an den Stellen der Inschrift eine leichte Vertiefung, welche beim Auftragen der Tusche auf der Papieroberfläche mittels eines Tampons ausgespart blieb. Bei diesem Verfahren resultierte ein Negativdruck des Schriftbildes, das heißt, die Umgebung der Schrift war schwarz und das Schriftbild war weiß. Es scheint logisch, dass die Weiterentwicklung dieser Technik zum eigentlichen Blockdruck führte.

Die Motivation zur Einführung des reproduzierbaren Schriftbildes ist im Buddhismus zu finden, der sich ab dem 2./3. Jahrhundert n. Chr. in ganz China verbreitete. In der populären Form des Mahayana-Buddhismus gilt es nämlich als verdienstvoll, kurze, heilige Gebete, genannt *Mantra*, unzählige Male zu wiederholen – sei es lautlich in der Form der Rezitation, visuell durch das mehrfache Niederschreiben des Mantras zu so genannten *dharanis* oder indem die Bittsteller Mönche damit beauftragten, Gebete oder ganze Sutren mehrfach zu kopieren. Dieselbe Überzeugung lag auch dem Brauch zugrunde, Votivfahnen und Höhlentempel mit häufig denselben heiligen Figuren bemalen zu lassen. Die nordwestchinesischen Höhlenmalereien von Mogao bei Dunhuang aus der Zeit zwischen dem 4. und dem 14. Jahrhundert n. Chr. legen ein eindrückliches Zeugnis davon ab.

Links: In Stein gemeißelte Mantras des Bodhisattva Avalokiteshvara in tibetischer Schrift. Die Manistein-Anlage von Gyanak, Kham, ist mit über zwei Millionen gravierter Steine die größte Tibets.

Seite 82: *Säulensequenz in Kerala*, 2003. Gegossene Pulpe, Baumwoll- und Abacafasern (Ausschnitt). 170 x 140 cm. Fotografie: Ektachrome.

Das Abschreiben längerer Texte von Hand brauchte sehr viel Zeit, was die Verbreitung des Buddhismus in einem Land mit eigenen, tief verwurzelten Religionen wie dem Taoismus und dem Konfuzianismus erschwerte. Zudem wurden die wertvollen, handgeschriebenen Bücher immer wieder zum Raub der Flammen bei Feuersbrünsten und Krieg. Das in den Büchern enthaltene Wissen war gefährdet und seine Ausdehnung äußerst langsam. Mit der Erfindung des Blockdruckverfahrens in China während der Dynastie der Tang (618–907 n. Chr.) wurde die Reproduktion von Text und Bild wesentlich beschleunigt. Auch wenn die Herstellung des Holzdruckstockes aufwändig ist, kann er danach doch hundertfach verwendet werden. Mit dem Blockdruckverfahren ging zwar die Individualität der Handschrift verloren, umso mehr war aber seither die Einheitlichkeit und Präzision des Textes gewährleistet.

Die ältesten heute erhaltenen Blockdruckerzeugnisse befinden sich in Korea und Japan, die mit China, was die Kultur betrifft, in engem Kontakt standen. Das älteste gedruckte Dokument ist eine kleine buddhistische *dharani*-Schriftrolle, die als Amulett diente. Sie wurde 1966 in einem steinernen Stupa im Tempel von Pulguk-sa, Südkorea, entdeckt und muss vor dem Jahr 751 gedruckt worden sein, da der Tempel- und Stupabau in diesem Jahr abgeschlossen wurde. Die Sutra wurde wahrscheinlich in China gedruckt und von einem koreanischen Mönch in seine Heimat gebracht.[1]

Nur wenige Jahre später ließ die japanische Kaiserin Shotoko über eine Million kurze *dharani*-Votivtexte auf gelbliches Hanfpapier drucken und in kleine Holzstupas legen, mit denen sie von Buddha das Ende einer Rebellion erbat.

Links: Kalligrafieschreiber in einem Kloster in China.

Rechts: Das Bedrucken von Buchseiten im Teamwork im Dege Parkhang, Kham, Osttibet.

Die *dharanis* wurden mittels grober Holzplatten in Japan angefertigt, doch bestehen keine Zweifel, dass das entsprechende Verfahren des Blockdrucks von China nach Japan gelangt war.[2]

Das älteste erhaltene im Holzblockdruckverfahren hergestellte Schriftstück Chinas ist die berühmte *Diamant-Sutra* aus dem Jahre 868, die der britische Archäologe ungarischer Abstammung Sir Aurel Stein 1907 in einer Höhle Dunhuangs entdeckt hat. Es ist gleichzeitig das weltweit älteste erhaltene gedruckte Buch und beinhaltet auch das älteste gedruckte Bild. Der Text wurde auf sieben weiße Papierbogen gedruckt und zu einer knapp fünf Meter langen Rolle zusammengeklebt. Auf dem Bild eingangs der Schriftrolle thront der Buddha, den Bodhisattvas und Diener flankieren. Vor ihm kniet der Mönch Subhuti, der den Buddha nach dem Sinn des Lebens fragt, worauf der nachfolgende Text Antwort gibt. Die letzten Linien des Kolophons lauten: «In Ehrfurcht im Namen seiner Eltern zur universellen Verbreitung von Wang Jie gestiftet, am 15. Tag des 4. Monats des 9. Jahres der Xiantong-Periode», respektive am 11. Mai 868.[3] Ebenso wurden in Dunhuang zwei Kalender aus den Jahren 877 und 882 gefunden, die in der zentralchinesischen Provinz Sichuan gedruckt wurden. Vermutlich entwickelte sich der Blockdruck im wirtschaftlich reichen Sichuan, das auch über eine große Papierindustrie verfügte.

Die bewundernswerte Druckqualität sowohl des Frontispizes als auch des Textes der *Diamant-Sutra* offenbaren, dass der Blockdruck in China um die Mitte des 9. Jahrhunderts schon hoch entwickelt war und auf eine längere Vorgeschichte zurückblickte. Auch verfügen wir über entsprechende Hinweise aus der Literatur. So verlangt beispielsweise das Memorandum eines Militärkommandanten aus Sichuan von 835, dass der Privatbesitz von Kalenderdruckstöcken zu verbieten sei, da private Produzenten im ganzen Reich Jahreskalender verkauften, bevor der offizielle, von den Hofastronomen gebilligte Kalender erschienen sei.[4] Ein anderer Autor berichtet im Jahre 825, dass «Bücher auf dem Markt kopiert, gedruckt und verkauft werden.»[5] Der

Im Xylografieverfahren auf Papier gedruckte (oben) und handgeschriebene (unten) buddhistische Texte in tibetischer Schrift. Kloster Ambar Bayan Galan, Mongolei.

Blockdruck war demzufolge schon anfangs des 9. Jahrhunderts verbreitet. Diese Erwähnungen und die Herkunft der in Pulguk-sa aufbewahrten *dharani*-Schriftrolle erlauben den Schluss, dass der Blockdruck in China spätestens in der ersten Hälfte des 8. Jahrhunderts erfunden wurde.

Nach einer gewissen Zeit entdeckten auch konfuzianische Gelehrte die immensen Vorteile des Blockdrucks. Nachdem der Korpus der konfuzianischen Klassiker seit dem 2. Jahrhundert n. Chr. nur dreimal in Stein gemeißelt worden war, wurde er im 10. Jahrhundert gleich zweimal gedruckt. Zuerst veranlasste im Jahre 932 der Premierminister Feng Tao (882–954), dass die elf klassischen Schriften zuerst fehlerfrei auf Papier kalligrafiert und anschließend in Holz geschnitzt wurden. Der Druck der 130-bändigen Ausgabe wurde im Jahre 953 in der nordchinesischen Stadt Kaifeng vollendet. Zur gleichen Zeit veranlasste Minister Wu Chao-I von Sichuan auf eigene Kosten den Druck des konfuzianischen Korpus.[6]

China gebührt die Ehre, nicht nur den Blockdruck erfunden zu haben, sondern auch den Druck mit beweglichen Lettern. Als Erster entwickelte und verwendete ein Handwerker namens Pi Sheng (ca. 990–1051) bewegliche Lettern aus Ton. Er verwarf Holz als Material für die Lettern, weil es Feuchtigkeit absorbiert und schwer von der Druckfarbe zu reinigen ist.[7] Bevor man aber in China anfangs des 14. Jahrhunderts erfolgreich bewegliche Lettern aus Holz anfertigte, druckte man im benachbarten Korea bereits im Jahre 1234 mit beweglichen Lettern aus Metall, zwei Jahrhunderte vor Gutenbergs «Erfindung». Das älteste erhaltene mit metallenen Lettern gedruckte Buch datiert von 1337; es wurde nahe der koreanischen Stadt Cheongju gedruckt.[8] Der bewegliche Letterndruck konnte sich in Korea relativ rasch durchsetzen, da König Sejong (reg. 1418–1450) zwischen 1443 und 1446 ein eigenes Schriftsystem, genannt *hangul*, entwickeln ließ, das aus nur vierzig Lautzeichen bestand und das für die koreanische Sprache ungeeignete chinesische Schriftsystem ersetzte.[9] In China hingegen verhinderte bis in die Neuzeit die enorme Anzahl verschiedener Schriftzeichen den Erfolg beweglicher Lettern. Da alltägliche Texte die Kenntnis respektive Verwendung von etwa 10 000 Schriftzeichen, die wiederum aus mehreren Lettern bestanden, voraussetzte, musste ein qualitativ gut bestückter Setzkasten mindestens 200 000 chinesische Zeichen umfassen. Ein solches Setzsortiment bedingte eine Investition in astronomischer Höhe, und deshalb war auch in China die Anfertigung von Holzdruckstöcken im koreanischen Schriftsystem, die sich jahrzehnte- und sogar jahrhundertelang verwenden ließen, bedeutend ökonomischer.

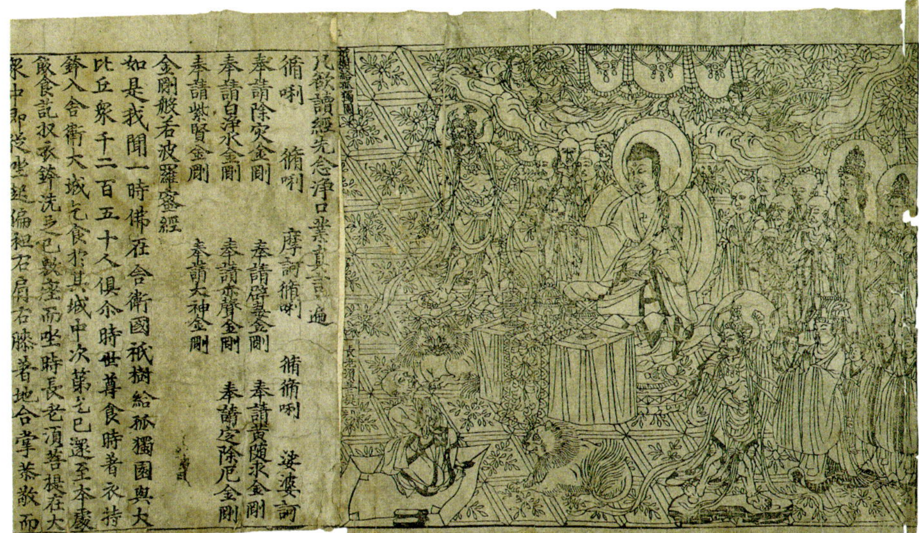

Die buddhistische *Diamant-Sutra* aus dem Jahre 868, das weltweit älteste xylografisch gedruckte Buch, das erhalten ist. Die fünf Meter lange Papierrolle wurde 1907 in Dunhuang, Nordwestchina, entdeckt.

Die Erfindung des Blockdrucks hat nicht nur dank der beinahe beliebig hohen schriftlichen Wiederholbarkeit eines Textes Wissen vor Vernichtung durch Krieg oder Wasser bewahrt, sondern der Blockdruck hat auch dank der preisgünstigen Herstellung von Druckerzeugnissen vielen Menschen in China und Südostasien Bücher zugänglich gemacht. Dies löste einen kulturellen Quantensprung aus und man kann spekulieren, dass der nachweislich bis ins 16. Jahrhundert andauernde Technologievorsprung Chinas auf den Rest der Welt mit der allgemeinen Verbreitung von Büchern in direktem Zusammenhang steht. Jedenfalls «befanden sich noch anfangs des 18. Jahrhunderts mehr Bücher in China als in allen anderen Ländern der Welt zusammen.»[10]

Papier für die Götter, dem Feuer und Wind überlassen

Neujahrsfeier beim Kloster Nangshig in Aba, Amdo, Osttibet. Bei Sonnenaufgang übergeben halbnomadische Tibeter vom Stamm der Sertha-Golok dem Opferfeuer bedruckte Lungta-Papiere.

«Die Menschen, die zwischen Erde und Himmel lebten und nur wenige von Menschenhand geschaffene Ablenkungen hatten, standen den natürlichen Kräften und Erscheinungen viel näher als die Menschen, die heute auf unserem überfüllten Planeten leben. Sie waren sich zweifellos ihrer Umwelt in einem Maße bewusst, das uns verloren gegangen ist. Offensichtlich haben wir nicht das gleiche Verhältnis zur Natur, aber die Wiedererrichtung einer kohärenten Beziehung zwischen Natur und Kultur ist ein wichtiges Element für jeden fortschrittlichen Blick in die Zukunft.»[11]

Die zeremonielle Einbindung von Papier in Rituale und Feierlichkeiten steht im Zusammenhang mit der Ahnenverehrung und dem Glauben, dass die Vorfahren aus einem unbestimmten Jenseits in das Leben der Nachkommen im Diesseits eingreifen und Glück oder Unglück verbreiten. Um diese Macht der Ahnen in eine positive, segensreiche Richtung zu lenken, werden beispielsweise im Volksglauben Taiwans bei rituellen Kremationen speziell konstruierte und kostbar geschmückte Objekte aus Papier verbrannt. Die gewählten Figuren sind unter anderem Tiere, Fahrzeuge, Häuser, Kleider oder Schuhe, aber auch Menschenfiguren in Form von Dienern; sie alle stehen im Zusammenhang mit den Wünschen des Toten oder den Wünschen der Hinterbliebenen, die für ihn im Jenseits nur das Beste ersehnen. Sie sind symbolische Opfergaben an die Geister der anderen Welt.

Dem Verbrennungsritual folgen in regelmäßigen Abständen oder jeweils zu Familienfesten kleinere Rituale mit Gaben für die Ahnengeister, wobei dem Opferpapier häufig auch Früchte beigegeben werden.

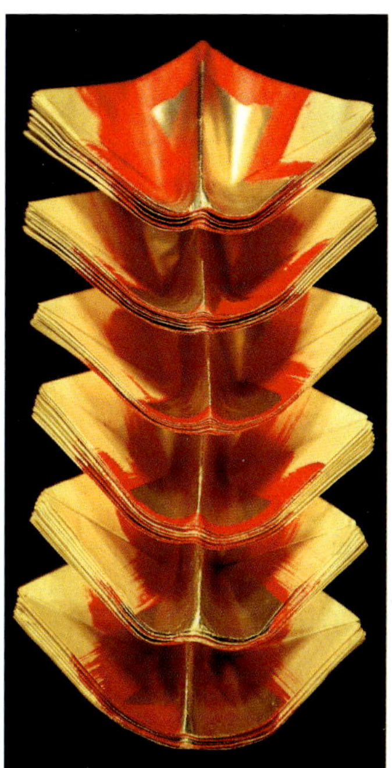

Links: Zu bootartigen Formen (5 x 9 x 13 cm) gefaltete Geisterpapiere in einem Tempel in China.

Rechts: Angebot von Geisterpapieren in einem Laden in Taipeh, Taiwan.

Figuren aus Ton oder Holz in Form von Tieren, beliebten Objekten aus dem Lebensraum des Toten oder in Gestalt von Statuen der jeweiligen Bediensteten dienten in China bereits während der Han-Dynastie (206 v. Chr. – 220 n. Chr.) als Grabbeigaben. Sie ersetzten die einstigen Menschen- und Tieropfer.[12] In den riesigen Grabanlagen für Kaiser Qin Shi Huangdi (reg. 221 – 210 v. Chr.) bei Xi'an wurde ein ganzes Heer von Terrakotta-Soldaten samt ihren Reiterwagen entdeckt. Lediglich das Material der Beigaben hat sich jeweils verändert, die Objekte selbst entsprachen immer der Lebenswelt der betreffenden Person und der jeweiligen Zeitepoche. Es ist denkbar, dass seit der Erfindung des Papiers dieses auch als Grabbeigabe diente, doch als vergängliches Material die Jahrhunderte nicht überdauert hat.

Geisterpapiere im Fernen Osten

Opferpapiere, auch Toten- oder Geistergeld *huo chih* genannt, sind die Ablösung der Metallmünzen oder die Vorläufer des Papiergeldes; sie kamen im 10. Jahrhundert in Umlauf und dienten auch als Opfergabe. Gemäß des Geisterglaubens vermag das Papier in Form natürlicher Substanzen allein keine magischen Kräfte zu bewirken. Unerlässlich sind die Zeichen, Bilder und Schriften, die darauf geschrieben oder gedruckt sind, und wichtig ist auch das Ritual der Verbrennung, welches diese Vorgänge auslöst und die Götter, die in den drei so genannten Königreichen – der Erde, dem Himmel und der Unterwelt – leben, versöhnt.

Unter den vielen verschiedenen Varianten der auf Geistergeld gedruckten Symbole sei hier auf zwei hingewiesen: Die Taoisten, Anhänger der durch Lao Zi begründeten Lehre vom Tao, dem ordnenden Grundprinzip allen Seins und Handelns, verwenden das typische Motiv der Dreiheit der Götter für Glück, Erfolg und langes Leben *ming chih* oder *ming chao*. Bei den Buddhisten finden sich neben chinesischen Texten oft tibetische Formeln, Mantras und die Swastika als «Sinnbild der Unendlichkeit» und als Glückszeichen in Form des linksseitig drehenden Hakenkreuzes *wan shen*.[13]

Oft wird auf das Geistergeld auch eine quadratische oder rechteckige Zinnfolie appliziert, die mit einem Extrakt aus Seegras oder den Blumen des «Pagoda-Baumes» *Sophora japonica* gelb oder rötlich gefärbt wird. Die reine Zinnfolie symbolisiert Silber, die rötlich gefärbte Kupfer und die gelbe Gold, anstelle einer kostbaren Goldlaminierung. Sie ersetzen Gold-, Silber- und Kupfermünzen oder auch kostbare bedruckte Seidenstoffe, die im Feuer geopfert oder Gräbern beigelegt wurden. Auf diese Veränderung reagierte der Gelehrte Feng Yen (729 – 790) mit den Worten: «In der Vergangenheit wurde Seide verbrannt und jetzt Papiergeld. Das zeigt, dass die Menschen nicht wissen, was die Götter lieben.»[14] Nicht nur die Götter, auch die Grabräuber freuten

Oben: Druckwalze mit mehrfachem Windpferdsymbol für den Druck von Lungta-Papieren.

Unten: Bedrucktes, mit Folie laminiertes und mit Goldfarbe bestrichenes Geisterpapier. Das große Zeichen in der Mitte bedeutet «langes Leben».

sich nicht über diese neue Sitte, die der Minister Liao Yung-Chung zur Zeit der Nördlichen Song-Dynastie (960–1126) abschaffen wollte. Er bezeichnete die Tradition nicht nur als vulgär, sondern auch als eine Täuschung und eine Beleidigung der Götter.[15] Es sollte nicht der letzte Versuch bleiben, und trotzdem hat die im Jahre 738 erstmals angewandte Tradition in einigen asiatischen Kulturen bis ins 21. Jahrhundert überlebt.

In verschiedenen Regionen, vor allem auch in Indien, wird die Bogenfläche der gebündelten Opferpapiere mit Metallschablonen in geometrischen Formen gestanzt. Das äußere Umfeld der Papierbogen wird dabei nicht durchschnitten, die Papiere bleiben als Fläche erhalten. Die durch das Stanzen entstandenen Prägungen und Einschnitte ersetzen die Folienlaminate und die druckgrafisch applizierten Symbole. Als Träger dieser Symbole wird Papier aus Bambus[16] oder Reisstroh[17] in verschiedenen Stärken und Feinheitsgraden des Faserstoffes verwendet. Anfangs des 20. Jahrhunderts gehörte die Anfertigung von Opferpapieren zu den größten Aufträgen der Handpapiermacherei in China.

Papier als Heilmittel

Papier und Natur waren vor dem Einsatz chemischer Substanzen und der Effizienz der industriellen Verarbeitung eine Einheit. Die Anfertigung des Papiers aus rein pflanzlichen Fasern und die Bearbeitung mit natürlichen Zusätzen fanden in der Natur statt, wo der Mensch sich als Teil einer Gesamtheit begriffen hat.

In China diente Papier nicht nur als Träger magischer Kräfte, sondern es wurde auch bei chinesischen Heilmethoden in verschiedenen Formen eingesetzt. Eine große Anzahl von Heilmitteln ist beispielsweise dokumentiert in der Enzyklopädie *Bencao Kangmu*, die der Naturwissenschaftler und Arzt Li Shizhen (1518–1593) verfasst hat, um der Verwirrung in der Heilmittelbeschreibung ein Ende zu setzen. Viele der Rezepturen gehen zurück bis in die westliche Han-Zeit (206 v. Chr.–9. n. Chr.) und werden in der *Bencao Kangmu* lediglich in einer neuen und differenzierteren Betrachtungsweise dargestellt. Über dreißig Jahre bereiste Li Shizhen sammelnd und forschend die Provinzen, in welchen die Heilmittel gediehen. Sein Lebenswerk, dessen Druck und Herausgabe er nicht mehr erlebte, wurde von seinem Sohn Li Jianyuan am Kaiserhof vorgestellt. Die Bedeutung des Papiers in der Heilkunde geht schon daraus hervor, dass die Rohstoffe und die Herstellung des Papiers in diesem Werk sehr umfangreich beschrieben werden. Auch die Tusche hatte eine wichtige Funktion, weil Papier nach der Einfärbung mit Tusche angeblich hitzebeständig wird. Solches Papier wurde zum Einwickeln der zu röstenden Heilkräuter und Substanzen verwendet, da es sie vor Verkohlung schützte.

Dem Papier wurden die fünf «Wandlungsphasen» süß, sauer, bitter, salzig und scharf, die im Zusammenhang mit bestimmten Organen stehen, zugeordnet; außerdem die Wärmegrade heiß, warm, lau, kühl und kalt. Bei der Asche von Rotang-Papier[18] beispielsweise, die bei Wundblutungen helfen sollte, wurde auch von «innerer Hitze» gesprochen.

Tibetische Heilmittel in der Klosterapotheke von Nangshig in Aba, Amdo, Osttibet. Sie steht Mönchen und Laien unentgeltlich offen. Auf dem Bild nicht sichtbar sind die kleinen bedruckten und geweihten Papierzettel, die bei bestimmten Krankheiten zu schlucken sind.

In einigen Rezepturen spielte die Hitze von verbranntem Papiergeld eine Rolle. Dabei handelte es sich sicher um eine Art Geistergeld aus Reisstroh- oder Bambuspapier. Bei einer anderen Rezeptur wurde empfohlen, Moschus in Rotang-Papier zu wickeln, zu entzünden und anschließend die Dämpfe zu inhalieren, um so den Schnupfen zu heilen. Außerdem sollte die Asche von Hanfpapier Blut stillen, und gegen Übelkeit und Erbrechen gab es das Mittel der verbrannten weißen Maulbeerstrauchpapiere, deren Asche mit Wasser vermischt und in dieser Form eingenommen werden musste. In der langen Liste der Heilmittel findet sich auch eine eher amüsante Rezeptur in der Form von Asche zur Heilung einer bösartigen Malaria: «Man nehme den ganzen Kalender des folgenden Jahres und verbrenne ihn zur Mittagsstunde des Drachenbootfestes, an dem unter anderem auch die Götter und Schutzpatrone der Medizin geehrt werden. Die Asche des Kalenders verpappe man und forme sie zu Pillen in der Größe von Pfefferkörnern, von denen man frühmorgens fünfzig Stück mit Cassytha-Wasser, vom Saft einer Lianenart gewonnen, schlucke.»[19]

Entgegen den westlichen Traditionen werden in Asien die Büttenränder der geschöpften Papierbogen stapelweise abgeschnitten, um einen regelmäßigen Rand zu erhalten. Die ungefähr 3 cm breiten Streifen dienen als Einwickelpapier oder zur Dosierung von Heilmittelpulver und werden in der Regel zusammen mit der Medizin verschluckt. Die Heilwirkung wurde in diesen Fällen immer auch dem Papier zugeschrieben, wobei die Indikationen je nach Herkunft der im Papier vorhandenen Rohfasern unterschiedlich ausfallen.

Auch in anderen Kulturen sind Bräuche der magischen Heilung durch Zaubersprüche, die auf Zettel geschrieben und verschluckt werden, nachweisbar. Bereits auf altägyptischen Papyrus und indisches Sisal- oder Jute-Papier wurden Zauber- und Mantra-Formeln geschrieben, die der Heilung dienen sollten. Diese Praxis hat sich in viele umliegende Länder verbreitet. Zeuge ist ein vierseitiger Druckstock im Format 11,7×2,9×2,9 cm, der um 1924 in der östlichen Mongolei gefunden wurde.[20] Er illustriert auf drei Längsseiten je drei bis vier tibetische Zauberformeln mit dem jeweiligen Verwendungszweck, zum Beispiel: «Iss es bei Grippe», *Qaniyatu-du die,* oder «bei Geisteskrankheit», *Kei ebecin-dü,* oder «bei Magenblähungen», *Gedesü Kögütu.* Die geringe Größe der jeweiligen Aufschrift von ca. 3,4×2,7 cm erleichterte das Verschlucken dieser kleinen Zettel. Der Druckstock gehörte zum Werkzeug eines Wanderarztes. Durch das Aufschreiben oder den Druck eines Spruches wurde die magische Kraft fixiert und durch das Verschlucken übertrug sie sich auf den Patienten.[21]

Ähnliche Phänomene sind bis in die Gegenwart aktuell, wenn sie auch mehr dem Zufall zuzuschreiben sind. So sorgte ein amerikanisches Zeitungspapier 1965 für Aufsehen. Hergestellt aus der Zellulose der Balsamtanne, enthielt das Zeitungspapier Hormone zur Schädlingsbekämpfung, die vor allem bei Wanzen ihre Wirksamkeit zeigten.[22]

Es sei angefügt, dass Papier je nach Wahl des Rohstoffes durchaus giftige Substanzen enthalten und zum Beispiel zu Hautausschlägen oder über feinste Staubpartikel zu Reizungen der Organe führen kann.

Gebetstrommeln und Lungta-Papiere in Tibet

Mantras lassen sich in Kombination mit verschiedenartigen Bewegungen rezitieren, zum Beispiel durch die Drehung von Gebetstrommeln oder durch den Einfluss des Windes, der ohne weiteres menschliches Zutun Lungta-Papiere in die Lüfte hebt.

Bei den Gebetstrommeln handelt es sich um Zylinder, die sich um eine Mittelachse drehen. Sie beinhalten aufgerollte, mit heiligen Texten bedruckte Papierstreifen oder geschichtete Papierbogen. Erst durch diese bedruckten Papierdokumente erhalten die Trommeln ihre rituelle Funktion. Fest angebrachte Versionen von Gebetstrommeln befinden sich bei Klöstern, Stadttoren, privaten Häusern oder an geweihten Orten; sie werden von Hand, durch Wasserkraft, warme Luft oder Wind in Bewegung gesetzt. Einige Klöster sind von einem Kranz blecherner Gebetstrommeln

Oben: Oberer Teil einer Gebetstrommel am Fuß des Potala-Palastes in Lhasa, Tibet.

Rechts: Bedruckte Papiere, die, zu Rollen geformt, in die Gebetstrommeln gefüllt werden. Kloster Den in Kandze, Kham, Osttibet.

umgeben, die in gedeckten Mauern befestigt sind. Solche Mauern können sich über mehrere Kilometer erstrecken, wie es beispielsweise beim Kloster Samtenling in Aba[23] der Fall ist. Die Handgebetsmühlen hingegen hält der Gläubige durch eine Drehbewegung des Handgelenks in Rotation. Dabei entspricht jede Drehung einer Rezitation des entsprechenden Textes. Diese Gebetsmühlen halfen ursprünglich analphabetischen Gläubigen, heilige Texte zu rezitieren. Wie bei allen religiösen Ritualen ist der Übergang zwischen einer andachtsvollen Handlung und einem sinnentleerten Automatismus fließend.

Die so genannten Lungta-Papiere sind quadratische, äußerst dünne, einseitig bedruckte Papiere mit geschnittenen Rändern.[24] Es gibt sie in fünf Farben, die je einem Element zugeordnet werden. Weiß entspricht dem Wasser, Blau symbolisiert den Himmel, Gelb die Erde, Rot die untergehende Sonne und Grün versinnbildlicht die Luft.

In der Mitte des Quadrates von 10×10 cm oder 6×6 cm steht das nach links gewandte Windpferd, das von einem heiligen Text umgeben ist. Vier Tiere besetzen die Ecken: im Osten ist es ein Drache, im Süden ein Raubvogel, im Norden ein Schneelöwe und im Westen ein Tiger. In älteren Darstellungen ersetzt ein Yak den Löwen. Oft steht in den Ecken auch bloß das Schriftzeichen des entsprechenden Tieres. Die zentrale Figur des Windpferdes verleiht dem Lungta-Papier seinen Namen, denn auf Tibetisch bedeutet *lung* «Wind» und *ta* «Pferd». Sowohl Pferd wie Wind sind rasche Transportmittel. Das Pferd trägt das Glück bringende und Wünsche erfüllende Flammenjuwel, der Wind befördert die Gebete zu den hilfreichen Bodhisattvas.

Das lamaistische Lungta-Symbol basiert auf einem vorbuddhistischen Konzept des Bön.[25] Das Lungta, in diesem Kontext besser als «Atempferd» übersetzt, symbolisiert diejenige innere Energie des Menschen, welche die vier Grundelemente des menschlichen Leibes im Gleichgewicht hält. Dabei versinnbildlicht der Raubvogel das Feuer, der Drache das Wasser, der Schneelöwe die Erde und der Tiger die Luft. Ein starkes Lungta gewährleistet nicht nur Ausgeglichenheit, Gesundheit und Vitalität, sondern es hilft auch, widerwärtige Umstände leicht zu meistern. Ein schwaches Lungta hingegen führt zu Missgeschicken und Unglück.

Das vorbuddhistische Lungta fand später Eingang in die buddhistische Volksreligion, wo es sich zum Sinnbild des Glücks und Erfolgs wandelte. Deshalb werden Lungta-Papiere bei wichtigen Anlässen, zum Beispiel bei einer Abreise oder beim Überqueren eines Passes, in die Luft geworfen und dem Wind übergeben. Oder man wirft sie in Opferfeuer aus Wacholderholz, die Lokalgottheiten des Bön dargebracht werden. Auf der geomantischen Ebene bedeutet das Lungta ein ideales Gleichgewicht zwischen den verschiedenen lokalen Naturgottheiten, in spiritueller Hinsicht die Bändigung der animalischen Triebe durch die Kraft des Geistes.

Zwei der insgesamt fünf anzutreffenden Tiere stammen aus dem chinesischen Kulturraum, nämlich der Drache und der Tiger. Den chinesischen Phönix ersetzte der Khyung-Raubvogel, die Schildkröte der Yak oder der Schneelöwe.[26] Im Einzelnen verkörpert der Drache den Regen spendenden Donner, der Tiger die Kraft und Furchtlosigkeit und der aus dem Pantheon des Böns stammende Khyung-Vogel, der Erzfeind aller Schlangen, den Triumph der himmlischen Kräfte über die Mächte der Finsternis.[27] Der Raubvogel beschützt auch den Buddha vor Feinden. Der selten anzutreffende Yak bildet die Lebensgrundlage der Nomaden und symbolisiert Wohlstand. Der Schneelöwe schließlich dient den bedeutendsten Berggottheiten Tibets als Reittier, im Amdo, Osttibet, beispielsweise Machen Pomra.[28] Deshalb wurde der Schneelöwe zum nationalen Emblem Tibets erhoben; er schmückt die tibetische Fahne, Regierungssiegel, ehemalige Münzen, Banknoten und Briefmarken. In der Epoche der späteren Pugyel (632–923 n.Chr.) symbolisierte er die königliche Macht, später den historischen Buddha, den die Tibeter auch *Shakya Senghe*, «Löwe des Shakya-Clans» nennen.[29]

Glückszettel in Japan

In der traditionellen japanischen Kultur gilt weißes Papier als rein und heilig; besonders bei der Verwendung von Papier in Tempeln und Schreinen trifft dies zu. Die weißen Gewänder der Priester, die früher auch aus *momigami*-Papier[30] gefertigt wurden, stehen für diese Attribute. Gefaltete oder beidseitig eingeschnittene Papierstreifen aus *danshi*[31] hängen wie kleine Objekte in Zickzackform *kirigami* über Torbögen und Türen in Schinto-Schreinen. Sie symbolisieren das Eintreten in einen gesegneten oder heiligen Raum, aber auch den Schutz vor bösen Geistern. Das Falten von Papier geht auf das 6. Jahrhundert zurück und ist einer chinesischen Tradition entliehen. Opfergaben werden in kostbares Papier eingewickelt und in Papier eingefaltetes Salz gilt als Hochzeitsgabe mit hohem Symbolwert für Glück.

Glückszettel vor dem Heian-jingu-Schrein in Kioto, Japan.

Die Glücks- oder Orakelzettel *omikuji* entstammen den Vorstellungen des japanischen Volksglaubens, dass die gesamte Natur von Geistern und Gottheiten belebt sei. Dies ist die Urform menschlicher Religiosität, aus der sich der Ahnenkult, der Glaube an Geister oder Götter entwickelt hat. Beim Betreten der Vorhöfe von schintoistischen und buddhistischen Tempeln in Japan wird man in die Stimmung und Anmut des ewigen Frühlings versetzt. Hier verschmelzen die beiden Religionen Schintoismus und Buddhismus, und mit weißen Glückszetteln behängte Bäume und Sträucher oder Bambusgestelle wirken zu jeder Jahreszeit, als ständen sie in Kirschblüte. Sowohl schintoistische Gottheiten, genannt *kami*[32], wie auch Buddha werden nach dem Schicksal befragt. Ist die Voraussage günstig, hofft man auf das Eintreffen des Glücks, fällt sie ungünstig aus, bleibt die Möglichkeit, das böse Omen abzuwehren. Die Orakelzettel *omikuji* werden von Priestern auf Wunsch der Bittenden kalligrafiert. Verbreitet ist auch der vorgedruckte Orakelzettel, der nach dem Zufallsprinzip durch die Antragsteller ausgewählt wird. Die Intensität des Glücks oder Unglücks wird durch die Wahl von Hand- oder Druckschrift kaum beeinflusst, es ist lediglich eine Frage des Geldbeutels, für welche Variante des Glückszettels man sich entscheidet. Der Priester überreicht den Wünschenden eine schmale Büchse mit nummerierten Bambusstäbchen und einer kleinen Öffnung im Deckel. An den Wunsch denkend wird die Büchse gedreht und zum individuell gewählten Zeitpunkt fällt ein Stäbchen mit der göttlichen Vorbestimmung heraus. Anhand der Ziffer auf dem Stäbchen überreicht der Priester das gleich nummerierte weiße Blatt aus *hanshi*[33] mit der Botschaft. Mit dem Ritual des Faltens und der Platzwahl für das Befestigen des Papierstreifens an einem Strauch ist die Orakelbefragung beendet. Der Wind trägt die Botschaften der Glückszettel mit sich fort, damit sie ohne Erdenschwere den Weg zu den Gottheiten finden können. Fällt die Weisung der Zukunft negativ aus, bekommt das Glück beim nächsten Mal erneut eine Chance.

Die Zeit der Jahreswende ist für diese Art der Kommunikation mit den Göttern besonders beliebt. Izumo, der Hauptschrein der Liebenden im Nordwesten von Honshu, ist Pilgerstätte und paradiesähnlicher Park in einem. Tausende *omikujis* sind hier, von glücklichen Menschen als Ausdruck des Dankes oder von unglücklich Liebenden als hoffnungsvoller Wunsch, an Ästen und Bambusgestellen festgebunden.

Die Glückszettel entstammen dem historischen Symbol des Baumes. Im Schintoismus bedeutet der Baum durch seine vertikale Dimension die Verbindung zwischen Himmel und Erde. Durch sein Gedeihen im natürlichen Rhythmus der Jahreszeiten symbolisiert er auch Leben und Tod, den Lebensbaum. In einer Legende heißt es, dass die Gottheiten des Schintoismus sich auf den großen Bäumen niedergelassen haben und die Menschen ihnen zu Ehren Zickzackpapiere, die sie im Rahmen eine Rituals an den Ästen befestigten, dargebracht haben. In jüngerer Zeit wurde der Baum durch Bambusstäbe oder Stäbe aus Naturfasern ersetzt und die gefalteten Zettel werden daran geknotet. Wenn der Priester die Stäbe schwingt, rascheln die Papierstreifen, Stille kehrt ein und Seele und Geist der Gläubigen werden gereinigt.

Gutenberg, seine Erfindung und die Folgen

Im Mittelalter waren Bücher Kostbarkeiten und Raritäten, es war einzig den Mönchen vorbehalten, in den Skriptorien der Klöster Handschriften zu verfassen oder antike Schriften zu kopieren. Schreiben und Lesen waren weitgehend getrennte Kompetenzen, und so konnte ein Kopist, der für einen Auftraggeber arbeitete, oft nicht nachvollziehen, was er schrieb. Die bildende Wirkung des Lesens hatte einen wesentlich höheren Stellenwert als das Schreiben, und so war das Lesen Gelehrten oder dem Adel vorbehalten. Dank Gutenberg begann eine neue Denkweise, denn der Buchdruck bedeutete das Ende des mühsamen, handschriftlichen Abschreibens, das zudem die Gefahr in sich barg, dass sich beim Kopieren des Textes Fehler einschlichen. Zugleich verschwand aber auch die Exklusivität des kostbaren Einzelbandes – es war das Ende der mittelalterlichen Buchkultur. Der einer Elite vorbehaltene Zugang zu Büchern wurde mit dieser Entwicklung allmählich demokratisiert.

Johannes Gensfleisch alias Gutenberg gilt als Erfinder der «Schwarzen Kunst», des Druckverfahrens mit gegossenen beweglichen Lettern. Um 1400 in Mainz als Sohn einer Patrizierfamilie geboren, erlernte er das Handwerk des Goldschmiedes. Von 1428 bis 1444 lebte er in Straßburg, wo er das Handgussinstrument für den Schriftguss entwickelte. Analog dazu entstand die Typographie, das mechanische Hochdruckverfahren mit beweglichen Lettern. Diese neuen Technologien entwickelte Gutenberg unter Geheimhaltung, denn es war das Zeitalter, in dem neben Pest, Naturkatastrophen und Krieg auch die Furcht vor dem Teufel sowie der Hexenwahn grassierten, und die «Schwarze Kunst» rückte in die anrüchige Nähe von Zauberei und Magie. Zudem wurde es als Frevel betrachtet, das Wort Gottes durch Blei und Druckerschwärze zu verbreiten.[34]

Zurück in Mainz begann Gutenberg um das Jahr 1448 mit dem Druck der ersten Bibel, der 42-zeiligen *Gutenberg-Bibel*, die er 1455 vollendete. Die Einrichtung der Druckwerkstatt war mit besonderen Risiken verbunden. Alle Geräte, auch die Presse, mussten mühsam von Grund auf konstruiert, Schriften entwickelt und Tuschen, die sich für den Druck eigneten, ausprobiert werden. Auch die Beschaffenheit des sich für den Druck eignenden Papiers wurde erforscht. Hinzu kam die Suche nach Abnehmern und das Erschließen der Verkaufswege – Gutenberg führte einen ständigen Balanceakt zwischen Erfinderlust und finanziellem Ruin. Um das Vorhaben zu realisieren, lieh er sich zweimal je 800 Gulden von Johann Fust.[35] Dies waren enorme Summen, die zu jener Zeit einem Gegenwert von zehn Stadthäusern oder drei Landgütern entsprachen.

Nur kurze Zeit konnte Gutenberg sich über seinen Erfolg freuen. Ausschließlich mit seinen schwierigen Druckvorhaben beschäftigt, entbehrte er jeglichen Einkommens und war nicht in der Lage, Schulden und Zinsen zu begleichen. Der aus diesem Grund von Johann Fust angestrebte Prozess war unausweichlich und nahm ein unschönes Ende: Gutenbergs ganze, mühsam entwickelte und konstruierte Druckeinrichtung sowie die Werkstatt gingen an Fust über. Dazu gehörte auch der größte Teil des in der Zwischenzeit gedruckten Werkes. Der geschickte Geschäftsmann Fust soll damit einen Gewinn von rund 6000 Gulden erwirtschaftet haben, während Gutenberg im Jahre 1458 Gefahr lief, von der Kirche ausgeschlossen zu werden; 1462 musste er die Stadt verlassen.

Spekulationen und Legenden ranken sich um Gutenberg, der bis zu seinem Tod am 3. Februar 1468 in einer kleinen, vom Mainzer Stadtrat Konrad Humery eingerichteten «Offizin», einer Druckwerkstatt, arbeitete. Seine genialen Erfindungen haben ihm zu Lebzeiten weder Ansehen noch Reichtum verschafft, im Gegenteil, sein Nachfolger in der Werkstatt, Peter Schöffer, stellte 1503 die Behauptung auf, sein Vater und Johann Fust hätten den Buchdruck erfunden. Gutenberg hatte viele Konkurrenten; auch dem Niederländer Janszoon Coster oder dem Dichter Pamfilo Castaldi wurde die Erfindung zugesprochen. Das Druckverfahren mittels beweglicher Lettern wurde außerdem bereits um 1450 von Buchbindern zum Prägen von Schriftzügen auf Bucheinbänden erprobt, und Goldschmiede und Töpfer verwendeten ähnliche Prägestempel in ihrem Zeichen- und Formenrepertoire.

Eine Seite aus der ersten Gutenberg-Bibel, B 42, um 1454 (GW 4210), Band 1, Blatt I recto. Göttingen, Staats- und Universitätsbibliothek.

In China arbeitete der Drucker Pi Sheng in den Jahren 1040–1048 schon an einem System mit einzelnen chinesischen Wortzeichen aus Ton. Es konnte sich jedoch wegen der Komplexität der vielen kleinen Einzelzeichen nicht durchsetzen. Anders in Korea, wo lange vor Gutenberg mit Druckformen aus Metall gearbeitet wurde. 1234 erschien das heute nicht mehr erhaltene gedruckte Werk *Sangdchon jemun* (Richtschnur der Moral) in fünfzig Bänden. Der koreanische König hatte jedoch das Monopol auf dem neuen Verfahren und er untersagte die wirtschaftliche Nutzung wie auch den Verkauf von Büchern.

Infolge der Handelsbeziehungen zwischen Ost und West besteht die Möglichkeit, dass Gutenberg Kenntnisse von der koreanischen Erfindung hatte. Doch seine Leistung wird dadurch nicht geschmälert, «denn selbst wenn eine allgemeine Kenntnis vom Drucken mit beweglichen Lettern zu ihm gelangt wäre und wenn er sogar ein gedrucktes Blatt oder Buch dieser Art gesehen hätte, wäre ihm die Arbeit des Suchens und Erfindens nicht erspart geblieben.»[36]

Die ersten «Lettern» im europäischen Raum

Gutenbergs Verdienst besteht einerseits in der Verbreitung des Druckverfahrens in Westeuropa, anderseits in der Erfindung des Schriftgusssystems, der Herstellungs- und Vervielfältigungsweise von auswechselbaren und in neuer Kombination wieder verwendbaren Einzellettern.[37] Diese konnten auch wieder eingeschmolzen und in andere Formen gegossen werden.

Die Lettern aus einer Legierung aus Blei und Zinn waren anfänglich den Buchstaben der Handschriften sehr ähnlich, denn eine Art Faksimile wurde angestrebt. Jeder Drucker zeichnete und schnitt die Formen seiner Lettern in einen vierkantigen, rechtwinkligen Metallkörper aus gehärtetem Eisen, die Patrize, welche die Type (Buchstaben) erhaben und seitenverkehrt darstellte. Anschließend wurde das Relief als seitenrichtiger Abdruck in Kupfer, die Matrize, geschlagen. Aus dem Abdruck des Buchstabens in der Matrize wurde danach die Letter gegossen. Neben der Imitation des handschriftlichen Originals floss auch die gestalterische Individualität des Druckers ins Schriftbild mit ein. Gutenberg fertigte von jedem Buchstaben mehrere Varianten und Ligaturen[38] an, welche das Schriftbild in höchster Perfektion wiedergaben. Zur Zeit der Wiegendrucke[39] sollen es bis zu 4000 Schriftvarianten existiert haben. Diese Individualisierung wurde erst Mitte des 16. Jahrhunderts aufgegeben, als das Gewerbe der Schriftgießerei aufkam und die Druckerzünfte fertige Schrifttypen erwerben konnten. Es war der Anfang der Typisierung von Schriftformen, wie wir sie heute kennen.

Druckerzeugnisse wurden früher im Reiber- oder Abriebverfahren hergestellt, weshalb die Papiere nur einseitig bedruckt werden konnten. Diese Einschränkung traf auch auf den Letterndruck in Korea zu. Gutenberg entwickelte eine Druckerpresse, die es ermöglichte, Papier beidseitig zu bedrucken, indem er eine Weinpresse modifizierte. In einer dreistufigen Entwicklung gelang es ihm, einen durchgängigen Arbeitsprozess zu realisieren, der in der späteren Industrialisierung eine maßgebliche Rolle spielte. Die vorder- und rückseitig bedruckten Bogen mussten Register halten, das bedeutet, dass die Zeilen der Vorder- und Rückseite präzise abgestimmt und übereinander gelegt werden mussten. Gutenberg löste das Problem ganz einfach und genial, indem er den Bogen an allen vier Ecken mit Nadeln fixierte; beim Druck der Rückseite dienten ihm die Nadellöcher als Punkturen. Diese kleinen Löcher sind noch heute in seiner Bibel zu sehen. Die Foliobogen[40] mussten viermal eingelegt werden, da nur jede Seite einzeln bedruckt werden konnte.

Ausschlaggebend bei der hervorragenden Qualität der 42-zeiligen Gutenberg-Bibel war neben dem Druck das anspruchsvolle Papier, das als Trägermaterial diente. Die Oberflächenleimung aus tierischem Leim, einem Absud aus ausgekochten Hasenknochen und -häuten, und das nachträgliche Klopfen des Papiers mit einem Metallhammer bewirkten eine seidenmatte, glatte Oberfläche und sorgten für eine gute Aufnahme der Tusche und der Farbpigmente.

Gutes Papier zum Beispiel der Marken *Ochsenkopf, Weintraube, Zwei Weinstöcke* oder *Laufender Stier* wurde in Deutschland vorzugsweise aus Italien importiert. Der Transport über die Alpen erfolgte in Fässern, welche die kostbare und empfindliche Fracht vor Feuchtigkeit und anderen Einflüssen schützten. Es handelte sich um erhebliche Mengen: Für dreißig Bibeln wurden 10 200 Bogen importiert. Wären diese Bibeln auf hochwertigem Pergament gedruckt worden, so hätte man die Häute von rund 5000 Kälbern benötigt. Obwohl im deutschen Reichsgebiet damals schon seit einigen Jahrzehnten Papier geschöpft wurde, entsprach die Qualität wegen Verunreinigungen, Knoten, Faserrückständen und Wassertropfen nicht den ästhetischen und technischen Anforderungen. Diese Qualitätsmängel hätten auch den Prozess auf der Druckmaschine behindern können.

Gutenbergs Technologie des Druckens und die Gutenberg-Presse blieben bis ins 18. Jahrhundert im Wesentlichen unverändert. Die Erfindung des Buchdrucks löste langfristig einen enormen Fortschritt aus, denn der Zugang zu Bildung wurde allmählich auch für den bürgerlichen Mittelstand möglich, was einen Strukturwandel bewirkte. Die Erfindung des Buchdrucks ermöglichte, dass Gedanken und Worte in beliebiger Anzahl reproduziert werden konnten. Dieser Wandel hatte auch Profitdenken, wirtschaftliches Interesse und Wachstum zur Folge.

In der heutigen Epoche der digitalen Übermittlung von Wissen und Kommunikation spielt das Papier und die Lesbarkeit von Texten keine unwesentlichere Rolle als zu seiner Frühzeit. Wie Statistiken beweisen, entspricht die Voraussage des papierlosen Büros einer Vision, die sich nicht bewahrheitet hat. Im 21. Jahrhundert werden Dokumente mehr denn je zur besseren Lesbarkeit auf Papier ausgedruckt.

Die Ausbreitung von Wissen und Möglichkeiten der Meinungsbildung

Kulturkatalysator der Renaissance

Die im 14. Jahrhundert von Italien ausgehende Kulturwende vom Mittelalter zur Neuzeit beinhaltete unter anderem eine gesellschaftliche Umstrukturierung, die neben Adel und Klerus das Bürgertum zum Bildungsträger werden ließ. Ein wichtiges Merkmal der Renaissance ist auch die Rückbesinnung auf antike Überlieferungen. Das Papier wirkte dabei als Kulturkatalysator, denn Wissen und Literatur konnten dank der Entwicklungen in der Papierherstellung leichter Ausdruck und Verbreitung finden. Einen grundsätzlichen Wandel in den Kommunikationsgewohnheiten, eine rasche Ausbreitung volkssprachlichen Schrifttums und ein explosionsartiges Ansteigen der Alphabetisierung brachte der Buchdruck aber nicht mit sich. Literarische Formen der Mündlichkeit wie die Predigt oder das Lied blieben für weite Teile der Bevölkerung vorerst ein weitaus vertrauteres Medium als das gedruckte Wort. Von einer allgemeinen Verbreitung des Lesens und Schreibens kann man erst seit der Einführung der allgemeinen Schulpflicht im 19. Jahrhundert reden.[41] Konkret heißt dies: Am Ende des 16. Jahrhunderts zählte Deutschland rund 20 Millionen Einwohner/innen. Die Zahl der Lese- und Schreibkundigen stieg während dieses Jahrhunderts von zwei auf mehr als fünf Prozent an, also von 400 000 auf über eine Million Menschen. Schätzungen dieser Zeit gehen dabei von einer Gesamtproduktion von 130 000 bis 150 000 bibliografischen Einheiten im deutschen Sprachraum aus.[42]

Der Buchdruck wurde zunächst nicht überall geschätzt. Manche Humanisten und Bibliophile zogen anfänglich ein schön geschriebenes Manuskript einem vielfach und mechanisch hergestellten Buch vor. Erst allmählich erkannten Gelehrte die Bedeutung und Vorteile des Buchdrucks. Der hoch gebildete und weit gereiste Erasmus von Rotterdam (1467–1536) pries den Buchdruck gar als die hervorragendste aller Künste, denn der Druck objektivierte Sprache und Schrift – der einmal fixierte Text blieb derselbe. Erasmus stand Luther als Kritiker der Kirche in einigen Punkten nahe, in gesellschaftspolitischen Fragen war er jedoch keiner Partei zuzuordnen. Er forderte Toleranz und definierte den Humanismus als hohe Form geistigen Wohlwollens. Seine Schrift *Moriae encomium Erasmi Roterodami declamatio* («Lob der Torheit») machte seinen Namen in aller Welt bekannt. Der Humanist ließ viele seiner Werke bei Johann Froben (1470–1527) in Basel drucken. Er hielt Buchillustrationen für überflüssig, denn sein Ideal bestand in der philosophischen Anschauung, dass Vernunft sich in der Beherrschung der Sprache erweise, bildliche Darstellung hingegen bloß ein dekoratives Element sei. Froben und Erasmus pflegten ein freundschaftliches Verhältnis. Erasmus betreute Frobens Verlagswerke auch als literarischer Berater und Korrektor. Seine erstmals 1518 erschienen *Colloquia familiaria* («Vertraute Gespräche») verbreiteten sich mit 24 000 Exemplaren in ganz Europa. Einer der bekanntesten Drucke Frobens war das im Jahr 1516 von Erasmus von der griechischen in die lateinische Sprache übersetzte *Neue Testament*, das Erasmus im Anhang mit einem Kommentar ergänzte. Bis ins Jahr 1535 verbesserte er dieses Werk immer wieder in Neuauflagen. Dank Froben, für den die Künstler Hans Holbein, Urs Graf und andere Buchillustratoren gestalteten, wurde Basel in den ersten Jahrzehnten des 16. Jahrhunderts Hauptdruckort lateinischer und griechischer wissenschaftlicher Literatur.

Flugblätter der Reformation

Es war das Papier, das Martin Luther (1483–1546) und der Reformation die Möglichkeit bot, sich direkt an die lesekundige Bevölkerung zu wenden. Der Ruf nach einer Erneuerung der Kirche hatte schon im frühen 15. Jahrhundert eingesetzt, doch den damaligen Reformatoren wie Savonarola (1452–1498) oder Jan Hus (1370–1415) fehlte das Papier zur raschen Verbreitung ihrer Ideen.

Der erste ideologische Kampf, in dem bedrucktes Papier eine zentrale Rolle spielte, begann 1517 mit Luthers Reformbewegung. Als Doktor der Theologie nutzte er das damit verbundene Recht auf Meinungsfreiheit und verfasste die 95 folgenreichen Thesen in lateinischer Sprache, die er am 31. Oktober 1517 zum Zweck einer Disputation unter den Gelehrten an das Portal der Schlosskirche zu Wittenberg anschlug. Darin kritisierte er die Kirche und den Missbrauch des Ablasses[43], der damals als Mittelbeschaffung für den Neubau der Peterskirche in Rom eingesetzt wurde.

Die Macht des geschriebenen Wortes hatte große Auswirkungen, und die Empörung unter den Gelehrten verbreitete sich bald auch in der Bevölkerung. Die Traktate wurden aus dem Lateinischen übersetzt und in deutscher Fassung waren 22 Ausgaben des Titels *Eyn Sermon von dem Ablas und Gnade* im Umlauf. Dank der von Gutenberg etablierten und inzwischen verbesserten drucktechnischen Möglichkeiten waren die Thesen innerhalb kürzester Zeit in ganz Deutschland bekannt. Neben Luthers Traktaten kamen im ersten Drittel des 16. Jahrhunderts bis zu 10 000 Titel in Auflagen von je ungefähr 1000 Exemplaren unter die Leute, es waren mehrheitlich religiöse Flugschriften. Diese handlichen, billigen Schriften von vier bis maximal 64 Seiten im Quart- oder Oktavformat unterschieden sich von den großen Büchern der Gelehrten. Sie erwiesen sich als die stoßkräftigste Waffe der Reformation. Für Luther hatte dies zur Folge, dass er am 3. Januar 1521 von Papst Leo x. exkommuniziert wurde, und nur wenige Monate später wurde auch die Reichsacht[44] über ihn verhängt.

Luther, ein Meister der Sprache und der originellen Wortschöpfungen, übersetzte darauf in seinem Versteck auf der Wartburg das *Neue Testament* in die neuhochdeutsche Sprache.[45] Er wollte, dass das Wort Gottes direkt, das heißt ohne Übersetzung, zu den Menschen gelangte, und dazu musste er eine Sprachform finden, welche trotz der Vielfalt der Dialekte und regionalen Sprachunterschiede überall verstanden wurde. Seine Übersetzung des *Neuen Testaments* aus dem griechischen Urtext, die 1522 gedruckt erschien, wurde sein literarisches und theologisches Hauptwerk. Zum ersten Mal konnte die lesekundige Bevölkerung die Bibeltexte in deutscher Sprache lesen. 1529 folgte der Druck des kleinen Katechismus[46], der den geistigen Zusammenhang des christlichen Glaubens popularisierte, ohne ihn zu trivialisieren, und 1534 ergänzte Luther das *Neue Testament* durch die Übersetzung des *Alten Testaments*.

Innerhalb kürzester Zeit kamen mehr Nachrichten, Meinungen und Erkenntnisse in Umlauf als der kirchlichen Obrigkeit angenehm war – die Kirche verlor ihr Wissensmonopol. Das Wirken der Reformatoren wiederum löste

Haupttitelblatt der Luther-Bibel von 1534.

einen großen Aufschwung für das Druckgewerbe aus. Massive Geschäftseinbußen hatten andererseits Druckereien, die der alten Konfession treu blieben und es ausschlugen, die Schriften Luthers zu drucken.

Eine noch grundsätzlichere Kulturrevolution hätte ohne das Papier nicht geschehen können. Die öffentliche politische Meinungsbildung führte unter anderem auch zur Ablösung von europäischen Monarchien, welche durch demokratische Staatsformen ersetzt wurden.

Papier, Macht und Politik

Nachrichten und Meinungen wurden schon bald nach der Erfindung des Buchdrucks über Flugblätter und Flugschriften verbreitet. Zeitungen nach unserem Verständnis gibt es hingegen «erst» seit 1609; diese wurden damals im Wochenrhythmus publiziert. Unter «Zeitung» verstand man ursprünglich eine «gesammelte und schnelle Folge von gedruckten Nachrichten». Zu den ersten gehörten die in Straßburg gedruckte *Relation* (von *relatio* für «Berichterstattung») und die in Wolfenbüttel herausgegebene *Aviso*.

1650 erschienen erstmals in Leipzig die an sechs Tagen publizierten Tageszeitungen, welche allerdings der ihr rasch folgenden Zensur der Landesfürsten unterworfen waren. Erst mit der Revolution von 1848 erfolgte die Pressefreiheit in Deutschland.

Die Zeitungen befriedigten anfänglich ein wachsendes Bedürfnis nach Sensationen und Aktualität. Der Buchmarkt hingegen stellte sich erst in der zweiten Hälfte des 16. Jahrhunderts zunehmend auf die Informationswünsche neuer Leserschichten ein. Das Bedürnis nach Neuem wurde zur Signatur des Zeitalters der Renaissance, und in den gedruckten Büchern wurde deshalb nützliches und vor allem neues Wissen verbreitet. Bis ins ausgehende 17. Jahrhundert waren Bücher allerdings so teuer, dass ihr Erwerb, wenn nicht an ständische Privilegien oder geistliche Bildung, so doch an gehobene Einkommen gebunden war. Im 18. Jahrhundert kamen dann Billigdrucke auf, die von Kolporteuren vor allem auf Jahrmärkten feilgeboten wurden. Diese Bücher eröffneten breiteren Schichten den Bücherkauf ohne allzu großen Konsumverzicht.[47]

Ebenfalls im 18. Jahrhundert regte der französische Schriftsteller und Autodidakt Denis Diderot zur Verfassung der *Encyclopédie* an, des maßgebenden Universalwerks der Aufklärung. Diderot verfasste für die *Encyclopédie* mehrere Tausend Artikel, die, in ihrer Gesamtheit, eine auf neuen, kritischen Erkenntnissen beruhende Geschichte des europäischen Denkens darstellten. Auch der Genfer Jean-Jacques Rousseau, Jean-Baptiste d'Alembert, Voltaire und weitere Philosophen und Wissenschaftler waren an diesem voluminösen 28-bändigen Werk beteiligt, das wie kein zweites zum Wissensspeicher der Aufklärung wurde.

Die politischen und wirtschaftlichen Entwicklungen des 18. und 19. Jahrhunderts führten zu einem rasanten Aufschwung des Zeitungswesens, was große Auswirkungen auf die Weiterentwicklung des Papiers und dessen Produktion hatte. Der Erfindung des Holzschliffs im Jahre 1843 folgte bereits 1854 die Entwicklung des Natronzellstoffs, was die mengenmäßig praktisch unbegrenzte Produktion von Papier ermöglichte. Und auch die Fourdrinier'sche Papiermaschine wurde weiterentwickelt, um effizienter und qualitativ hochwertiger produzieren zu können.[48]

Die Macht, die Papier haben kann, zeigt sich am Beispiel der berühmten Dreyfus-Affäre, jener innenpolitischen Krise Frankreichs, bei der der französische Hauptmann jüdischer Abstammung Alfred Dreyfus 1894 fälschlicherweise des Landesverrats angeklagt wurde. Ihm wurde unterstellt, geheime Dokumente an die deutsche Militärführung verkauft zu haben. Deshalb wurde er wider besseres Wissen zu einer lebenslänglichen Deportation auf die Teufelsinsel in Französisch Guyana[49] verurteilt. Der französische Schriftsteller und Journalist Émile Zola griff darauf 1898 in seinem offenen Brief *J'accuse* («Ich klage an») die Regierung an, indem er die Verbannung von Dreyfus entlarvte. Da auch ihm der Prozess drohte, musste er für ein Jahr nach England fliehen. Das Schreiben hatte eine knapp zehnjährige innenpolitische Krise und das Aufleben des Antisemitismus in Frankreich zur Folge. Dreyfus wurde erst 1906 freigesprochen und rehabilitiert.

Die Entwicklung zu einer breit abgestützten individuellen Meinungsbildung und zu einem demokratischen Wahlsystem, wie wir es heute kennen, wäre ohne Buch- und Pressedruck undenkbar gewesen. Durch Papier wurde die Massenkommunikation ermöglicht und gefördert. Die freie Presse entwickelte sich in der westlichen Hemisphäre nicht nur zu einem Eckpfeiler der Demokratie, ihre Bedeutung verleiht ihr gar den Status der vierten Macht im Staat.

Grenzen zwischen Sichtbarem und Unsichtbarem: Wasserzeichen

Bei Papieren mit Wasserzeichen taucht man in eine vielfältige Formenwelt ein. Hell sichtbar treten Zeichen hervor, die erst mit durchschimmerndem Licht die optimale Bildsprache und Aussagekraft erlangen. In der westlichen Papiertradition wurden Papiere auf Vergé-, später auf Velin-Sieben mit starren Holzrahmen und feinen, aufgenähten oder -gelöteten Bronzestäbchen geschöpft; die Wasserzeichen entstehen somit während des eigentlichen Schöpfprozesses und sind Informationen in der Papierfläche selbst, die als Kennzeichnung des Produktes dienen und damit einiges über seine Herkunft und den kulturellen Kontext aussagen.

Bei den asiatischen Schöpfverfahren wurden traditionelle Wasserzeichen nur in Banknoten angebracht – in Japan beispielsweise erstmals in der Edo-Zeit (1615–1868) in staatlichen Geldscheinen – oder in Papieren, die für die Niederschrift spezieller Gedichte verwendet wurden. Das flexible, gerippte Bambus- oder Grassieb sowie das textile Siebgewebe bei den Gussverfahren eigneten sich nicht für ein starres Wasserzeichen aus Draht. In Japan wurden deshalb Wasserzeichen aus festem, mit Persimonensaft imprägniertem Papier hergestellt, aus welchem filigrane Formen ausgeschnitten und auf das Sieb genäht wurden.[50] Es sind aber auch Papiere mit Pseudowasserzeichen dokumentiert, welche aus zwei dünnen Lagen Papier gefertigt sind, die Einschlüsse farbiger Papiermotive oder eingelegter Faserstreifen enthalten.

Bei den Vergé-Papieren mit ihren filigranen, gerippten Texturen, die im Gegenlicht in Erscheinung treten, geben die Abstände zwischen den Stäbchen und die linearen Befestigungskettlinien zudem wichtige Forschungshinweise für die Zuordnung von historischen Papieren.

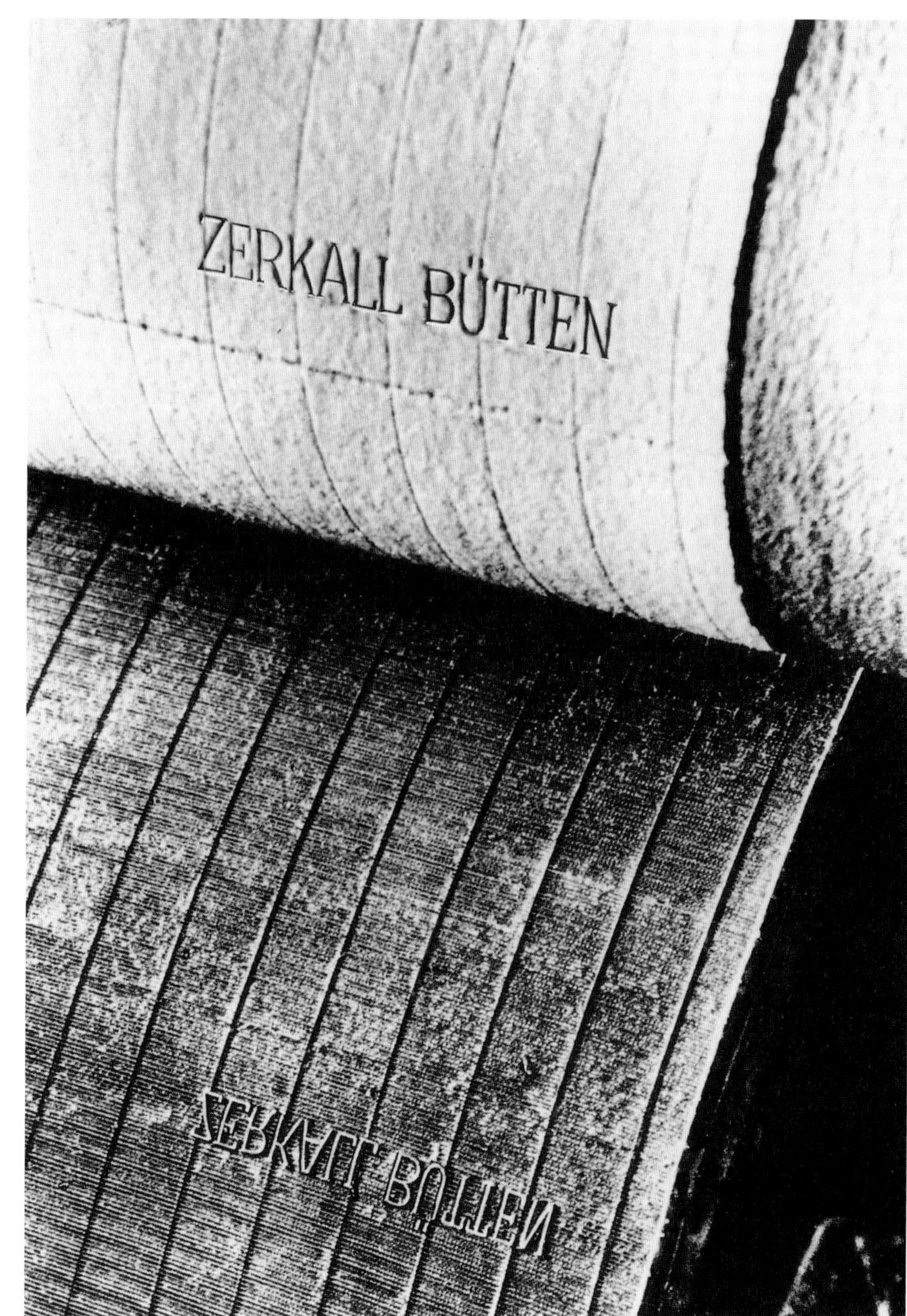

Wasserzeichen auf einem Vergé-Rundsiebzylinder zur Herstellung von Rundsiebbütten. Papierfabrik *Renker & Söhne*, Hürtgenwald-Zerkall, Deutschland.

Das früheste erhaltene Wasserzeichen, ein griechisches Kreuz in einem um 1282 in Bologna entstandenen Papier, ist ein Geschäftsmarkenzeichen, das die Werkstätte vor Nachahmungen schützen sollte. Solche Drahtzeichnungen sind erstmals in der Abhandlung des Mönchs Theophilius Presbyter in *De diversis artibus* um 1100 im Nordwesten Deutschlands dokumentiert. Die rechtlichen Gesichtspunkte bezüglich dieser Geschäftsmarken hielt der italienische Gelehrte Bartolus de Sassoferrato (1314–1357) in seinem *Tractatus de insignis et armis* fest: «Und so sehen wir, dass jedes Blatt Papier hier sein Zeichen hat, durch das angegeben wird, aus welcher Werkstätte oder Papiermühle es stammt. Nach dem Recht verbleibet daher in jedem Fall das Zeichen dem, bei dem auch die Mühle verbleibet.» Die Wasserzeichen entwickelten sich zu einer differenzierten Bildsprache. Geometrische Formen wurden durch Symbole der Alltagskultur sowie Namen, Ortsbezeichnungen oder heraldische Elemente ersetzt.

Die traditionelle Variante, grafische Zeichen im Papier zu hinterlassen, besteht im Auflegen und Aufnähen linearer Elemente aus geformtem Draht auf dem Schöpfsieb. Später wurden auch filigrane Motive aus Messing- oder Kupferplatten ausgesägt. An den durch das Wasserzeichen bedeckten Stellen des Schöpfsiebes wird der Faserstoff beim Schöpfen und Entwässern leicht verdrängt. Dies führt zu einer dünneren Papierschicht, die im getrockneten Bogen als durchscheinendes Zeichen sichtbar wird.

Die Vordruckwalze *Egoutteur* zur Entwässerung des Papiers dient auch der maschinellen Herstellung von Wasserzeichen. Auf der mit Metallsieb bespannten Walze sind Schriftzüge oder Bilder aufgelötet oder das Sieb ist entsprechend geprägt. Der *Egoutteur* ist höhenverstellbar am Anfang der Saugpartie einer Papiermaschine installiert. Durch seine Drehbewegung ergeben sich Eindrücke in das nasse Papiervlies, wodurch die Wasserzeichen entstehen.

Die Herkunftszeichen der Papiermacher, die Sicherheitsmerkmale der Banken und auch einfache Symbole verdienen aus ästhetischer wie historischer Sicht Beachtung. Denkweisen, soziale Verhältnisse und kulturelle Prozesse prägen die formale Gestaltung und Auswahl der Zeichen. In der Gutenberg-Bibel findet man die Weintraube als Symbol des Reichtums und der Fruchtbarkeit. Der Barock führte zu üppigeren Gestaltungen mit Kartuschen und im Biedermeier entstand das Blumenrankenpapier. Mit dem *Pro Patria*-Wasserzeichen manifestierte sich ein politisches Ereignis im Papier. Auch die politische Aussage des französischen *Empire* fand ihren Ausdruck, und zwar in der Darstellung des Kopfprofils von Napoleons Bruder Jérôme als König von Westfalen in der linken Bogenhälfte und der Gegenüberstellung mit Krone und Lorbeer auf der rechten Bogenhälfte.

Im 18. Jahrhundert wurde in Europa durch die Erfindung von James Whatman erstmals ungeripptes, so genanntes Velin-Papier gefertigt. Im Schöpfsieb aus engmaschigem Metallgewebe blieben nur feinste Texturen im Papier zurück, die Faserfläche wirkte einheitlich und kompakt. Bis in die Gegenwart dienen solche Gewebe auch für den Faserauflauf der Papiermaschinen, lediglich die Metalldrähte wurden durch Kunststoff ersetzt. Dieses Metallgewebe ermöglichte im 18. Jahrhundert eine großartige Neuerung. Durch das Hoch- und Tiefprägen des Gewebes mit Matrizen wurden Abstufungen in der Fläche erzeugt, die beim Schöpfen fein nuancierte Faserschichten bewirkten: das Schattenwasserzeichen. Gute Resultate mit klaren Umrissen entstanden ausschließlich mit kurzem Fasermaterial wie beispielsweise Baumwolle.

Bei Persönlichkeiten aus Aristokratie, Politik und Wirtschaft war Papier mit eigenem Wasserzeichen-Porträt sehr beliebt. Schattenporträts in Banknoten oder durchlaufende Schattenmuster in Wertpapieren erhöhten die Identifizierbarkeit der Dokumente und gingen als Merkmal für Sicherheit in die Geschichte ein. Da der Kostenaufwand für Wasserzeichenpapier relativ groß ist und das *Corporate Identity*-Verständnis wie auch das Sicherheitsdenken sich im 20. Jahrhundert geändert haben, sind die Wasserzeichen durch Leuchtfasern, Prägezeichen oder andere Symbole ersetzt worden.

Eine ganz andere Technologie des «Wasserzeichens» mit rein dekorativem Charakter entwickelte sich im asiatischen Raum, vor allem in Japan: das so genannte *Rakushi*-Spitzenpapier, auch *mizutamashi* genannt. Das hochwertige, langfaserige Maulbeerstrauchpapier Kozo eignet sich besonders gut für dieses Verfahren. Nach dem Prinzip, dass ein Wassertropfen in einer nassen Papierfläche die Fasern verdrängt und Spuren hinterlässt, werden dekorative Wasserstrahlzeichen gefertigt. Ganzflächige Musterungen in rhythmischer Anordnung entstehen durch Auflegen einer Schablone aus Metall oder Kunststoff auf den geschöpften, nicht abgegautschten oder nicht gepressten Papierbogen. Die

Velin-Schöpfsieb mit doppeltem Schattenwasserzeichen; durch den Holzsteg in der Mitte können zwei Bogen gleichzeitig geschöpft werden.

ungeschützten Faserstellen werden durch den Wasserstrahl manipuliert; jeder Tropfen hinterlässt eine feine, kreisförmige Struktur und die Fasern formen sich zu dichteren und transparenteren Flächenteilen. Wird keine Schablone aufgelegt, bilden sich durch den Wasserstrahl lauter kleine, in die Fläche gestreute transparente Punkte. Die Musterung wird durch den Trocknungsprozess fixiert. In der traditionellen westlichen Papierherstellung wird diese Methode nicht angewendet, denn die geringe Reißfestigkeit und die hohe Brüchigkeit des Papiers, bedingt durch die eher kurzfaserigen Rohstoffe und die zusätzliche Musterung, machen solche Papiere für den Handel wenig attraktiv.

Künstlerinnen und Künstler entdecken erneut die Ausdrucksvielfalt von «Licht- und Zeichenspuren». Aktuelle Umsetzungen finden sich in der Gestaltung von Schriftzügen oder ganzen Textseiten – im wahrsten Sinne geschöpfte Worte in Form von Wasserzeichen. Bei Installationen mit Konzepten aus Papierelementen, die das Außen vom Innen abgrenzen, dringt Licht nur über hauchfeine Streifen in den Innenraum oder bildet ornamentförmige Schatten, die wie transparente Signale wirken.

Die allerneusten Formen der alten Idee des Wasserzeichens entstehen nicht mehr bei der Papierherstellung, sondern in der Druckerei. Das patentierte *Inmarque*-Wasserzeichen erfolgt durch eine vor Jahrzehnten durch den Iren Hugh Fox erfundene bleichende Chemikalie, die in der Zwischenzeit weiterentwickelt und erstmals im Jahre 2004 in der Schweiz angewendet wurde. Über eine Schöpfwalze wird die Flüssigkeit auf den Druckzylinder übertragen. Vom Klischee des Zylinders gelangt die Flüssigkeit schließlich auf das Papier. So entsteht auf unbeschichteten und ungestrichenen Papieren eine perfekte Täuschung eines Wasserzeichens.

V

Traditionelles Papier im asiatischen Raum heute

Briefträger mit Bambusstock. Noch heute findet die Post nicht in alle Winkel der Welt, so zum Beispiel in der Mongolei, wo selbst in der Hauptstadt Ulan Bator die Post durch den Empfänger abgeholt werden muss, ohne dass er dazu aufgefordert wird.

«Wir müssen neu sehen, hören und fühlen lernen, um so etwas wie Papier begreifen zu können.»[1]

In Kulturen, in denen der ganze Herstellungsablauf von Papier noch beobachtet werden kann, ist eine besondere Sinnlichkeit für das Material vorhanden. Das Erleben fördert das Begreifen des Entstehungsprozesses und verstärkt die vielfältigen Assoziationen, die der Werkstoff Papier auslösen kann. In unserer hektischen Wegwerfgesellschaft kommt die Wahrnehmung des Papiers zu kurz. Oft begnügen wir uns mit dem industriell gefertigten Papier, das durch die Zugabe von Füllstoffen sehr schwer und für die Sinne kaum attraktiv ist. Papier ist sichtbar, doch wir hören nicht den Klang, den es erzeugen kann. Ein leichtes Papier verursacht andere Geräusche als ein schweres. Ein raues Papier weckt andere Gefühle als ein glattes. Durchscheinendes Papier öffnet neue Perspektiven der Anwendung. In einigen der in diesem Kapitel beschriebenen Kulturen wird Papier noch heute in den Höfen vor oder hinter den Häusern der Papiermacher gefertigt. In kleinen und großen Familienbetrieben finden sich Meister des Handwerks, die ihre Kompetenzen und dadurch ihre Tradition über Generationen weitergeben.

Papier ist ein Naturprodukt, das visuell und taktil erlebt werden kann. Die wenigsten Menschen haben Kenntnis von der Vielfalt der natürlichen Ressourcen und deren Einfluss auf Ausdruck und Qualität des Papiers. An Beispielen aus Japan, China, Tibet, Indien, Myanmar und Vietnam werden die unterschiedlichen Eigenschaften, Texturen und Farben sowie auch umweltbedingte Faktoren dargelegt. Zusätzlich zu den heutigen Bestrebungen, Papier aus synthetischen Substanzen herzustellen, wird auch in der Natur nach neuen Rohstoffen geforscht. Vor allem im Bereich der Einjahrespflanzen, die umweltschonend an- und abgebaut werden können, wird viel experimentiert. Dazu gehören Bagasse, *Saccharum officinarum*, ein Restprodukt aus der Zuckerrohrindustrie, Kenaf, *Hibiscus cannabinus*, eine schnell wachsende Pflanze, die auch als Juteersatz Verwendung findet, oder verschiedene Schilfgräser wie *Arunda donax* oder *Phalaris arundinacea*; sie alle können in der Papierindustrie als Holzersatz eingesetzt werden.[2]

Nur geübte Augen erahnen, ob ein manuell hergestellter Papierbogen durch Gießen, Schöpfen oder «nur» durch Klopfen der Fasern entstanden ist. Jedes Verfahren hinterlässt Spuren, die Sprache eines bestimmten Kulturkreises, und beeinflusst die Eigenschaften sowie den Verwendungszweck des Papiers.

Seite 104: *Bestehender Wert*, 2003. Gegossenes Papier mit Reliefstruktur aus Baumwoll- und Abacafasern. Mandalay, Myanmar. 78 x 78 cm.

Rechts: Abrieb an einer Hirschstele in Mörön, Nordwestmongolei. Es handelt sich hier um ein seltenes Beispiel einer Grabstele aus der Bronzezeit mit einem figürlich abgebildeten Kopf. Auch im Zeitalter der Fotografie ist der Papierabrieb nach wie vor ein ideales Mittel, um antike Steinreliefs für die Forschung zu dokumentieren. In China war der Abrieb eine Vorform des Blockdrucks, und er erlaubte eine gute Reproduktion eines Textes.

Oben: Kozo, getrockneter Maulbeerstrauchrindenbast; in dieser Form kann er jahrzehntelang gelagert und gut transportiert werden.

Mitte links: Mitsumata-Strauch, die innere Rindenbastschicht der Zweige dient neben Kozo- und Gampi-Fasern als Rohstoff für Washi.

Mitte rechts: *Stellera chamaejasme*; nach dem Ablösen der Wurzelrinde wird die darunter liegende Zellulose durch Kochen und Klopfen zu Pulpe verarbeitet. Diese Pflanze wird ausschließlich im Himalaja-Gebiet als Papierrohstoff verwendet.

Unten links: Zerkleinerte, gereinigte Lumpen aus Baumwollgewebe; im Holländer werden sie anschließend zu Pulpe verarbeitet.

Unten rechts: Zerfasern des Baumwollgewebes im Holländer.

Hanji-Papiersortiment bei einem Händler im Zentrum von Seoul, Südkorea.

Das Schöpfen der Papierpulpe mit einem auf einem Holzrahmen befestigten Sieb aus Metallgewebe oder Messingstäbchen gehört zur europäischen Tradition. Das Schöpfen der Papierpulpe mit einem lose auf dem Holzrahmen liegenden gerippten Sieb aus Bambusstäbchen oder Grashalmen entspricht der asiatischen Tradition. Und das Gießen der Pulpe in einen Holz- oder Bambusrahmen mit einem unten befestigten Gewebe, wie es ursprünglich aus China stammt, ist noch heute in Tibet, Nepal, Bhutan, Myanmar, Indien, Thailand und im Tarimbecken in der Provinz Xinjiang verbreitet.

Die traditionelle Herstellung des Papiers hatte lange Zeit eine ökologische Komponente; so haben beispielsweise die Papiermacher in Nepal, Tibet oder Bhutan ihre Lebensart dem Wachstumszyklus der Natur angepasst und ihre Arbeitsplätze immer wieder in neuen Gegenden errichtet, um das Papier am Ort, wo das Rohmaterial vorhanden war, anzufertigen. Im Gegensatz dazu werden heute Zellstofffasern quer durch die Kontinente verfrachtet, um möglicherweise das Endprodukt, das Papier, zum Verkauf wieder an den Ursprungsort zurückzutransportieren.

Meine Beobachtungen im Fernen Osten zeigen, dass trotz dem Aussterben der handwerklichen Traditionen immer wieder Menschen ihren Einfluss auf die Weiterentwicklung des Handwerks geltend machen. Vielerorts werden zwar weniger traditionelle, aber auch weniger beschwerliche Methoden eingesetzt, um Produkte von ähnlich guter Qualität anzufertigen. In Zeiten der Produktionsverlagerung vieler Güter in so genannte Billiglohnländer profitieren wir im Westen zusätzlich auch von den Importen von handgeschöpften Papieren und Papierprodukten zum Beispiel aus Indien und Nepal. Es ist zu wünschen, dass neben der industriellen Massenproduktion dem traditionellen Handwerk ein Weiterleben gewährt ist.

Washi, hochwertiges Kulturgut aus Japan

«Es ist klar, dass Papier von Menschen gemacht wird, doch es wäre besser zu sagen, dass die Glückseligkeit der Natur Papier macht. Wer Washi studiert, erfährt gleichzeitig die Tiefe der Natur.»[3]

Im japanischen Papier ist die sprühende Leichtigkeit, die nur aus der vollkommenen Beherrschung des Handwerks durch den Meister *sensei* entstehen kann, zu spüren. In der Gegenstandslosigkeit dieser texturierten Papierflächen werden Erinnerungen an Hiroshiges Holzschnittzyklus mit den farbenprächtigen Landschaftsdarstellungen über den Weg nach Edo wach.[4]

Im Inselstaat Japan mit einer Gesamtfläche von 372 461 km², der durch die vier Hauptinseln Honshu, Shikoku, Kyushu und Hokkaido strukturiert wird, beträgt die größte Distanz in der Breite 270 und in der Länge über 3000 Kilometer. Unter den vielen Vulkanbergen ist der als heilig verehrte Berg Fuji (3776 Meter) das Wahrzeichen des Archipels. Dort wurde Papier, *Washi*, erstmals um 610 n. Chr. angefertigt.[5]

Die Bezeichnung *Washi* setzt sich zusammen aus *Wa* mit der Bedeutung «altes Japan» und der Nachsilbe *shi*, die für «Papier» steht; *Washi* ist der allgemeine Begriff für alle handgeschöpften Papiere Japans, auch für jene, die mit Dekorationen versehen sind. Vollkommener ist die Bezeichnung *Tesuki Washi*, da *Tesuki* «handgeschöpft» bedeutet. *Washi* gilt als Symbol der Reinheit und ist nicht mit dem profanen Begriff des Papiers zu vergleichen.

Die japanische Nachsilbe *kami* oder *gami* bedeutet ebenfalls «Papier», gleichzeitig aber auch «Gottheit», «Haar» sowie «oberhalb» oder «auf». Beide Nachsilben *shi* oder *gami/kami* können mit der gleichen Bedeutung am Ende einer Papierbezeichnung stehen. Wie in China, Zentralasien und im Mittleren Osten reflektieren auch in Japan viele Washi-Bezeichnungen die Gegend, in der das Papier hergestellt wird, so kommt zum Beispiel Awa-Washi aus der Präfektur Tokushima, Tosa-Washi aus der Präfektur Kochi, Mino-Washi aus der Präfektur Gifu oder Sekishu-Washi aus der Präfektur Shimane.

Bei der Kunst des *nagashizuki*, dem japanischen Schöpfverfahren, fallen wichtige Entscheide bereits bei der Wahl der Rohstoffe Kozo, Gampi oder Mitsumata.[6] Während aus Kozo und Mitsumata eher faserige, seidenmatte, weiche Papierflächen entstehen, erzeugt Gampi eine sehr glatte, glänzende, eher harte und transparente Papierfläche. Gampi-Fasern gelten als sehr dauerhaft und resistent gegen Insekten, weshalb sie für Papiergeld beliebt sind. Aus Kozo, der im Durchschnitt 13 mm langen Maulbeerstrauchfaser, werden 90 Prozent aller Washi hergestellt, und dieses Papier wird sowohl für Kalligrafien wie auch für architektonische Elemente, Ritualobjekte oder Alltagsprodukte verwendet. Mitsumata, mit einer Faserlänge von rund 3,2 mm, und Gampi, mit einer Faseläge von rund 5 mm, finden weltweit Anwendung für Restaurationszwecke. Gampi wird selten angebaut, da der Boden eine ganz bestimmte Konsistenz erfordert, sondern in der freien Natur geerntet. Gampi wie auch Mitsumata gehören zu den kostspieligeren Papieren; kalligrafiert, bemalt und mit Gold veredelt, gehören einige besonders kostbare Exemplare sogar zum Nationalen Kulturerbe Japans.[7]

Die aufwändige Vorbereitungsarbeit ist bei Kozo, Gampi und Mitsumata dieselbe. Zur Gewinnung der Fasern werden im Spätherbst die Zweige in 1,5 Meter lange Stücke geschnitten. Nach dem Rotten werden die drei Rinden-

Oben: Die japanischen Schriftzeichen bedeuten «Washi», handgeschöpftes, japanisches Papier.

Links: Wässern und Rotten der gebündelten Zweige am Flussufer, damit der Rindenbast leichter vom hölzernen Kern abgelöst werden kann.

Der gekochte und geklopfte Rindenbast wird zerfasert und in die Bütte gegeben.

bastschichten *kurokawa* abgezogen. Die äußere, hölzerne Schicht, ebenfalls *kurokawa* genannt, sowie die grüne darunter liegende Schicht *nazekawa* werden mit einem Messer von der kostbaren inneren, weißen Schicht abgeschabt. Diese weißen Faserstränge *shirakawa* werden zum Trocknen in Bündeln aufgehängt und danach gelagert. Aus einer Ernte von hundert Kilogramm Zweigen lassen sich rund fünf Kilogramm Papier herstellen. Eine mehrjährige Lagerzeit der *shirakawa* ist möglich, aber nicht notwendig.

Für die Zubereitung werden die *shirakawa* während mehreren Tagen ins Wasser gelegt, früher meistens in einen Bach. Um das Wegschwemmen des Materials zu verhindern, wurden kleine Dämme konstruiert. Heute werden die Faserbündel in große Wasserbecken oder im Winter in den Schnee gelegt. Sowohl Sonne wie Schnee bleichen die Fasern und die Feuchtigkeit löst die Faserverbindung auf. Unter Zugabe von Holzaschenlauge werden die Fasern anschließend mehrere Stunden über dem offenen Feuer gekocht. Diesen Prozess nennt man *seiromushi*. Zur Beschleunigung wird auch Ätznatron zugegeben, welches den pH-Wert verändert und die Lebensdauer des Papiers durch einen hohen Säuregehalt der Fasern reduziert. Gutes Papier hat einen neutralen pH-Wert.[8]

In einem speziellen Korb werden die Fasern im fließenden Wasser ausgewaschen und die letzten Verunreinigungen entfernt. Dabei handelt es sich meistens um kleine Partikel der äußeren Rinde, die zusammen mit den daran haftenden Fasern zu *chirishi*, Papier, das durch die kleinen Rindenstücke einen dekorativen Charakter erhält, verarbeitet werden. Daraus lässt sich schließen, wie kostbar jede einzelne Faser ist.

Das Zerkleinern der Fasern kann nach zwei Methoden erfolgen: Die Fasern werden von Hand *teuchi* mit einem hölzernen Hammer während rund neunzig Minuten geklopft oder mechanisch gestampft. Oder sie werden in der *naginata*-Maschine, die wie der Holländer aus einem ovalförmigen Trog aus Stein, Beton oder rostfreiem Stahl gefertigt ist, bearbeitet. Anstelle der Walze dreht sich eine Achse, an der paarweise acht sensenförmige Klingen befestigt sind. Um die optimale Faserlänge zu erhalten, werden die Fasern im *naginata* zerquetscht, und nicht durch Mahlen gekürzt. Die Fasern werden dann in einer Bütte aus Kiefern- oder Zedernholz zu einer viskosen Masse suspendiert.

Neri heißt der Schlüssel der japanischen Papierherstellung. Die schleimartige Substanz bewirkt, dass das Wasser während des Schöpfens nicht zu schnell abfließt und die wichtigen flächenbildenden Bewegungen mit dem *suketa* vollzogen werden können. Außerdem sorgt es dafür, dass die langen Papierfasern nicht verknoten und eine gute gegenseitige Haftung haben. So kann durch mehrmaliges Eintauchen ein mehrschichtiges, starkes, aber feinstes Papier geschöpft werden, ohne dass die vorher entstandene Faserschicht beim Wiedereintauchen des Siebes weggespült wird. Ebenso trägt *neri* dazu bei, dass die einzelnen Papierbogen nach dem Pressen nicht aneinander haften.

Für die Gewinnung von *neri* werden die Wurzeln der *tororo-aoi, Hibiscus manihot L.*, oder die inneren Rindenteile des Baumes *noriutsuki, Hydrangea paniculata Sieb.*, mit einem Hammer geklopft, mehrere Stunden in Wasser eingelegt und anschließend gefiltert. Durch das Ausscheiden des pflanzlichen Sekrets wird das Wasser dickflüssig und schleimig. *Neri* wird seit einigen Jahren auch synthetisch hergestellt und kann in Pulverform gekauft werden.

Das Schöpfsieb *suketa* wird vom Meister *sensei* wie ein Schatz gehütet, denn sein großes Können ist nicht nur mit der Qualität des Faserstoffes, sondern auch eng mit dem Werkzeug verknüpft. Dieses setzt sich aus dem *su*, dem Sieb mit Rippenlinien aus feinsten, speziell gefertigten Bambusstäbchen oder Grashalmen, und der *keta* aus zwei Holzrahmen zusammen; ein Rahmen liegt über, einer unter dem Sieb. Die *keta* sind meistens aus japanischem Zedernholz *criptomeria* gefertigt und weisen komplizierte Eckverbindungen und zahlreiche keilförmige Querstäbe im unteren Rahmen auf, auf denen das *su* aufliegt. Das *suketa* sollte nicht zu schwer sein, um einen effizienten Arbeitsprozess zu ermöglichen.

Die Herstellung des *sus* erfordert viel Geduld, Geschick und Zeit. Für die Anfertigung der Bambusstäbchen wird ein gerade gewachsenes Bambusrohr mit wenigen Verknotungen in möglichst dünne Stäbe gespalten. Diese werden durch eine Metalllade mit immer kleiner werdenden kreisförmigen Öffnungen, deren Kanten Hobelfunktion haben, durchgestoßen, bis sie den gewünschten Durchmesser aufweisen. Für ein mittelfeines Sieb werden Stäbchen mit einem Durchmesser von 0,625 mm verwendet. Ein Dutzend zur Fläche verbundene Stäbchen ergeben eine Siebbreite von 10 mm. Ein täglich verwendetes Sieb hat eine Lebensdauer von zwei bis fünf Jahren, je nach Sorgfalt bei der Handhabung. Bei der preisgünstigeren, aber weniger strapazierfähigen Variante werden Grashalme der jeweiligen Region verwendet. Die hohlen Halme werden mit eingepassten Bambusstäbchen zusammengesteckt oder einzelne Halme auf die gewünschte Länge ineinander geschoben. Die einzelnen Stäbchen werden in regelmäßigen Abständen durch lineares Umwickeln zu einer Fläche verbunden, im inneren Bereich mit Seidenfaden, in den äußeren, stärker strapazierten Bereichen mit Nylonsilk. Dasselbe Verfahren der Siebherstellung gilt für die meisten asiatischen Länder.

Für sehr dünne Papiere *tengujo*, die für Restaurationszwecke oder für Filterpapier verwendet werden, kann das *su* mit einem Seidengewebe *sha* bedeckt werden. Dieses wird vor der Befestigung an einer Längsseite des *sus* mit *shibu* imprägniert, wodurch es steif wird.[9]

Das *su* wird nach dem Schöpfen aus dem *keta* herausgehoben, und mit leichtem Druck wird Bogen auf Bogen abgegautscht. Durch das Abheben des aufliegenden Siebes wird der schwere Holzrahmen beim Abgautschen nicht verwendet. Ein ideales Konzept für die traditionellerweise großen Formate der japanischen Papiere.

Das seit Mitte des 8. Jahrhunderts meistverbreitete Schöpfverfahren *nagashizuki* bleibt bei allen Rohmaterialien dasselbe. Im Gegensatz zur westlichen Tradition des Papierschöpfens *tamezuki*[10], das vermutlich nebst einem Gussverfahren bis ins 8. Jahrhundert auch in Japan praktiziert wurde, wird beim *nagashizuki*-Verfahren das Schöpfsieb *suketa* mehrere Male in die Papiermasse eingetaucht, was ein mehrschichtiges Verkreuzen der Fasern zur Folge hat. Dadurch wird auch leichtes Papier, zum Beispiel mit einem Gewicht von 11 Gramm/m², reißfest und stark. Das wiederholte Auffassen der Pulpe, ohne das bereits vorhandene Faservlies zu verdrängen, ist nur mit dem Zusatz der schleimartigen Substanz *neri* möglich.

Oben: Schöpfen im *nagashizuki*-Verfahren. Das Schöpfsieb *suketa* wird mehrmals in die Pulpe eingetaucht.

Links: Das *su* mit dem geschöpften Papier wird ohne Zwischenlage abgegautscht. Zur besseren Ablösung der einzelnen Bogen nach dem Pressen wird ein schmales Band oder Gras nach jedem Bogen eingelegt.

Die Abläufe während des Schöpfprozesses erfordern großes Geschick: zuerst das Eintauchen des Schöpfsiebs *suketa*, dann das Auffassen der Papierfasern, das leichte Schütteln des auf dem *su* schwimmenden Faserstoffes von hinten nach vorne und von links nach rechts. Bei diesem Vorgang fließt ein Teil des Wassers ab und die Fasern verkreuzen sich. Die verbleibende Fasermasse wird durch eine ruckartige, schnelle Bewegung über den hinteren Siebrand wieder ausgekippt, was *sutemizu* genannt wird. Auf diese Art entsteht ein sehr dünnes Faservlies. Je nach gewünschter Qualität des Papiers wird der Vorgang mehrere Male wiederholt. Durch die Bewegung des *suketas* kann die Laufrichtung der Papierfasern beeinflusst werden. Anschließend wird der Deckel aufgeklappt, das *su* wird abgehoben und die einzelnen Bogen werden ohne Zwischenlagen auf den Papierstapel *shito* gegautscht. Nach jedem Bogen wird auf der Längsseite ein Faden oder ein Grashalm eingelegt. Die Papiere sind dadurch nach dem Pressen leichter zu trennen.

Ein Prozess, der mehrere Stunden dauert, ist das Pressen. Die geschöpften Papiere müssen mindestens eine Nacht ruhen, bis mit wenig Druck das Pressen beginnen kann. Während sechs bis zwölf Stunden wird der Druck sorgfältig erhöht, um den kostbaren Papierstapel nicht durch massiven Druck, wodurch die Bogen verrutschen könnten, zu zerstören.

Die einzelnen Papierbogen werden nach dem Pressen getrennt und auf große Holztafeln, die ihre Strukturen auf das weiße Papier übertragen, aufgebürstet. Zum Trocknen an die Sonne gestellt, verändern sie das Dorfbild, doch die aufwändige Arbeit, die großen Holztafeln von drinnen nach draußen und wieder zurückzutragen, wird kaum mehr vollzogen. Die Tafeln werden in einen Heißluftofen geschoben, was nicht nur Zeit und Arbeitsaufwand spart, sondern auch die Produktion ohne wetterbedingte Einschränkungen erfolgen lässt. Eine besonders effiziente Methode bieten auch beheizte Trockenwände aus rostfreiem Stahl.

Jeder Papiermacher bestimmt sein eigenes Format. Doch es gibt auch Normen: Kleine Formate werden von einem großen Papierbogen abgeleitet, der in zwei, vier oder zwölf Teile geteilt wird. Das Kleinformat *nanchi* beträgt 30×45 cm, das mittelgroße Format *4 × nanchi* beträgt 60×90 cm und das Großformat *12 × nanchi* misst 90×180 cm. Letzteres Maß ist auch eine Norm für japanische Tatami-Matten, die rund 5 cm dicken Strohmatten mit Baumwolleinfassung, die in der traditionellen japanischen Architektur für Bodenbeläge benutzt werden. Papierformate bis zu 200×250 cm sind keine Seltenheit, aber die Bogengrösse von 600×600 cm sorgte an der *International Paper*

Bei der Papiermacherfamilie Heizaburo Iwano in Otaki, Imadate-Präfektur, entstehen die großen Formate für den Künstler Franz Gertsch. Es arbeiten je nach Format zwei bis sechs Personen an einem *suketa*.

Conference in Kioto im Jahre 1983 dennoch für spektakuläre Aufmerksamkeit. Solche Riesenformate bedingen die koordinierte Arbeit von sechs bis acht Personen. Eine Hängevorrichtung *tsuri* aus flexiblem Bambus hilft beim Zusammenspiel zwischen dem mechanischen Ablauf und den rhythmischen, durch die Arbeiter bedingten Bewegungen des Siebes. Ein Luxusartikel, der nur im Auftragsverfahren gefertigt wird.

In der Blütezeit des Washi, Ende des 17. und anfangs des 18. Jahrhunderts, gab es in Japan rund 100 000 Papiermacherfamilien. Zu Beginn des 20. Jahrhunderts waren es noch 60 000, bis 1950 ist die Zahl auf 9 000 gesunken. Heute sind es rund 400 Papiermacher, die einzeln oder in kleineren Gemeinschaften arbeiten.[11] Zwei Drittel davon stellen nur in den Wintermonaten Papier her, im Sommer bebauen sie ihre Reisfelder.

Auch die Produktion wird zunehmend industrialisiert. Das Papier wird hinter verschlossenen Türen auf der Rundsiebmaschine hergestellt. So erzählte mir der über 80-jährige Papiermacher aus Ibaraki: «Ich erinnere mich noch, als die umliegenden Hügel an sonnigen Tagen in einem leuchtenden Weiß erstrahlten von den mit Papier beschichteten Holztafeln, die zum Trocknen in der Sonne standen. Das war noch Papier damals, die Holzmaserung gab dem Papier seine Struktur, es übernahm bereits bei der Entstehung eine ‹Geschichte›. Im Herbst vermisse ich auch die Erntezeit. Nur noch wenige Papiermacher tragen die gebündelten Äste des Maulbeerstrauches ins Tal. Sie importieren billigeres Rohmaterial aus den Philippinen oder aus Thailand, sie übersehen den enormen Qualitätsverlust, den sie dadurch in Kauf nehmen. Schon viele Papiermacher ließen sich dazu verleiten, das *suketa* durch eine Maschine zu ersetzen. Es ist bedauerlich, dass die Käufer heute wenig von der Qualität des Papiers verstehen und deshalb den Unterschied zwischen dem traditionellen und dem maschinellen Verfahren nicht zu sehen imstande sind.»

Es scheint, dass zu Beginn des 3. Jahrtausends nur noch ein kleiner Schatten der damaligen Tradition übrig geblieben ist. Trotzdem wird das Handwerk weiter existieren. Zum Beispiel auf dem abgelegenen Hof der jungen Papiermacherfamilie Onbu, die ihr Lebenszentrum aus der hektischen Großstadt hinaus aufs Land verlegt hat. Durch ihre Freude am Handwerk lassen sich die Familienmitglieder von der harten Arbeit nicht entmutigen. Sie schätzen den ganzheitlichen Arbeitsprozess und die Verbindung der Tätigkeit mit der Natur.

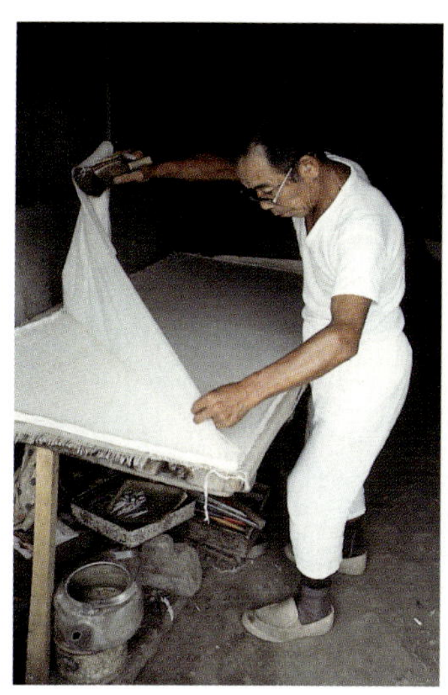

Links: Ablösen des Washi nach dem Pressen. Die Kompetenz, drei Bogen gleichzeitig abzulösen, beherrscht nur ein echter Meister.

Rechts: Anpressen der einzelnen Bogen auf einer beheizten Stahlplatte. Innerhalb weniger Minuten trocknen die großformatigen Bogen.

Unter den wenigen noch aktiven Papiermachern finden sich solche, die den Begriff der Herstellung von traditionellen Papieren weiter ausdehnen. Sie gehen experimentierfreudig mit Rohstoffen um und produzieren zum Beispiel *bashoshi*-Papier aus den Blättern und den Blattnarben des Bananenbaumes *Abaca* von der subtropischen Insel Okinawa oder *gasenshi*-Papier aus Bambusfasern, wie sie in China verwendet werden. Einzelne Papiermacher arbeiten mit Kunstschaffenden zusammen und fertigen Papierflächen für deren künstlerische Konzepte, für spezielle Kalligrafie- oder Shifu-Papiere. Der *Papierismus*, das künstlerische Gestalten mit Papierpulpe, ist in Japan noch nicht ausgeprägt vorhanden, vielmehr wird Washi noch als Träger von traditioneller Kalligrafie und Druckgrafik und zum Falten von kunstvollen Objekten verwendet.

Die Zahl der Papiermacher/innen wird wie in anderen Kulturen weiterhin zurückgehen. Die Infrastruktur wird sich schrittweise entsprechend dem technischen Fortschritt verändern, der sicher bis in die abgelegenen Dörfer vordringen wird. Dies muss nicht bedeuten, dass die Papierqualität darunter leidet. Es sind letztlich die Abnehmer, die entscheiden werden, welcher Weg eingeschlagen wird.

Die Anwendungsbereiche von Washi sind vielseitig. Papierschiebetüren Shoji und Fusuma haben die Einflüsse der Zeitepochen überlebt, sie sind Symbole der Erhaltung japanischer Tradition. Shoji, präzise konstruierte Holzraster, werden einseitig mit weißem Kozo-Papier beklebt, der Raster bleibt dabei sichtbar. Beim Fusuma wird das Holzgitter durch beidseitiges Bekleben mit Papier verdeckt und mit Goldblatt, Ornamenten oder Landschaftsdarstellungen geschmückt. Das Tokonoma, ein traditionelles Rollbild aus Washi, das in einer Bildnische aufgehängt wird, ist ein Wahrzeichen in jedem Haus und der Papierschirm Kasa erfüllt seinen Zweck bei Sonne und Regen. Auch Kleider aus Papierflächen oder gewobenen Papierstreifen haben Tradition und gehören mit zur attraktiven Produktepalette des 21. Jahrhunderts.[12] Washi als Schreib- und Malgrund ist sowohl im Orient wie im Okzident populärer denn je. Eine große Auswahl japanischer Papiere ist in vielen verschiedenen Formaten im Handel. Die Papiere werden in Gruppen eingeteilt, die im Folgenden auszugsweise beschrieben werden.

Unter *shirigami* versteht man reines, weißes Papier, unterscheidbar durch die Eigenschaften der drei traditionellen Papierfasern Kozo, Mitsumata und Gampi.

Shoshokushi sind dekorative Papiere, die sich im Gegensatz zu *shirigami* durch zusätzliche gestalterische Elemente oder durch die Beimischng mineralischer oder pflanzlicher Pigmente unterscheiden. Die verschiedenen Gestaltungsformen sind Teil des Schöpfprozesses.

Zu den beliebtesten *shoshokushi* gehören:

- *mizutamashi*, auch als *rakushi* oder *lace paper* bezeichnet: ein veritables Spitzenpapier.[13]
- *tobigumo*, auch «fliegendes Wolkenpapier» genannt: das Muster entsteht durch Aufgießen von suspendierten Gampi-Fasern auf das geschöpfte Papier.
- *uchigumori*, auch «hängendes Wolkenpapier» genannt: ein stufenweises Überlagern verschiedenfarbiger Gampi-Faserschichten durch mehrmaliges Eintauchen des *suketas* bewirkt Farbabstufungen innerhalb der Fläche.

Zu den wichtigsten *shoshokushi*, die auch funktionale Eigenschaften haben, gehören:

- *nendo:* zur Färbung des Papiers wird der Pulpe Tonerde beigemischt; diese wirkt gleichzeitig als Füllstoff. Das Papier bekommt eine glattere Oberfläche, wird jedoch auch schwerer. *Nendo* wird vor allem bei den Schiebetüren Fusuma für das Applizieren von Goldblatt eingesetzt.
- *hakuuchishi:* ein Gampi-Papier, das sich durch Zugabe einer bestimmten Menge Tonerde als Zwischenlage beim Klopfen von Goldblatt eignet.[14]
- *torinoko:* ein Gampi-Papier, das erstmals im Mittelalterproduziert wurde. *Torinoko* bedeutet «Kind des Vogels» oder «Ei», die Bezeichnung ist auf den dezenten gelblichen Farbton zurückzuführen. Es handelt sich um ein sehr festes Papier, auf dem gerne Haikus und andere Gedichtformen niedergeschrieben werden.
- *danshi:* bedeutet «Sandelholz-Papier», ist aber ein Kozo-Papier, das schon in der Nara-Zeit (710–794) bekannt war. Die Zugabe von Asche oder Knochenmehl hat eine Auswirkung auf den Farbton, aber auch einen symbolischen Gehalt. Das Papier soll an die Worte Buddhas erinnern und auch seine physische Anwesenheit sinnbildlich darstellen. Es ist beliebt für die Niederschrift von Gedichten oder bei Ritualen.

Eine weitere Papierkategorie bilden Washi, die durch nachträgliches Anbringen der Gestaltungselemente oder durch Beschichten des Papiers für spezielle Zwecke eingesetzt werden; folgende Verfahren werden angewendet:

- *suminagashi:* eine Marmoriertechnik mit Tusche oder Farbpigmenten. Die Muster werden in einer Wanne auf den schleimartigen Absud von *Carrageen*[15], *Chondrus crispus*, oder Wasser appliziert. Anschließend wird ein Papier aufgelegt, welches das Muster aufnimmt. Die Papiere werden vor allem in der Buchbinderei für die Innenseiten der Buchdeckel verwendet.
- *shiborizomegami:* eine traditionelle Färbemethode in einem Reservierungsverfahren, bei der durch partielles Abbinden oder durch Raffen des Papiers einzelne Papiersektoren die ursprüngliche Farbe beibehalten, während andere den Farbton des Farbbades übernehmen. Damit das Papier seine Raffung im Farbbad beibehält, wird es um Stäbe gewickelt. Das Papier ist beliebt für Bucheinbände, Schatullen und weitere dekorative Objekte. Das Shibori-Verfahren wird auch bei Textilien angewendet.
- *shibugami:* Washi wird mit Persimonensaft[16] imprägniert und gestärkt. Die Papiere werden für Schablonen und für Alltagsprodukte verwendet.
- *chiyogami: chiyo* bedeutet «tausend Generationen» und verweist auf die Vielseitigkeit der dekorativen Elemente. Diese Papiere werden in Stempel- oder Siebdruckverfahren wie auch in einem Schablonierverfahren, genannt *katazome*, eingesetzt. Die Papiere finden in allen dekorativen Bereichen Verwendung.

Lebendige Papiertraditionen in China

Das kalligrafische Schriftzeichen in der Schriftart *kai shu* bedeutet «Papier».

«Papier ist eine der vier größten Erfindungen, die zur Förderung der Weltkulturen beigetragen hat.»[17]

Rohstoff und Verfahren bestimmen überall weitgehend die Eigenschaften des Papiers. Sie bedingen sich gegenseitig und können je nach gewünschtem Endprodukt bewusst abgestimmt und kombiniert werden. Im Zeitalter der Globalisierung ist es einfach, sich der Rohstoffe aus allen Kontinenten zu bedienen, um die beste Qualität einer Fasersorte oder einer Fasermischung zu erhalten. So findet Anfang des 21. Jahrhunderts zum Beispiel kanadische Pappelzellulose den Weg in einsame Papiermachergebiete, um dort im Kollergang für die Anfertigung von handgeschöpftem Papier aufbereitet zu werden. Die Industrialisierung hinterlässt ihre Spuren auch in der lange gehüteten Papiertradition.

Anders war es über viele Jahrhunderte, als sich die chinesische Papierproduktion den großen klimatischen Unterschieden des Landes, den Wachstumsverhältnissen in einzelnen Gegenden und den lokal vorkommenden Pflanzen anpassen musste. «Die Leute von Shu machten Papier aus Hanf, diejenigen aus Mian aus jungem Bambus, die aus dem Norden aus Maulbeerbaumrindenbast, diejenigen aus Shaanxi aus Rotang[18], diejenigen aus Gegenden am Meer aus Algen, diejenigen aus Zhe aus Reisstroh und Weizenmehl[19] und diejenigen aus Wu aus Seidenkokons.»[20]

Am südlichen Rand der Wüste Taklamakan, der zweitgrößten Sandwüste der Welt, betreibt der Papiermacher Mesum Apiz seine Werkstätte in Nawag Kante, im alten Zentrum der einst blühenden Handelsstadt Khotan, die an der südlichen Seidenstraße liegt. Die Oase ist seit dem Neolithikum (6. Jahrtausend v. Chr. bis ca. 1800 v. Chr.) besiedelt. Die einst buddhistische Kultur der Gegend wurde ab dem 11. Jahrhundert gewaltsam vom Islam abgelöst. Marco Polo beschreibt die Stadt in einem paradiesischen Zustand mit reichen Baumwoll-, Flachs-, Korn- und Weinernten. Dank einer chinesischen Prinzessin, die gemäß einer Legende in ihrer Haarpracht Seidenkokons nach Khotan geschmuggelt hatte, konnten ab dem 5. Jahrhundert n. Chr. hier auch kostbare Seidenstoffe hergestellt werden.[21]

Mesum Apiz produziert im von seinen Vorvätern überlieferten Gussverfahren Papier aus Maulbeerstrauchfasern.[22] Sein Wunsch, dass sein zwanzigjähriger Sohn und seine Tochter die Tradition einst weiterführen, wird allerdings kaum in Erfüllung gehen. Im Innenhof der Werkstätte bleiben die gestapelten Siebe seit ein paar Monaten unberührt, die Arbeit ist für den älteren Herrn zu anstrengend geworden. Knapp fünfzig Jahre lang hat er je nach Witterung täglich bis zu hundert kleine Bogen von 45×55 cm und zehn große Bogen im Format von 60×70 cm hergestellt. Die aufwändige Vorarbeit mit dem Entrinden des Bastes, dem Kochen auf dem Holzofen und vor allem dem Klopfen der Maulbeerstrauchfasern von Hand nahm viel Kraft und Zeit in Anspruch. Auch das Auswechseln des Baumwollgewebes der hundert kleinen und zehn großen Gusssiebe, das alle zwei Jahre erfolgen muss, ist eine zeitraubende Angelegenheit. Aus seiner Produktion verkauft er die kleinen Bogen für einen Yuan, was fünfzehn Rappen entspricht, und die großen für fünf Yuan. Zu seinen Kunden zählen vor allem Hutmacher, welche das starke und reißfeste Papier zum Ausfüttern der Filz- oder Fellhüte benutzen; früher fand das Papier auch Verwendung in der Seidenraupenzucht zum Bekleben der Fenster oder zum Belegen der Zuchtablagen. Das leicht bräunliche Papier findet wenig Beachtung von Kunstschaffenden und ist als Kalligrafiepapier nicht geeignet.[23] Seine Kenntnisse über effizientere Arbeitsverfahren wird Mesum Apiz wegen fehlender finanzieller Mittel wohl kaum je umsetzen können.

Akustische Signale im ältesten Papiermacherdorf

«Alle historischen Papiere, die in den letzten Jahrzehnten gefunden wurden, haben ihren Ursprung am östlichen Ende der Seidenstraße, an den Ufern des Flusses Feng, dessen Quelle im Tal des Berges Oin liegt.»[24] Vom kleinen Dorf Bei Zhang aus, das im Bezirk Chang'an in der Provinz Shaanxi rund fünfzig Kilometer südwestlich von Xi'an und somit am östlichen Ende der Seidenstraße liegt, soll sich das Papier verbreitet haben. Offenbar hat die einheimische Bevölkerung dort bereits vor der Entdeckung des Papiers durch Ts'ai Lun Papiervliese aus pflanzlichen Fasern hergestellt. Eine der vielen Legenden, die sich um die Ursprünge des Papiers ranken, besagt: «Ein Gebirgsfluss führte Pflanzenfasern mit sich. Seine Wellen und Spritzer bewirkten, dass sich diese Fasern auf Steinen ablagerten und nach dem Antrocknen papierähnliche Schichten bildeten.»[25]

Im Jahr 1997, gut zweitausend Jahre nach der ersten Papierherstellung, wird das alte Dorf Bei Zhang mit der langen Straßenallee durch den Wiederaufbau eines parallel liegenden Dorfes ergänzt. Die ehemaligen Häuser aus Lehm und Ziegelsteinen werden mit Betonkonstruktionen ersetzt. Beim Aushub für die neuen Häuser kommen hin und wieder Zeugen früherer Zeiten ans Tageslicht. Alte Mahlsteine oder Steintische zum Klopfen der Fasern werden ausgegraben und in einigen Fällen einer neuen Nutzung zugeführt.

Der kleine Fluss, der gesäumt von Bäumen dem Dorfrand entlangfließt, wird von Papiermachern noch immer zum Ausspülen des Faserbreis benutzt. Sie stehen mit den Füßen im Wasser, und in den Händen halten sie die vier Zipfel eines großen quadratischen Tuches, das eine Art Gefäß bildet. Der Mann ist vertieft ins sorgfältige Auswaschen der bereits gekochten Maulbeerstrauchfasern. Auf der anderen Seite des Flusses entfernen zwei Männer, eine Frau und zwei Knaben die Plastikteile von gewässertem Karton. Das eine wie das andere Material dient als Rohstoff für die Papierproduktion von Bei Zhang, denn feinste Plastikschnipsel werden als Zusatz für die Herstellung von Verpackungspapieren verwendet.

Links: Auspressen der Fasern, nachdem sie im Fluss Feng gereinigt wurden.

Seite 117 oben: Trocknen der Bogen an der Hauswand in Bei Zhang. Die einzelnen quadratischen Bogen werden partiell übereinander geschichtet. Dadurch entsteht ein Band beim Ablösen des trockenen Papiers, das über einer Aufhängevorrichtung zwischengelagert wird.

Seite 117 unten: Im Dorf Tang Yuan werden zerquetschte Bambusstäbe mehrere Monate vor der Faserzubereitung in Wasser eingelegt.

Die Erdstraße, die durch das Dorf führt, ist teilweise mit Papier bestückt, das zum Trocknen ausgelegt wurde. Die Fassaden der braunroten Erdhäuser wirken wie konstruktivistische Bilder. Erst beim genaueren Hinsehen sind in den abstrakten Formen stufenweise übereinander geschichtete Papierbogen, die zum Trocknen an die Wände gebürstet wurden, erkennbar. Die Bilder wiederholen sich im ganzen Dorf, es ist die Tagesproduktion des Vortages, die in den Morgenstunden mit einer Bürste an die Wände gestrichen wurde. Das Bild des Nachmittags präsentiert sich luftiger. Die Papiere werden abgelöst, in Bändern über Schnüre gehängt, später eingerollt oder bogenweise voneinander gelöst und zu Bündeln verschnürt – das vielseitige Recyclingpapier ist bereit für den Verkauf auf dem Markt.

Kleine, verwinkelte Seitenstraßen führen in die Hinterhöfe der Familienbetriebe. Die Bütte ist jeweils im Innenhof unter einem kleinen Dach untergebracht. Sie ist nicht wie andernorts erhöht, sondern der obere Büttenrand liegt in ungewöhnlichem Arrangement kaum über der Erde. Vor der Bütte ist eine Vertiefung, die einem Graben ähnlich sieht. Dies ist der Standort des Papierschöpfers, der seine Bogen ohne Zwischenlagen auf den hinter ihm stehenden nassen Papierstapel gautscht. Am Abend wird die Tagesproduktion mit Hilfe eines Balkens und mit Gewichtssteinen direkt an dieser Stelle gepresst, und im Stundenrhythmus werden während sechs Stunden Gewichtssteine nachgelegt. Am kommenden Morgen ist das Papier bereit für den Trocknungsprozess. Das ganze Dorf verändert seine Ausstrahlung, wird heller durch die nassen Papiere entlang der Straßenallee.

Die quadratischen Formate ergeben sich im rechteckigen Schöpfsieb durch eine Unterteilung der Fläche mit einem etwa 5 cm breiten, kunstvoll aufgenähten Baumwollband in der Siebmitte. Wird das Sieb aus Bambusstäbchen 500-mal eingetaucht, entsteht eine Tagesproduktion von tausend Papierbogen.

Nach alter Sitte hat sich der Dorfälteste mit seinem Assistenten für die Vorbereitung der Maulbeerstrauchfasern beim Stampfwerk besammelt. Die gekochten Fasern werden mit einem massiven Holzhammer geklopft, dessen Rhythmus und dumpfes Hämmern im ganzen Dorf ertönt. Unverkennbar für alle Papierexperten ist dieses Geräusch eine klare Botschaft über den Prozess, der gerade im Gange ist. Während der Assistent mit seinem Fuß für das Anheben

des Hammers sorgt, dreht und wendet der Dorfälteste das Fasermaterial. Der Faserstrang wird anschließend aufgerollt und mit einem großen Wiegenmesser in etwa ein Zentimeter breite Stücke geschnitten. Eine ungewöhnliche Aktion, weil dadurch die optimale Faserlänge reduziert wird, was im großen Gegensatz zur japanischen Praxis steht, bei welcher die Fasern zur Erhaltung der Langfaserigkeit nur quetscht und bewusst nicht geschnitten werden.

Ob in weiterer Zukunft noch auf diese Art geklopftes und geschnittenes Chang'an-Papier an die Wände gebürstet wird, ist der Entscheidung der jüngeren Generation überlassen. In absehbarer Zeit wird die Aktivität des Ortes mit der Geschichte des ersten Papiers in China wohl nur noch in Dokumenten nachzulesen sein.

Tang Yuan, das Dorf der Geisterpapiere

Reisende begegnen den religiösen Geisterpapieren in vielen asiatischen Ländern.[26] Zu Stapeln verpackt, befinden sie sich vor Tempelanlagen oder in den Auslagen von Läden. Doch von der Kraft dieser Papiere wird dort nur wenig sichtbar.

Die Reise nach Tang Yuan führt über gefährliche, enge Straßen, vorbei an großartigen, kalligrafischen Beschriftungen an den Lehmhäusern. Bauern beim Bestellen der Reisfelder, ein Halt im Dorf. Nein es sind nicht Maulbeer- oder Bambusfasern, die hier über mehreren Stangen getrocknet werden. Es sind meterlange handgemachte Nudeln, die im Vordergrund der Bergkulisse auf dem Dorfplatz zum Trocknen aufgehängt sind. Die Straßenschilder fehlen, die geografische Orientierung ist schwierig, aber es geht vorwärts, wenn auch auf Umwegen. Die Löcher in der Straße sind zu tief, als dass man sie passieren könnte. Dies bedeutet aussteigen, mit Steinen die Löcher auffüllen, damit der Bus weiterfahren kann. Das Prozedere wird ein paar Mal wiederholt, bis der Weg nur noch zu Fuß zu bewältigen ist. Endlich, aus der Ferne kaum wahrnehmbar, ertönt das dumpfe, rhythmische Klopfen des Stampfwerks. Die wenigen Häuser liegen einsam und abgelegen am Ende des Tales. Das akustische Signal stammt aus dem ersten Haus, ein kleines Wasserrad betreibt das Stampfwerk. Im zweiten Gebäude wird geschöpft und gepresst und im dritten werden die gepressten, in kleine Stapel unterteilten Papiere in kleinere Formate getrennt. Sie werden vor dem Gebäude zum Antrocknen übereinander gestapelt, um später auf den Kieselsteinen vor dem Haus ganz zu trocknen. Der sehr aufwändige Arbeitsprozess bestimmt den Lebensrhythmus des Papiermachers. Besuche sind selten, er freut sich.

Während der letzten drei Monate wird Kalkpulver auf die Bambusstäbe gestreut, das sich im Wasser allmählich auflöst.

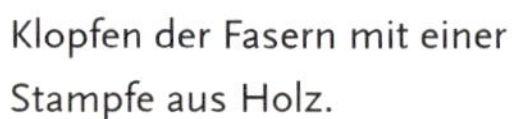

Klopfen der Fasern mit einer Stampfe aus Holz.

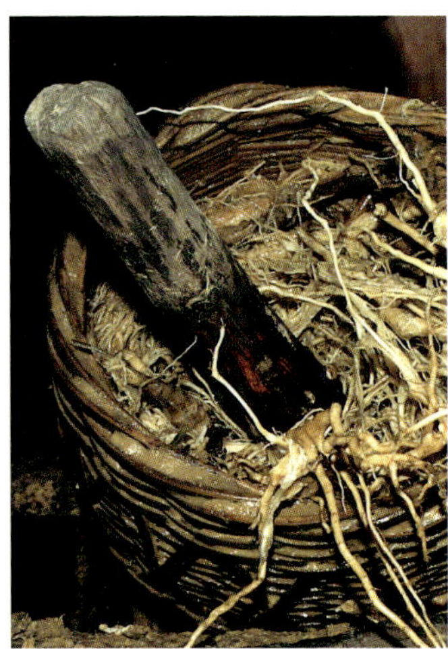

Zur Gewinnung des Wurzelextraktes wird die zuvor eingeweichte *yang-tao*-Wurzel zerquetscht.

Große Mengen von einheimischem Bambus liegen gestapelt neben dem Haus. Die Stäbe werden vor dem Zerquetschen durch einen Mahlstein in ein Meter lange Stücke gekürzt. Das Prozedere beschleunigt das anschließende Rotten[27] der pflanzlichen Substanzen. Der gebündelte Bambus wird in einer Grube oder in einem riesigen Tonbehälter geschichtet. Schwere Holzbalken dienen als Zwischenlage, damit die Luft zirkulieren kann. Senkrecht eingelassene Pfähle stützen den gebündelten Bambus, damit er nicht wegrutscht. Die Grube wird mit Wasser aufgefüllt, mit Blättern und Erde bedeckt und drei Monate lang den Tücken des Klimas überlassen. Für weitere drei Monate wird Kalkpulver über den Bambus gestreut, im Verhältnis drei Teile Bambus zu einem Teil Kalk. Die Grube von Tang Yuan fasst rund 45 000 Kilogramm Bambus und kann alle sechs Monate neu aufgefüllt werden.

Rund dreißig Stunden wird der Bambus anschließend auf einem Holzkohlenfeuer bei möglichst gleich bleibender Temperatur unter Zugabe von Holzaschenlauge gekocht. Gefäße mit einem Durchmesser von ca. 120 cm, die rundum mit Steinen ausgekleidet sind, damit die Temperatur konstant bleibt, stehen dafür zur Verfügung. Dann werden die Fasern weitere dreißig Stunden in fließendem Wasser gespült. Erst jetzt wird der ursprünglich harte Bambus im neuerdings mit einem Wasserrad betriebenen Stampfwerk zerfasert. Zehn bis zwölf Stunden hallt das rhythmische Klopfen durchs Tal.

Im dunklen, feuchten Büttenraum steht ein immens hoher Stapel geschöpfter Papiere, alle ohne Zwischenlagen, perfekt aufgestapelt. Ein Schemel steht davor, ohne welchen es unmöglich wäre, weitere Bogen darauf abzugautschen. Es waren mit größter Wahrscheinlichkeit weit über dreitausend Bogen, die in den letzten Tagen von einer Person produziert wurden. Das lose auf einem einfachen Holzrahmen liegende Bambussieb mit seitlichen Haltegriffen hat eine grobe Rippung. Diese bleibt im Papier, das durch einmaliges Eintauchen des Siebes entsteht, sichtbar.

Ein aus der *yang-tao*-Wurzel gewonnenes Extrakt[28] sorgt für die gute Fasersuspension im Wasser, was das Schöpfen von dünnen Bogen ermöglicht und zudem das An-

Oben links: Schöpfen eines Papierbogens mit dem lose aufliegenden Sieb in Tang Yuan.

Oben rechts: Abgautschen des Papiers ohne textile Zwischenlage. Um das obere Stapelende zu erreichen, steht der Papiermacher auf einen Schemel. Der riesige Stapel umfasst das Wochenpensum eines Papiermachers.

Oben: Erste Trocknungsphase der gepressten und in ein kleineres Format getrennten Papiere. Noch liegen rund hundert feuchte Papierlagen aufeinander. Unter dem Dachvorsprung ist die frische *yang-tao*-Wurzel zum Trocknen aufgehängt.

einanderkleben der Papiere nach dem Abgautschen verhindert. Die getrockneten Wurzeln werden in der Gegend gesammelt und zur Lagerung an Schnüren an der Südseite des Hauses aufgehängt. Sie wirken dekorativ und beanspruchen auch keinen zusätzlichen Lagerraum, bis sie geklopft und mehrere Wochen eingeweicht werden, um anschließend durch Abfiltern den kostbaren Saft abzugeben.

Die feuchten Papiere werden sechs bis zehn Stunden gepresst und anschließend in zwei Phasen getrocknet. Zuerst wird eine etwa 6 cm hohe Schicht von rund hundert aufeinander liegenden Bogen der Größe 30×64 cm vom gepressten, feuchten Papierstapel abgehoben und an drei Stellen in vier kleinere Formate von 30×16 cm getrennt. Dieser Vorgang wird durch dünne Linien im Papier (eine Art Perforierung), die schon beim Schöpfvorgang angebracht werden, vereinfacht: Drei parallel angeordnete Schnüre sind wie bei einem Wasserzeichen an den entsprechenden Stellen auf dem Schöpfsieb befestigt. An diesen Stellen wird das Papier dünner und reißt leicht. Danach werden die Papierblöcke wie Ziegelsteine vor dem Gebäude zum Trocknen gestapelt.

In der zweiten Phase werden die einzelnen Papiere voneinander losgelöst und jeweils zehn Bogen erneut aufeinander geschichtet; diese werden draußen auf dem Boden liegend getrocknet. Damit die Papiere nicht einem Ritual gleich mit dem Wind in den Himmel steigen, sorgt ein Stein auf jedem Stapel für die Erdverbundenheit, während die Sonne den Trocknungsprozess beschleunigt. Die Umgebung zeigt sich in einer geometrisch abstrakten Textur, einer rechtwinkligen Vernetzung der organischen Formen – Ausdruck des kreativen Erfindergeistes in einer Umgebung, welche die vielfältige Nutzung der Naturerzeugnisse noch wahrnimmt.

Alle paar Monate werden die Papiere in Tang Yuan abgeholt, um bei der Weiterverarbeitung mit Zinnfolie beschichtet und mit dem Extrakt von Blüten oder Seetang bestrichen zu werden, womit die goldene Farbe erzeugt wird. Der Meister freut sich, dass die religiösen Rituale der Verbrennung von Geisterpapieren auch von den jungen Generationen aufrechterhalten werden. Er muss sich keine Sorgen um den Absatz seiner Bambuspapiere machen.

In abgelegenen Gegenden Chinas hat die alte Tradition noch eine Zukunft. Die meisten dieser Orte sind nicht in Büchern beschrieben und können nur durch das Erkunden vor Ort eruiert werden, durch Gespräche mit den Einheimischen oder durch das Befragen von Papierverkäufern auf

Zweite Trocknungsphase: Die einzelnen Papierbogen sind abgelöst und in Bündeln von zehn Lagen ausgelegt.

dem Markt. Auch in städtischen Agglomerationen wird in kleinen Fabriken das Papier noch von Hand geschöpft, beispielsweise in Ma Cun, außerhalb der Stadt Jia Jiang, südlich von Chengdu, wo *Xuanshi*, Kalligrafiepapier, in Bogen von bis zu 160×80 cm aus Bambus- oder Maulbeerstrauchfasern geschöpft wird. Diese Betriebe bemühen sich in einer immer härter werdenden Konkurrenzlage um eine zunehmende Qualitätsverbesserung, galt doch im Exportbereich das Japanpapier über viele Generationen als das hochwertigste unter den asiatischen Papieren.

Ende des 19., anfangs des 20. Jahrhunderts wurde in China erstmals industrielles Papier gefertigt. 1926 berichtete die *Shanghai Times* von den Fortschritten der Kiangnan-Papierfabrik im Westen der Stadt: «Zwei Maschinen fertigen Kalligrafiepapier in verschiedenen Farbtönen und von unterschiedlichem Gewicht. Das wesentlich billigere Maschinenpapier ersetzt das handgeschöpfte Papier, das anfänglich aus importiertem Sulfatzellstoff aus Schweden hergestellt wurde, der sich aber nicht bewährt hat. Nach verschiedenen Forschungsergebnissen erteilte die chinesische Regierung ein Patent zur Verwendung von Binsen für die Papierproduktion. Auf einer Insel im Yangtse-Fluss pflanzt die Firma Kiangnan Binsen an und baut eine Halbstofffabrik, um den Rohstoff effizient verarbeiten und auch andere Papierfabriken beliefern zu können. Die Nachfrage nach Papier nimmt ständig zu.»[29]

Im Bereich der industriellen Papierfertigung steht China auf dem Weltmarkt, dank der großen Modernisierungsmaßnahmen in den letzten Jahren, heute in den vordersten Rängen.

Gegenwart und Vergangenheit in der traditionellen Papiermacherei Tibets

Die tibetischen Schriftzeichen bedeuten «tibetisches Papier».

Das Papier, auf Tibetisch *sog-bu* genannt, genießt Achtung und Respekt, da es als Träger religiöser Texte dient. Jedes Kloster verfügt über eine auf Papier gedruckte Ausgabe des Kanjurs, die kodifizierte Lehre Buddhas, oder zumindest über einige Bände davon. Gebetsmühlen und -trommeln beinhalten Mantras auf dicht zusammengerollten Papieren, und in Stupas sowie Statuen sind heilige Schriften eingeschlossen. Erst solche Papierdokumente hauchen ihnen die religiöse Kraft ein, ohne diese Papiere bleiben sie leblos.[30] Die Tibeter verehrten schon früh buddhistische Schriftstücke und hinterließen sie in Schreinen als Votivgaben.[31]

Früher diente das Papier in papierproduzierenden Regionen auch als Zahlungsmittel. So leistete die Bevölkerung ihre Steuerabgaben an die Klöster und die lokalen Behörden in Form von Papier, in Dege zum Beispiel an den König und die Klosterdruckerei oder in Lhasa an den residierenden Taktsa Gedrung Rinpoche.[32] Papier war kostbar und auch ein hoch geschätztes Geschenk, das, in Bündeln zusammengeschnürt, gerne entgegengenommen wurde.

Tibet erhielt um das Jahr 649 Kenntnis von der Papierherstellung, als König Songtsen Gampo, der Gründer des tibetischen Reiches, den chinesischen Kaiser bat, ihm Seidenraupen für die Zucht von Seidenkokons sowie Fachleute für die Produktion von Wein, Papier und Tinte zu schicken.[33] Sein Leichnam soll umkleidet mit einer Masse aus Lehm, Papier und Seide ins Grab gelegt worden sein. Von Tibet aus gelangte das Papier bald darauf nach Nepal und Bengalen, eine Provinz im Osten Indiens.

Das Papier setzte sich im tibetischen Kulturraum ab der zweiten Hälfte des 8. Jahrhunderts rasch durch. Während antike Papierfunde aus dem tibetischen Hochplateau aus klimatischen Gründen selten sind, fanden der britische Archäologe ungarischer Herkunft Sir Aurel Stein (1862–1943) und der französische Sinologe Paul Pelliot (1878–1945) zu Beginn des 20. Jahrhunderts in Ostturkestan, Nordwestchina, Tausende tibetischer Papierdokumente aus dem 8. und 9. Jahrhundert. Die Funde aus dem Höhlenkomplex von Dunhuang in Westchina sind fast ausschließlich buddhistische Texte und offizielle Chroniken; in den tibetischen Festungen von Miran, Endere und Mazar Tagh, alle in Xinjiang, Westchina, fand Stein auch administrative Papierdokumente und persönliche Briefe.[34]

Während die frühen Papiere aus Ostturkestan, beispielsweise die aus dem 3. und 4. Jahrhundert aus Loulan stammenden[35], höchstwahrscheinlich chinesische Importe waren, ist spätestens ab dem 8. Jahrhundert eine lokale Papierproduktion in Khotan an der südlichen Seidenstraße anzunehmen. Dieses Produktionszentrum lieferte das Material für die unzähligen Papiermanuskripte aus dem 8. und 9. Jahrhundert, die Stein in den Oasen des Fürstentums Khotan sowie in Endere, Ostturkestan, entdeckt hat. Die Manuskripte waren in Chinesisch, Tibetisch, Brahmi – eine indische Schrift – sowie im aus indischen Schriften entwickelten Khotanesisch geschrieben. Da Khotan von 670 bis etwa 850 mit kleineren Unterbrüchen entweder zum tibetischen Reich oder zur tibetischen Einflusszone gehörte, ist nicht auszuschließen, dass Tibet das Papier auch via Khotan kennen gelernt hat.

Das älteste von Stein in Khotan entdeckte Papierdokument, ein chinesischer Text aus dem 8. Jahrhundert, wurde aus dem Rindenbast der in China und Japan verbreiteten *Broussonetia papyrifera*, also dem Bast des Papier-Maulbeerbaums, hergestellt. Die mikroskopische Untersuchung eines weiteren, in Endere gefundenen, tibetischen Papiermanuskripts aus der Salistamba-Sutra bewies aber die Herstellung aus einer anderen pflanzlichen Faser, die in Ostturkestan nicht anzutreffen ist. Es handelt sich um die *Daphne papyracea* aus der Familie der *Thymelaeaceae*, die noch heute in Nepal zur Papierherstellung verwendet wird.[36] Da gemäß verschiedenen Literaturangaben *Thymelaeaceae*-Gewächse in Turkestan als Rohstoffe verwendet wurden, jedoch lediglich die *Daphne mezereum* und nicht die *Daphne papyracea*, scheint Steins Hypothese wahrscheinlich, dass dieses Schriftstück aus Tibet eingeführt wurde.

Der Meister Gokgo-la wird in der Papierwerkstatt der «Jatson Chumig Welfare Special School» in Lhasa mit einem Bild geehrt.

Die letzten Papiermacher Osttibets

Ein älterer Mann wusste im Jahre 1999 zu berichten, dass vor der Kulturrevolution (1966–1975) eine Papierfabrik im engen Tal von Dege existierte. Über hundert Personen sollen für die Klosterdruckerei Papier produziert haben, die um 1950 geschlossen wurde. Doch es erweist sich als sehr schwierig, mehr darüber zu erfahren, denn viele Menschen dieser Generation sind während der Kulturrevolution umgekommen oder in der Zwischenzeit gestorben. Andere wollen ihre Erinnerungen an diese schwierige Zeit des kulturellen Niedergangs nicht wachrufen.

Auch in der Literatur finden sich nur wenige verbindliche Informationen über die Papierherstellung in Tibet. Selbst Dard Hunter beschreibt die tibetische Tradition des Gießens von Papier meistens im Zusammenhang mit Nepal, Bhutan, Siam (Thailand) und Burma (Myanmar).[37] Nebesky berichtet von einer Papierfabrik in Gyantse[38] westlich von Lhasa:«Das hier hergestellte Papier ist vor allem für den Amtsgebrauch der tibetischen Behörden bestimmt und die ortsansässige Bevölkerung daher verpflichtet, das für die Herstellung notwendige Rohmaterial in Fronarbeit auf den Hügeln der Umgebung zu sammeln und an die Papierhersteller zu liefern, wobei die Menge des abzuführenden Materials je nach der Größe der Ortschaft festgesetzt wird.»[39]

Die Suche nach Papiermachern in Osttibet führte in ein Dorf zwischen Dege und Katok, rund fünfzig Kilometer südwestlich von Dege. Dort blieb von der alten Tradition einzig ein riesiger Baum übrig, in dessen Schatten die Papiermacherfamile damals große Bogen anfertigte und im dahinter liegenden Holzhaus stapelte. Die jüngste Generation hörte dem Großvater aufmerksam zu, als er die einstige Anlage der Werkstätte in Sand skizzierte und die Enkel wohl erstmals von seiner spannenden Vergangenheit erfuhren. Mit Freude nahmen die Kinder unbeschriebene Büchlein als Geschenk entgegen, im Tal, in dem es auch Ende des 20. Jahrhunderts weder Briefkasten noch Briefträger gibt.

Papier aus den Wurzeln einer Blütenkugel

Tibets Papierkultur war differenziert, und durch unterschiedliche Rohstoffe konnten verschiedene Papierqualitäten erzeugt werden. Die Rohstoffe wurden ursprünglich aus sechs verschiedenen Pflanzen hergestellt.[40] Diese beschränkten sich auf die lokale Pflanzenwelt, vor allem, weil die Transportwege beschwerlich waren. Die wichtigste Faser, wenn auch in der Produktion sehr aufwändig, ist der innere, weiße Rindenbast der Wurzel der *Stellera chamaejasme*, eines Seidelbastgewächses. In Zentraltibet heißt diese Pflanze *tuk relchak*, in der osttibetischen Region Amdo *ramarichok* und der tibetische Name ist *ra lug ris brgyag*. Heute werden noch die Fasern der *Wikstroemia canescens*, tibetisch *agaru nagpo*, und eine der *Stellera chamaejasme* ähnliche Pflanze namens *dhomptsa carpo* verwendet, die eine wesentlich weichere und fragilere Papierqualität ergibt.[41]

Die *Stellera chamaejasme* wächst in einer Höhe von 3000 bis 4500 Metern. Neben ihrer Nutzung als Papierrohstoff hat sie auch eine heilende Wirkung und wird in der tibetischen Medizin gegen Herzbeschwerden, Wassersucht und Krätze eingesetzt.[42] «Ihre Blütenkugel fällt angenehm ins Auge», schrieb bereits der britische Botaniker F. Kingdon Ward (1885–1958), und weiter: «Der Pinienwald war teppichartig bedeckt mit zwergartigen, violetten Irisblüten und tupfenartig gefleckt mit herrlichen *Stellera chamaejasme*. Jedem Wurzelstock entwächst ein Bündel grüner Stiele, jeder Stiel ist von einem Bausch kalkweißer Blüten behütet. Die sternartig geformten Blüten sind auf der Innenseite wahrhaft weiß, auf der Außenseite können sie lila, violett, zinnoberrot oder gelb sein, sodaß die Blüten mit rasch wechselnden Farben funkeln, wie aufsteigende Sternenbilder. Die Blüten werden zu Recht als sternförmig bezeichnet.»[43]

Die großen osttibetischen Zentren der Papierherstellung lagen ursprünglich in Kham, und zwar bei Dege, Pelyül und Kandze, in Pemakö bei Loyül und Metok, in

Dagyab bei Chamdo sowie im Kongpo. In Zentraltibet befanden sie sich beim an Kongpo angrenzenden Dakpo, im Bezirk Nyemo westlich Lhasas und bei Gyantse. Die Papierherstellung ist während der Kulturrevolution graduell ausgestorben, da die allgemeine Zerstörung von Kulturgütern auch die Druckereien betraf. Klosterbibliotheken wurden verwüstet und der Druck religiöser Manuskripte untersagt. Zum Glück gelang es, Bücher über die Grenze zu schmuggeln oder nach tibetischer Raffinesse in zu Kornspeichern umfunktionierten Klöstern hinter einer vorgemauerten Wand zu verstecken. Auf diese Weise konnte ein kleiner Teil der tibetischen Literatur gerettet werden.

Oben: Die Fasern der Wurzel der *Stellera chamaejasme* liefern den Rohstoff für das traditionelle tibetische Papier.

Rechts: Unter der stechenden Sonne werden die Fasern im Innenhof des Papiermachers in Darong, Zentraltibet, von der jüngeren Generation vorbereitet.

Links: Die hölzerne Rinde der Wurzel der *Stellera chamaejasme* wird abgeschabt.

Rechts: Die zu Fasersträngen zerzupfte und gekochte Wurzel der *Stellera chamaejasme* wird mit einem Stein oder Holzhammer geklopft.

Mitte: Die im Wasser suspendierten Fasern werden eingegossen und von Hand zu einer gleichmäßigen Faserverbindung verteilt. Danach wird das Sieb langsam aus dem Wasser gehoben.

Unten: Das hauchdünne Papier wird zum Trocknen aufgestellt.

Bei einer Papiermacherfamilie in Zentraltibet

Im Gegensatz zu Osttibet finden sich in Zentraltibet noch ein paar Papiermacherfamilien. Eine davon ist im Tal von Nyemo anzutreffen. Hier, im Dorf Darong, versuchen die Nachfahren des 1999 verstorbenen Meisters Gokgo-la dessen große Leidenschaft weiterzuführen und, wie andere Familien des Dorfes, traditionsgemäß den Lebensunterhalt mit der Papierherstellung zu sichern. Der angestammte Name von Gokgo-la war Tingshog, gleich lautend wie ein spezielles, dunkelblau gefärbtes Papier für Sutras. Tingshog gab seinem Namen alle Ehre, bis zur Kulturevolution produzierte er leichtes, weißtoniges Papier, das anschließend dunkelblau gefärbt wurde. Jahre nach der Kulturrevolution nahm er das Handwerk wieder auf und fertigte auch Papier in dezenten Farbtönen an. Darüber, ob die jüngere Generation nach seinem Tode weiterhin Papier herstellen wird, konnte im Juni 2000 ein persönlicher Augenschein in Nyemo Klarheit verschaffen: Nach drei Stunden Fahrt durch eine hügelige grüne Landschaft zeigen sich bunte Bilder entlang der Straße. Männer, die im Begriff sind, Wollhaare zu Garn zu spinnen, und Frauen, die aus dem in einer Plastiktasche versteckten Wollknäuel Strickarbeiten anfertigen. Im Weiler Sho Lak beim Dorf Darong gibt es guten Grund zur Freude. Ein Junge führt mich zu den Papiermachern. Der Fußweg zu ihnen ist eng und von Unwettern ausgespült. Zur rechten Seite deuten zum Trocknen aufgestellte Papiersiebe an, dass das Ziel nahe ist.

Vor dem Gebäude sitzen zwei Männer, die von Hand gewobene Streifen zu einer großen Fläche zusammennähen. Hinter der Mauer entfernen unter einem Pfirsichbaum sechs junge Männer den äußeren Rindenbast der Wurzel der *Stellera chamaejasme*, um danach den inneren, weißen Bast auseinander zu zupfen. In großen Behältern wird der gereinigte Bast mit dem Zusatz von Holzaschenlauge gekocht. Anschließend wird er auf einer Steinplatte mit einem Holzhammer zu einem feinen Faserbrei geklopft, der dann im Wasser suspendiert wird. Anstelle des Hammers wurden früher die Füße eingesetzt, die Fasern wurden über mehrere Stunden gestampft. Als Schutz vor der stechenden Sonne bedeckt eine Plastikplane den Innenhof. An der Wand aus ungebrannten Ziegeln und gestampfter Erde hängt das Transistorradio, dessen Musik den Rhythmus des Holzhammers untermalt. Ein Rinnsal durchfließt den Hof und liefert das notwendige Wasser, um während des Klopfens die Fasern tropfenweise zu durchfeuchten. Der entfernte äußere Rindenbast findet seine Verwendung als Unterlage für die Tiere im angrenzenden Ziegenstall. Auch der im Sonnenlicht silbern glänzende Esel lässt sich genüsslich auf das Lager nieder.

Die Papiermasse wird in verbeulten Blech- oder Plastikgefäßen zu einer kleinen Wiese hinter dem Haus getragen, in einem Tonkrug mit viel Wasser verdünnt und mit einem Drillstab sorgfältig durchmischt. Erst nach der kompletten Suspension der Fasern im Wasser ist die dünnflüssige Fasermasse bereit für das Gießen der Papierbogen. Die Familie verfügt über dreißig Siebe in den Formaten 100×60 cm oder 80×70 cm. Es sind Bambus- und Holzrahmen, die auf der unteren Seite mit einem feinen Baumwoll- oder Hanfgewebe bespannt sind. Am Rand der Wiese befindet sich eine mit Wasser gefüllte, rund 200×200 cm große und ca. 50 cm tiefe Ausgrabung: eine natürliche Bütte, das Gefäß zum Formen der Papierbogen.

Der letzte Akt erfordert viel Sorgfalt und Können, weil er der schnellste im ganzen Ablauf der Papierproduktion ist. Das Sieb wird schwimmend ins Wasser gelegt und leicht hinuntergedrückt, bis der Wasserstand das ganze Gewebe bedeckt, wobei der Holzrahmen das seitliche Ausfließen der Papiermasse verhindert. Mit einer geschnitzten Holzkelle wird die Papierpulpe eingegossen. Der Papiermacher bestimmt zu diesem Zeitpunkt die Stärke des Papierbogens, denn je nach Menge des zugefügten Faserbreis überlagern sich mehr oder weniger Faserschichten. Mit geschickten Händen werden die Fasern im Sieb regelmäßig verteilt, das Sieb aus dem Wasserbad gehoben und auf der Wiese zum Trocknen aufgestellt. Der ganze Prozess wird so oft wiederholt, bis keine freien Siebe mehr vorhanden sind oder der Himmel Regenschauer ankündigt, der in der Papierfläche unerwünschte Wasserzeichen hinterließe und die Qualität der ganzen sorgfältig erarbeiteten Produktion zunichte machen würde.

Das Gußverfahren hat den Vorteil, dass immer nur die für einen Bogen notwendige Fasermenge eingesetzt wird und keine kostbaren Fasern verloren gehen. Bei sonnigem Wetter sind die ersten Bogen bei Verwendung des letzten Siebes bereits trocken und können vom Gewebe abgelöst werden. An langen Sommertagen werden die dreißig Siebe zwei- bis dreimal verwendet, was eine Tagesproduktion von sechzig bis neunzig Bogen ergibt. Die dünnen Papiere wirken fragil, doch die Langfaserigkeit, die Stärke der *Stellera chamaejasme*-Wurzel und die sorgfältige Suspension der Fasern sorgen für eine hohe Reißfestigkeit des Papiers. Je nach Verwendungszweck wird die Oberfläche der Papiere nachträglich mit Stärke behandelt. Eher selten ist die Beschichtung oder Zugabe von Ton in die Papiermasse.[44] Mit einem flachen Stein oder mit Muschelschalen werden Unreinheiten abgerieben.

Nach wenigen Stunden kann das trockene Papier vom Sieb abgelöst werden.

Das getrocknete, gefaltete und gestapelte Papier wird vorerst von der Großmutter des Papiermachers gehütet und verwaltet. Erst wenn eine größere Menge zusammenkommt, wird es für den Verkauf nach Lhasa gebracht. Mit Stolz erzählt die Papiermacherfamilie aus der Zeit vor der Kulturrevolution, als Händler aus Lhasa und Shigatse, Zentraltibet, zu ihnen kamen, ihre Esel mit Papier beluden und dafür einen guten Preis bezahlten. Hätte nicht der Stolz und die Würde der Vorfahren auf die junge Generation ausgestrahlt, hätten sie sich wohl wirtschaftlich erfolgreicheren Berufen zugewandt.

Es sind Bemühungen in Gange, auch in Zentraltibet die alte Tradition der Papierherstellung wieder aufleben zu lassen. So zum Beispiel in der *Jatson Chumig Welfare Special School* in Lhasa. Drei junge Männer unter der Anleitung einer Frau produzieren aus verschiedenen lokalen Fasern Papierbogen in den Formaten 170×60 cm und 80×50 cm. Nach alter Tradition entsteht die Papierfläche im Gussverfahren, jedoch nicht mehr draußen auf der Wiese, sondern im ersten Stock eines Schulgebäudes. Die Bütte aus Beton wurde entsprechend dem Maß der Siebe konstruiert. Der aus den USA importierte moderne Holländer steht in

Die eigentlichen Schätze des Dege Parkhang in Kham, Osttibet, stellen die 227 000 Druckstöcke aus Holz dar.

der Ecke unter dem Dach, das durch einen Brand während des Kochens der Papierfasern zu Schaden gekommen ist. Eine enge Treppe führt zum flachen Dach, auf dem die Siebe in Reihen zum Trocknen aufgestellt werden. In der Ferne präsentiert sich ein traumhafter Bildausschnitt, der Hügel mit dem Potala, der Winterresidenz der Dalai Lamas. Aus den Papieren werden kleine Bücher, Taschen, Lampen und weitere Produkte gefertigt, die leider den Zugang zum Markt noch nicht gefunden haben. Um so bedauerlicher ist die Feststellung, dass im 1999 eröffneten Lhasa-Museum Papierprodukte aus Nepal verkauft werden.

Dege Parkhang, Tibets einzige traditionelle Buchdruckerei nach der Kulturrevolution

Der zusammengesetzte Begriff «Parkhang» beinhaltet die funktionelle und räumliche Bedeutung des Ortes, denn *Par* bedeutet «Bild» und *Khang* «Haus, Halle». Ein Parkhang ist ein Raum, in dem Schriftbilder gedruckt werden. Die kleine, kulturell bedeutende Stadt Dege in Kham, Osttibet, liegt in einem engen Tal 3292 Meter über Meer. Dege war einst das größte und einflussreichste der fünf Königreiche von Kham. Die eigentliche Schatzkammer des Ortes, der berühmte *Dege Parkhang*, liegt am Südhang der Altstadt; es handelt sich um die einzige traditionelle Bibliothek und Druckerei, die alle politischen und religiösen Wirren überlebt hat. Dege war, neben den Buchdruckereien des Potala in Lhasa, Narthang

Die rote Druckfarbe aus Zinnober wird mit Wasser und Bindemittel angerührt. Sie steht sinnbildlich für den Text eines kanonischen Werkes, während für nichtkanonische Bücher schwarze Tusche aus Ruß von verbranntem Kiefernholz oder Yak-Dung verwendet wird.

bei Shigatse, Litang und Chone die wichtigste tibetische Druckerei. Der Parkhang Deges ist nicht nur die einzige große Produktionsstätte für den traditionellen Hochdruck des heutigenTibets, sondern er beherbergt auch die umfangreichste Sammlung geschnittener Druckstöcke, die, wie Bücher in einer Bibliothek, auf hohen Regalen gestapelt und geschichtet werden.

Die Entstehung des Parkhangs geht auf die Blütezeit des Königreiches Dege zurück, als König Tempa Tsering (1678–1738) den Parkhang im Jahr 1729 gründete. Das dreigeschossige Gebäude wird auch als «Druckerei der Glück bringenden und gesammelten Weisheit» bezeichnet. Neben den Produktionsräumen beherbergt der Parkhang 227 000 Druckstöcke aus Birken- und Walnussholz, welche beidseitig mit tibetischen Schriftzeichen versehen sind, was 454 000 gedruckten Textseiten entspricht. Kernstück der Bibliothek ist die hoch angesehene Ausgabe des Kanjurs und des Tanjurs, also des gesprochenen Wortes Buddhas und der dazugehörenden Kommentare indischer Meister. Die Editionen der Ausgaben von Dege gelten als die exaktesten ganz Tibets; der Kanjur zählt 103 Bände, der Tanjur 213. Dege beherbergt aber auch die wichtigsten Texte der fünf buddhistischen Schulen Tibets und des Bön, der alten, autochthonen Religion, die sich ab dem 12. Jahrhundert dem Buddhismus graduell angeglichen hat. Deges Bibliothek blieb von den Zerstörungen der Kulturrevolution verschont; sie umfasst 70 Prozent des schriftlichen, kulturellen Erbes Tibets.

Die einzelnen Druckstöcke zu datieren, ist kaum möglich, doch es ist unbestritten, dass der erste Druck des Kanjurs

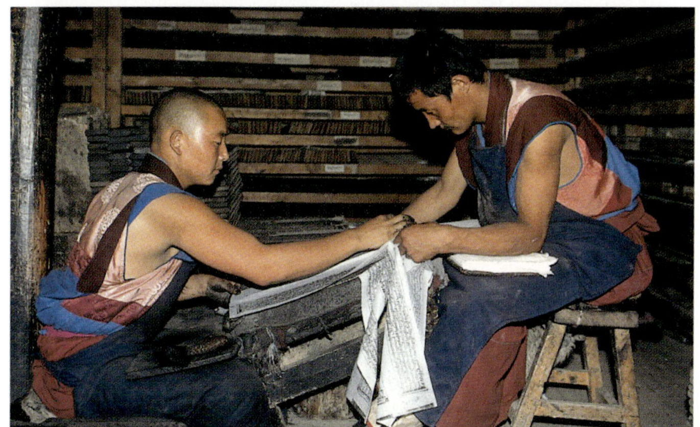

Oben: Das Schneiden eines Druckstocks aus Birken- oder Walnussholz.

Mitte: Die feuchten Papiere werden bedruckt. Ein Mönch appliziert die Tusche mit einem Tampon oder einer Bürste auf den Druckstock. Ein zweiter Mönch legt das Papier darauf, rollt es zur Übertragung der Farbe mit einer Walze ab und entfernt das Papier. Es wird immer eine größere Menge der gleichen Buchseite gedruckt, bevor der Druckstock ausgewechselt wird.

Unten: Die beidseitig bedruckten, getrockneten Papiere werden in der richtigen Seitenfolge des Buches geordnet.

nicht in Tibet, sondern in China erfolgte. Es war der Ming-Kaiser Yongle, der aufgrund eines handgeschriebenen Kanjurs aus Narthang die erste Xylografie des tibetischen Kanjurs in Auftrag gab, der 1410 oder 1413 erschien. Der Blockdruck fand zwei Jahrhunderte später Eingang in Tibet, als der König von Lijiang 1608 einen Kanjur in Auftrag gab. Auf Geheiß des fünften Dalai Lamas (1617–1682) wurde die 1621 beendete Ausgabe um 1650 nach Litang gebracht. Der Kanjur von Dege wurde 1733 und der dazugehörende Tanjur 1744 erstellt, zeitgleich mit den Ausgaben von Chone (1721–1731) und Narthang (1730–1732). Entgegen den Angaben einiger westlicher Autoren finden sich in Dege keine Kupferdruckplatten. Diese würden beim Übertragen der Farbe wesentlich mehr Druck erfordern als es beim Hochdruck notwendig ist. Ein Druck mit Kupferplatten entspräche dem Tiefdruckverfahren.

Vor dem chinesischen Einmarsch in Tibet im Jahre 1950 fertigten Bergbauern oder kleine Manufakturen das Papier von Hand an, indem sie auf ursprüngliche Art und Weise den Faserbrei auf ein im Wasser schwimmendes Sieb mit festem Rahmen gossen. Ende 1999 ergriff der tibetische Direktor des Parkhangs die Initiative, die traditionelle Papiermanufaktur wieder aufleben zu lassen. Er beauftragte eine über 80-jährige Papiermacherin aus Dege, jungen Tibetern dieses ehrwürdige Handwerk zu lehren. Heute beschäftigt die Papierwerkstatt mehr als zwanzig Papiermacher.

Der Besuch der Druckerei von Dege kommt einem Eintreten in eine erregende Welt tibetischer Kultur gleich. Jeder Blick in Hallen und Räume fesselt durch Zeichen, Formen und Farben, oder durch rhythmische, akustische Signale, die auf die Druckvorgänge hinweisen. Rund 1600 Quadratmeter Raumfläche dienen der Lagerung der Druckstöcke; die restlichen Räume sind für den Druck, die Weiterverarbeitung, die Lagerung des Papiers und die Neuschaffung von Druckstöcken reserviert. Einzelne Räume sind angenehm von Licht durchdrungen, andere düster und nicht zum Verweilen einladend. Ausschließlich jüngere Männer sind an der Arbeit. Der Produktionsverlauf bestimmt den Tagesablauf, der jeweils schon am Vorabend beginnt. Zu diesem Zweck trifft sich die ganze Belegschaft vor dem Gebäude.

Das heute aus Ya'an, Sichuan, importierte Papier aus gebleichter Bambusfaser ist bereits im Buchformat, das heißt in längliche Streifen geschnitten und muss gewässert werden, damit es am folgenden Tag die Druckfarbe intensiver aufnehmen kann. Die äußere Form der traditionellen tibetischen Schriftdokumente heißt «Langbuch». Es leitet sich von den schmalen und länglichen indischen Palmblattbüchern ab, die mit der Übernahme des indischen Buddhismus in die tibetische Kultur eingegangen sind. Auch das Zusammenhalten der frisch gedruckten Seiten mit einer Schnur ist den Palmblattbüchern entlehnt. Während die beiden langen Schnüre die indischen Bücher dauerhaft zusammenhalten, liegen im tibetischen Buch die Blätter lose aufeinander und werden zum Lesen einzeln umgelegt.

Vor dem Lagerhaus ist es hektisch; Papierbündel werden in große Wassergefäße eingetaucht, stapelweise entlang der Hauswand übereinander geschichtet und mit einem bunt gestreiften Tuch umwickelt. Dort lagern sie über Nacht, damit die Feuchtigkeit die Papierstreifen durchdringt. Sie wirken wie kleine Altäre, die mit Holzpflöcken und Steinen beschwert sind. Am nächsten Morgen werden die Papiere enthüllt, geschultert und über den Hof zu den einzelnen Arbeitsplätzen getragen.

Filzpolster, Bürste und Walze aus Leder liegen auf dem Rand des flachen Gefäßes mit der Druckfarbe aus Tusche neben dem hölzernen Gestell, das als Ablage des Druckstockes dient. Eine Hand löst die andere ab und in rasendem Tempo erfolgen die einzelnen Arbeitsschritte: Den Druckstock auf die Unterlage legen, mit der Bürste kurz über die Schriftfläche huschen, um Staubpartikel oder Faserreste zu entfernen, die Druckfarbe mit dem Filzpolster auftragen, den feuchten Papierstreifen auflegen und von der Rückseite mittels Abrollen der Walze andrücken, damit sich die Tusche regelmäßig überträgt. Dabei muss der Rahmen, der den Text umrandet, berücksichtigt werden, denn er dient zur Positionierung des Schriftbildes auf der Rückseite. Das Papier abheben, den Druckstock umdrehen, Druckfarbe auftragen, den gleichen Papierstreifen mit der unbedruckten Seite nach unten auf den Druckstock legen und mit der Walze abrollen. Der beidseitig bedruckte Papierstreifen wird auf die Seite gelegt, der nächste Druckstock für die folgende Seite aufgelegt und der ganze Prozess wiederholt sich, bis alle Seiten der Gesamtauflage beschriftet sind. So wird in Dege in Windeseile gedruckt. Zum Trocknen werden die Papiere in luftiger Umgebung über parallel gespannte Leinen gehängt.

Schwarze wie rote Druckfarbe stehen sinnbildlich für den Inhalt eines Buches. Gewöhnlich wird die Farbe Rot für kanonische Werke und Schwarz für nichtkanonische

Kommentare verwendet. Die Basis für Schwarz ist Ruß aus verbranntem Kiefernholz oder Yak-Dung, für Rot wird das gemahlene Zinnoberpigment verwendet. Durch Zugabe von Leimsubstanzen aus ausgekochten Tierhäuten und -knochen sowie Wasser entsteht ein lichtechter Farbstoff.

Das Ordnen der bedruckten Papierstreifen geschieht in anderen Räumen. Gebündelt und kreuzweise übereinander gelagert, wirken sie dort wie großdimensionierte Säulen. Bei einzelnen Büchern werden die Papierstreifen auf der rechten und linken Seite der Mittelachse mit einer Nadel durchstochen und mit einer Schnur zusammengeheftet, um das Auseinanderfallen zu vermeiden. Die Schnur wird bei der ersten Verwendung wieder entfernt und durch das Einwickeln in ein quadratisches, bunt gefärbtes Seiden-, Baumwoll- oder Brokattuch, das in der Mitte umschnürt wird, ersetzt. An der Schmalseite des Buches wird ein Zettel mit dem Buchtitel eingeschoben. Bei kostbaren Editionen wird jeder Band zwischen bemalte, geschnitzte oder geprägte Buchdeckel gelegt; erst dann wird er in ein Brokattuch gehüllt. In den Klöstern werden die Bücher in eigens dafür konzipierten Regalen aufbewahrt, deren Anblick Assoziationen an moderne Skulpturen oder Installationen hervorruft.

Die Vorderseite der oft massiven Holzdeckel zeigt reiche, ornamentale Schnitzereien, während die Innenseite bunt illustriert und teilweise vergoldet ist; Letztere wird deshalb von einem farbigen Tuch geschützt. Der Text solch erlesener Ausgaben ist oft nicht auf weißes, sondern auf dunkelblaues Papier gedruckt und mit goldener oder silberner Tinte von Hand kalligrafiert. Die erste kostbare tibetische Goldkalligrafie auf dunkelblauem Papier entstand im späten 12. Jahrhundert bei der Kompilation eines Kanjurs. Allerdings wurden in China schon zur Zeit der Tang (618–907) sakrale Bücher dergestalt geschrieben.[45] Die einzelnen Buchseiten bestehen aus mehreren Schichten, wodurch sie sehr stabil sind. Die Verstärkung erfolgte vor allem für Bücher, die kostbar oder oft in Gebrauch waren, während Schriftbilder für Stupas, religiöse Skulpturen oder Gebetstrommeln, die verschlossen und im wörtlichen Sinne nicht in Gebrauch waren, auf dünnes Papier gedruckt wurden. Zur Herstellung dieser Buchseiten kamen zwei Verfahren zur Anwendung: Entweder wurden die zwei bis acht Schichten verklebt oder es wurden mehrere Papierlagen im Nasszustand aufeinander geschichtet und gepresst. Dabei wurde aus Kostengründen für die Zwischenlagen meistens ein minderwertigeres, kurzfaseriges Papier verwendet. Um ein intensives Dunkelblau zu erzeugen, wurden die Papiere bis zu zehnmal mit dem beliebten Küpenfarbstoff *Indigofera* gefärbt und anschließend an den zu beschreibenden Stellen mit einem glatten Stein poliert, um einen feierlichen Glanz zu erwirken.

Der rote Buchschnitt wird gleichzeitig an mehreren Büchern angebracht.

Die hochwertigste Goldtinte wurde aus gemahlenem, pulverisiertem Gold und Wasser hergestellt, dem Harz oder Leim aus ausgekochten Tierhäuten als Bindemittel beigefügt wurde. Zum Kalligrafieren verwendete man in der Regel ein diagonal angespitztes Bambus- oder Schilfrohr. Zusätzliche Farben wurden aus Silber, Kupfer, Stahl, Lapislazuli, Türkis, Koralle und Perlmutter gewonnen. Zusammen mit dem Gold entsprechen sie den «Acht Glück bringenden Schätzen», welche sich aus der Lotusblume, dem unendlichen Knoten, den goldenen Fischen, dem Sonnenschirm, dem Siegesbanner, der goldenen Urne, der weißen Muschel und dem Rad der Lehre zusammensetzen.

Bei der Mehrzahl der Bücher ist der Buchschnitt entsprechend den Papierbogen weiß oder indigoblau. Besonders kostbare Bücher sind auf allen vier Schnittkanten mit Glückssymbolen, Mantras oder dekorativen Elementen bemalt. An diesen Bildmotiven lässt sich erkennen, ob einzelne Buchseiten fehlen oder falsch eingelegt wurden. Verbreitet sind auch Bücher mit rotem Buchschnitt, der nach

Die bedruckten Papierbogen werden zur Kontrolle und zum Einlegen zwischen die Buchdeckel ins Erdgeschoss gebracht. Die eingeschobenen weißen Zettel markieren jeweils ein ganzes Buch. Dege Parkhang, Kham, Osttibet.

Seite 131 oben: Die Schriftzeichen in Hindi bedeuten «handgeschöpftes Papier».

Seite 131 unten: Abzählen der Papierbogen in Sanganer, Indien.

dem Druck angebracht wird. Mehrere Bücher werden zu diesem Zweck übereinander gestapelt und mit Holzplatten dicht zusammengepresst. Die unregelmäßigen Kanten werden mit breitflächigen Raspeln und Sandpapier abgeschliffen. Dadurch werden sie glatt und eignen sich für die Aufnahme des roten Farbauftrages. Damit die Farbe nicht in die Bücher eindringt, bleiben diese während der ganzen Arbeit zusammengepresst.

Abschließend werden im lichten Innenhof des Parkhangs die rot oder schwarz schimmernden Druckstöcke in einem geräumigen Holztrog gewaschen, bevor sie wieder in die Regale zurückgelegt werden. Das Wasser wird durch das Eintauchen des Druckstockes gesegnet und geheiligt. Sowohl Arbeiter als auch Mönche nehmen ein paar Tropfen in die Hand und berühren damit ihr Haupt. Eine symbolhafte Geste der Segnung durch das Wort Buddhas.

Zu den anspruchvollsten Arbeiten des ganzen Druckprozesses zählt das Schneiden neuer Druckstöcke. Neben handwerklichem Geschick bedingt es das visuelle Umdenken, da die einzelnen Schriftzeichen seitenverkehrt in den Birken- oder Walnussholzblock geschnitten werden. Bevor man mit dem Schneiden beginnt, werden die Textseiten auf Papier geschrieben. Der geschliffene Druckstock wird mit einer Paste bestrichen und das Textblatt mit der Tinte nach unten aufgelegt. Nach dem sorgfältigen Anpressen wird es wieder abgelöst; das Schriftbild bleibt seitenverkehrt sichtbar und dient als Orientierung beim Schneiden mit dem Messer. Früher wurde der Text durchgepaust, sodass sich eine Spiegelschrift ergab. Diese wurde auf den Holzblock geklebt und diente als Schnittvorlage. Über einen Vordruck können Fehler erkannt und durch zusätzliches Wegschneiden oder Einkleben kleiner Holzstücke behoben werden. Um das Zersplittern des Holzes während der Arbeit zu vermeiden oder zum Schutz vor klimatisch bedingten Einflüssen, wird das Holz mit Öl behandelt oder in Milch eingelegt, getrocknet und mit mehreren Schichten Yak-Butter eingerieben. Ein geschickter Arbeiter braucht vier Tage, um einen Druckstock zu schneiden. Basierend auf diesen Angaben bräuchte ein Arbeiter allein 380 Jahre, um die 35 000 Druckstöcke für die 103 Bände des Kanjurs und ungefähr 780 Jahre, um die 213 Bände des Tanjurs anzufertigen. Ein Zweierteam benötigt für die Ausführung des Drucks des Kanjurs drei Monate und für den Tanjur acht Monate.[46]

Versunkene Dörfer und die Erneuerung von Familientraditionen in Indien

Der Beginn der Herstellung von Papier, *kagaj* oder *kagaz*[47], in Indien ist umstritten; in der Literatur reichen die Angaben über eine Zeitspanne vom 11. bis ins 15. Jahrhundert. Nach Dard Hunter soll sich das Papier in Indien erst in den Jahren 1420 bis 1470 durch Sultan Zain-Ul-Abidin, den Herrscher von Kaschmir, ausgebreitet haben. Dieser soll Papiermacher *kagzis* von Samarkand nach Kaschmir geholt haben, von wo aus die *kagzis* sich zuerst im südwestlich von Kaschmir gelegenen Sialkot, das heute zu Pakistan gehört, und später in den anderen südlichen und südöstlichen Gebieten niedergelassen haben.[48] Möglicherweise handelt es sich aber zu diesem Zeitpunkt bereits um eine zweite Phase der Verbreitung des Papiers in Indien, denn bereits zwischen 1345 und 1350 wurde in Indien das erste Papiergeld durch Mohammed bin Tughlaq eingeführt.

Eine weitere Überlieferung geht zurück auf den Herrscher Feroze Shah Tughlaq, der zwischen 1350 und 1388 regierte. Das Papier aus dieser Zeit war vor allem für die königliche Familie bestimmt, für Miniaturmalereien, offizielle Dokumente, Rechnungsbücher und für den Koran.[49] In einer anderen Quelle verschiebt sich die Zeitangabe für die Herstellung von Papier in Indien auf ein Jahrhundert später: Der mongolische Kriegsherr Ghiasuddin Babur soll bei seiner Invasion in Nordindien im Jahre 1526 in seiner Armee neben verschiedenen Handwerkern und Theologen auch Papiermacher aus der Türkei mitgeführt haben, die für ihn Papier anfertigen mussten.[50] Eine ebenso glaubhafte Version bezieht sich auf die Zeit, als Mahmud von Ghazni (997–1030), ein muslimischer Krieger afghanischer Abstammung, Nordindien zum ersten Mal erobert hat. Die aus Afghanistan oder Zentralasien stammenden muslimischen Einwanderer verbreiteten möglicherweise die Kenntnisse über die Papierherstellung. Im Vergleich zu den islamischen Ländern ist auch dieser Zeitpunkt jedoch bereits verhältnismäßig spät. Vermutlich war das Bedürfnis nach Papier vorher nicht vorhanden, weil es ausreichende Beschreibstoffe wie Palmblätter, Birken- und andere Rinden, Holztafeln oder Textilien gab.[51]

Die meisten alten Papiermacherzentren liegen in den Gliedstaaten Gujarat, Rajasthan, Uttar und Madhya Pradesh, Maharashtra und Bihar.[52] Die Papiermacherei konnte sich immer zu Zeiten muslimischer Herrschaft stark ausbreiten. Ein Grund, weshalb Hindus dieses Handwerk nicht ausübten, obwohl auch sie Papier für religiöse Texte, Dokumente oder Buchhaltungsbücher benutzten, könnte darin liegen, dass ihre religiösen Vorschriften den Angehörigen höherer Kasten das Anfassen von Lumpen nicht gestatteten. Möglicherweise war auch ein Zusatz im Papier vorhanden, der gemäß ihren religiösen Vorstellungen als unrein galt.[53]

Während der Regierungszeit von König Akbar (1556 bis 1605) expandierte die Papierherstellung im ganzen Lande, von Kaschmir, Nordindien, bis in den südlichen Ausläufer des Dekkan-Gebirges in Südindien. Ende des 19. Jahrhunderts erlebte die traditionelle indische Papierherstellung einen massiven Rückgang, die *kagzipura*, Papiermacherdörfer, fanden keine Abnehmer mehr für ihre Produkte. Papiermühlen mit mechanischer Papierproduktion wurden außerhalb Kalkuttas eingerichtet und produzierten effizienter. Zudem wurden große Mengen Papier per Dampfschiff aus europäischen Papiermühlen importiert. Die Hauptursache für den Niedergang war das Ausbleiben der Käufe durch die «East India Company»; diese hatte während langer Zeit das Monopolrecht auf dem Papier und jeweils die ganze indische Produktion aufgekauft. Nun importierte sie das Papier aus dem Mutterland England. Die *kagdi* oder *kagzi* wurden arbeitslos.

Oben: Eine der zerfallenen Papiermacherwerkstätten mit den im Boden versenkten Bütten, am Dorfrand von Khuldabad, im Gliedstaat Maharashtra. Khuldabad war einst ein blühendes Papiermacherdorf.

Unten: In der einzigen noch aktiven Papiermacherei in Khuldabad werden die Fasern in der Bütte über längere Zeit verrührt. Dabei darf nicht zu viel Sauerstoff in die Pulpe gelangen.

Diese Situation bewog Mahatma Gandhi in den Jahren um 1920 zu seinen als «Swadeshi-Bewegung» bezeichneten Projekten. *Swadeshi* bedeutet Einheimische, und die Projekte waren ein Versuch, das traditionelle Handwerk in den Dörfern durch kleine, industrielle Betriebe zu fördern. Auch die manuelle Papierherstellung war ein Teil dieses Projekts. Gleichzeitig wurden Arbeitsplätze in Gegenden mit hoher Arbeitslosigkeit geschaffen. Die berühmten Papiermacherzentren in Wardha, wo der erste, noch von Hand betriebene Holländer konstruiert wurde, und in Ahmedabad wurden eröffnet.[54] Schulen für Papiermacher entstanden in Kalpi und Uttar Pradesh.

Seit der zweiten Hälfte des 20. Jahrhunderts wird mit verschiedenen pflanzlichen Fasern experimentiert, und vor allem im südlichen Landesteil, in der Papiermühle des Ashrams von Sri Aurobindo in Podicherry, werden Ananasblätter *anasapandu/Ananas sativa*, Zuckerrohr *sherdi* oder *usa/Saccharum officinum* und Reisstroh *bhoosa/Oryza sativa* zu Papierpulpe verarbeitet. Einzelne Papiermacher oder Betriebe werden mit Forschungsstipendien von der UNIDO (United Nations Industrial Development Organization) unterstützt. Andere, deren Traditionen ebenfalls Generationen überlebt haben, gehen leer aus. In den Werkstätten liegen die letzten, bereits verstaubten Papierstapel, während die Gebäude bereits am Zerfallen sind.

In den meisten Werkstätten wird die Tradition der in der Erde vertieften Bütte und das Schöpfen aus der «Hocke» mit dem *chhapri*, dem gerippten Bambus- oder Grassieb, durch vom Westen beeinflusste Verfahren ersetzt. Die Produkte werden nicht nur in einer «verwestlichten» Tradition hergestellt, sondern finden auch ihren Weg in die Papierabteilungen der Kaufhäuser Europas und der USA.

Ganz im Geiste Mahatma Gandhis engagiert sich zur Zeit die Premchand-Familie im Dorf Khuldabad, einem einst produktiven muslimischen Papiermacherdorf, das nördlich von Aurangabad im Gliedstaat Maharashtra liegt. Die meisten Anlagen aus der Zeit des letzten Großmoguln Aurangzeb

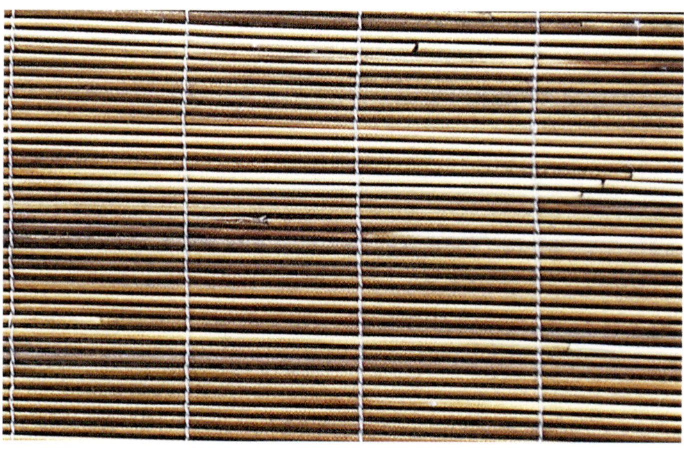

Links: Für die Herstellung eines *chhapris* werden Grashalme zur Verlängerung ineinander geschoben.

Unten: Die einzelnen Grashalme für ein geripptes Sieb werden mit einem dünnen Garn oder Nylonfaden verbunden. Zur optimalen Spannung wird das Material vorher auf Bleispulen aufgewickelt.

Rechts: Die Abstände der Grashalme sind gering, damit nur das Wasser, und nicht die Fasern, abfließen kann. Die durch das Sieb bedingten Texturen im Papier werden als *laid line*-Rippenlinien und *chain line*-Kettenlinien bezeichnet. Letztere entstehen durch die Verzwirnung mit dem Garn. Diese Spuren liefern wertvolle Informationen zur Datierung von Papierbogen.

(reg. 1658–1707), der das Papiermacherdorf *kagzipura* aufbaute, sind zerstört. Aurangzeb gründete in der Zeit, als das Mogulreich seinem Ende entgegenging, seine Residenzstadt Aurangabad in der Nähe einer Festung mit sieben Ringmauern. Er förderte das Handwerk, und so arbeiteten zu jener Zeit auch viele *kagzis* in der Stadt. Durch das stundenlange Klopfen der Hämmer zur Aufbereitung der Hanffasern für das Papier *sunn* fühlte er sich jedoch gestört, weshalb er die Papiermacher aus der Stadt auslagerte und das *kagzipura* Khuldabad gründete. Er ließ in diesem Papiermacherdorf sogar einen künstlichen See anlegen und baute eine Moschee für die *kagzis*.

Heute steht in Khuldabad noch immer ein Langhaus mit sechzehn Bütten und zwei Holländern am Seeufer. Im Wasser stehend, waschen und pressen die Papiermacher die Fasern mehrmals aus. Auf speziell aufgerauten Bereichen des Steinbodens im Langhaus erfolgt dann durch Reiben der Fasern die Verfeinerung; die Spuren dieses mühsamen Arbeitsprozesses sind im harten Steinboden noch sichtbar. Zu Kugeln geformt, gelangt der Rohstoff anschließend zu den Bütten.

Die Fähigkeiten der Papier- und Siebherstellung aus Schilfgras sind beinahe vergessen. Die wenigen Menschen, die noch davon Kenntnis haben, motivieren die jüngere Generation, qualitativ hochwertiges Papier für zeitgemäße Anwendungszwecke herzustellen. Nur ein solches Papier erfüllt den Anspruch der Abnehmer und ermöglicht eine neue Zukunft für die *kagzis*. Die einst in der Gegend blühenden Flachs- und Hanfpflanzen fehlen, der zur Zeit verwendete Rohstoff Jute, *Corchorus capsulris*, für *shan*-Papier wird aus dem Gliedstaat Westbengalen, Ostindien, eingeführt. Innovative Gestaltungsformen aus buntem, doppellagigem Papier oder solchem mit Scherenschnittmotiven sollen den Absatz sichern.

Das Projekt mit dem Ziel, Arbeitsplätze zu schaffen, das traditionelle indische Verfahren des Papierschöpfens zu erhalten und für die entsprechenden Produkte Absatzmärkte zu finden, erfordert ein bewundernswertes Engagement. Im Folgenden werden vier weitere Papierstationen im heutigen Indien betrachtet.

Das Ende einer Papieranlage in Junnar

Die prächtigen Bildausschnitte entlang der Nasik-Straße auf der Fahrt von Pune nach Junnar stehen in krassem Gegensatz zur Situation, die in Junnar, im indischen Gliedstaat Maharashtra, herrscht. Die Papiermacherei wurde vor rund drei Jahren eingestellt, weil selbst das Geld für die Bezahlung der Elektrizitätsrechnung fehlte. Der alte Meister Mameedbhai Patel hatte das Gebäude mit der Papiermühle im Jahre 1948 erbaut, zur Fortsetzung einer langen Tradition, an welche die ursprünglich am Dorfplatz angelegten, in der Erde vertieften Bütten noch erinnern – die *kagzis* arbeiteten in hockender Position. Auch diese Einrichtungen sind schon seit mehr als hundert Jahren nicht mehr in Betrieb, sie sind Fragmente einer vergangenen Zeit. Unten am Fluss sind die *chabutras*, Steinformationen zum Klopfen der Hanf- oder Jutefasern, noch erkennbar. Die Plattformen für den früher verwendeten Kollergang, eine senkrecht stehende, an einem Holzpfahl befestigte Steinrosette, die zum Teil auch durch Pferdestärke angetrieben wurde, sind längst mit Pflanzen überwachsen. Im Gebäude ruhen verrostete Werkzeuge und verstaubte orange- und pinkfarbene Papierstapel, die keine Käufer fanden. Eine ältere Frau begründet den «Tod» des Papiers im Dorf durch die fehlenden finanziellen Mittel für die Reparatur des Holländers; in der Folge konnten keine Fasern mehr aufbereitet werden, denn die *kagzis* hatten sich längst an die mechanische Aufbereitung der Fasern gewöhnt. Ein junger Mann beklagt, dass sein Dorf keine Zuschüsse der UNIDO bekomme. Mit Stolz zeigt er ein Fotoalbum mit Bildern aus besseren Zeiten, die inzwischen vergilbt sind. Heute sind die früheren Papiermacher Bauern, oder sie formen Lehmziegel, die als Baustoff langsam die traditionellen Holzhäuser der Gegend ersetzen.

Gereinigte Jutefasern *san* werden an einer Klinge in etwa 10 cm lange Stücke geschnitten, anschließend eingeweicht und mit den Füßen in einem stundenlangen Prozess zu Pulpe gestampft.

Der «Khadi Commission Award» für Meister Hussain

In Delhi wurde im Jahr 2003 der *kagzi* Mohammad Hussain mit dem *Award* der «Khadi Gramoudyog Commission»[55] ausgezeichnet und für seine langjährigen Verdienste zur Erhaltung des traditionellen Schöpfverfahrens geehrt. Die Urkunde wurde ihm vom Vorsitzenden der KVIC (*Khadi Village Industries Commissions*) übergeben. Er hofft, dass ihm demnächst auch die in Aussicht gestellten finanziellen Mittel zur Konstruktion einer neuen Werkstatt bewilligt werden. Die Familie Hussains fühlt sich dem Familienstolz und der Tradition des Papiermachens verpflichtet. In den engen Räumen gestalten drei Generationen den Alltag der *kagzis*.

Eine Plane schützt die junge Frau vor der stechenden Sonne auf dem Hausdach. An einer ungefähr 30 cm langen Klinge, die in ein Stück Holz eingelassen ist, schneidet sie den Rohstoff *san* – reine Jutefaser aus Bangladesch oder Westbengalen – in 10 cm lange Stücke. Die Fasern werden durch ein großes Metallsieb geschüttelt, damit Holz-, Metall- und andere Unreinheiten ausgeschieden werden. Zur besseren Zerfaserung des Rohstoffes folgt während gut zwei Wochen ein Wasserbad mit Kalkzusatz.

Unten im Vorhof bewegen sich die nackten Füße von Sohn Alimuddin in schnellem Rhythmus in einem in die Erde eingelassenen Behälter. Nach alter Sitte stampft er die Jutefasern zu feinem Faserbrei, täglich ein paar Stunden über mehrere Wochen, bevor die Fasern noch mit einem Metallhammer geklopft und ausgewaschen werden. Anstelle der Füße wurde früher auch ein großer Holzhammer in einer Aufhängevorrichtung verwendet. Die Hebelwirkung des schweren Hammers wurde mit den Füßen ausgelöst.

Der Schöpfraum im hinteren Teil des Hauses direkt neben der Küche ist winzig, ungefähr 350×300 cm groß. Die Papierfasern werden neben der im Boden eingelassenen Bütte ausgekippt und in diese hineingewischt. Flüssiges Alaun und Rosin werden der Pulpe zugegeben, diese wird unter intensiver Kraftaufwendung von Vater und Sohn, die sich gegenübersitzen, mit Bambusstäben suspendiert. Die Drehbewegung wird jeweils gewechselt, kräftige Schläge in bestimmten Rhythmen sind durch das ganze Haus zu hören. Die Bewegungen müssen bewusst koordiniert werden, es darf sich durch die Sauerstoffzufuhr keine Blasenbildung entwickeln, denn dies würde die Papierqualität beeinflussen.

Das Sieb *chhapri* aus Grashalmen, die in der Nähe von Flussufern wachsen, liegt lose auf dem wesentlich größeren Rahmen aus Teakholz, das aus Ostindien stammt. Die Auflagestäbe innerhalb des Rahmens bestehen aus Dreieckshölzern, deren Spitze nach oben gerichtet ist, dadurch ist die Auflage des *chhapris* an diesen Stellen sehr schmal. Beidseitig wird das bereits nasse *chhapri* mit je einem Holzstab auf die effektive Länge gespannt. Der Papierbogen entsteht durch zweimaliges Eintauchen in die Bütte und leichtes Bewegen des Siebes. Ein Bambusstab wird unter den Holzrahmen geschoben, als Haltevorrichtung für die Auflage des Rahmens mit dem *chhapri*. Das *chhapri* wird abgehoben und sorgfältig ohne Zwischenlagen gegautscht.

Im fensterlosen, feuchten Raum schöpft Mohammad Hussain seine Bogen nach traditioneller Sitte in der Hocke. Eine enorme Anforderung an die physische Kapazität während der tagelangen Arbeitsprozesse. Ein Stapel von fünfzig bis sechzig Bogen wird direkt neben der Bütte mit einem Holzbrett bedeckt, mit großen Steinen beschwert und langsam gepresst.

Das Befestigen der nassen Papierbogen an die weiß getünchte Hauswand für den Trocknungsprozess ist Frauensache. Ein kleiner Stapel Papiere wird an die Wand gepresst und jeweils der oberste Bogen wird abgehoben und mit einer Art Bürste daneben an die Wand gepresst.

In der trockenen und warmen Jahreszeit entstehen pro Tag ungefähr 150 Bogen. Während der Monsunzeit konzentrieren sich die Aktivitäten auf das Flicken von Schöpfsieben, das «Leimen» und Polieren von Papier und auf weitere

Oben: Der Papiermacher *kagzi* Mohammad Hussain schöpft in hockender Position einen Bogen Papier.

Mitte oben: Das *chhapri* wird vom Holzrahmen abgehoben.

Mitte unten: Das Papier wird ohne Zwischenlage auf den Stapel abgegautscht.

Unten: Das *chhapri* wird mit leichtem Druck abgehoben und wieder auf den Holzrahmen gelegt; ein neues Papier kann geschöpft werden.

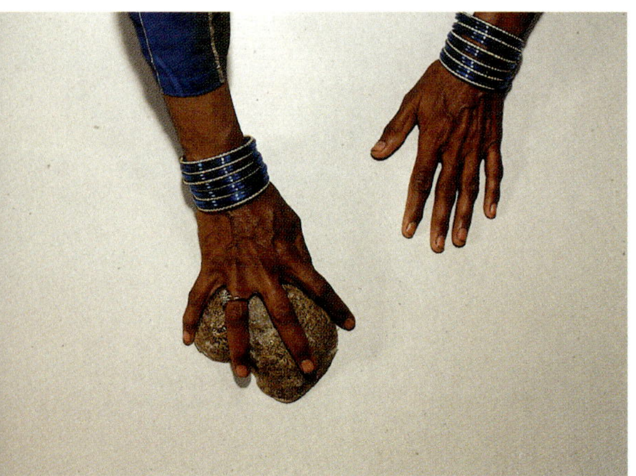

Oben: Die gepressten Papiere werden an der weiß getünchten Hauswand getrocknet.

Links: Zur Veredelung wird das Papier auf dem *babool*, einer leicht gerundeten Holzunterlage, mit einem Sandstein poliert.

Tätigkeiten. In mehreren Bereichen des Wohnzimmers wird gearbeitet, jeder einzelne Bogen begutachtet, allfällige Unreinheiten werden abgeschabt und anschließend beidseitig mit dem Mark eines Kamelknochens geglättet. Anschließend wird das Papier beidseitig mit einer Substanz aus Getreide- oder Reismehl und Wasser[56] mit einem wollenen Tuch eingerieben, eine Art Leimung der Oberfläche. Nach nochmaligem Trocknen auf einer Leine folgt beidseitig ein feiner Ölauftrag aus Senföl, Nussöl oder raffiniertem Sojaöl. Als Krönung des Prozesses wird das Papier auf dem *babool*, einer leicht gerundeten Holzunterlage, mit einem Sandstein, der von einem Hartholz stellenweise ummantelt ist, poliert. Die Oberfläche wird glänzend, fein und glatt. Ein guter Arbeiter poliert pro Tag rund siebzig bis achtzig Papierbogen

Oben: Die *kagzis* von «Salim's Handmade Paper & Board Industries» in Sanganer am Saraswati-Fluss. Sie haben die herkömmliche Tradition aufgegeben und schöpfen ihre Papiere in einem westlichen Verfahren. Ungewöhnlich dabei ist, dass bei einem relativ kleinen Format zwei *kagzis* an einem Schöpfsieb arbeiten.

Unten links: Vor dem Abgautschen wird ein dünnes Baumwolltuch auf den geschöpften Bogen gelegt.

Unten rechts: Das Papier wird auf den im Laufe des Tages produzierten Stapel abgegautscht.

Oben: Jeweils zwei Bogen werden zum Trocknen aufgehängt.

Unten: Salims Sortiment wird fortlaufend mit neuen Dekorpapieren ergänzt. Die großzügig aufgetragene Farbe wird mit einer Bürste zu einem linearen Muster gestaltet. Daraus entstehen später Designartikel für den Export nach Europa und in die USA.

im Format 81×62 cm. Die starken, polierten Jutepapiere eignen sich besonders gut für Kalligrafien oder den Buchdruck, und sie finden große Anerkennung für den Druck von kostbaren Ausgaben des Korans. Es handelt sich um ein Papier, dessen eigentlicher Wert weit über dem Verkaufspreis liegt.

Ob die strahlenden Kinder einst in die Fußstapfen ihrer Vorfahren treten werden, ist eher ungewiss. Noch tanzen sie zu den Rhythmen, die bei der Fasersuspension erzeugt werden, doch nur wenige Kilometer außerhalb des Dorfes können sie das florierende Unternehmen der Gebrüder Salim beobachten.

Salims erfolgreiche Geschichte

Janab Allah Bax, der im Jahre 1937 nach einem Treffen mit Mahatma Gandhi eine Papierwerkstätte gründete und 1976 gestorben ist, wäre stolz auf seine Söhne in der dritten Generation, die sein Engagement für das Papier wirtschaftlich erfolgreich weiterführen. Sie tragen dazu bei, dass Sanganer am Saraswati-Fluss, ein paar Kilometer außerhalb der «rosaroten Stadt» Jaipur[57] im Gliedstaat Rajasthan gelegen, sich zu einem der größten Papiermacherzentren in Westindien entwickelt hat. Kamelkarawanen transportierten auf alten Handelswegen Getreide oder Reis in Hanfsäcken. Wenn die Säcke für diese Funktion ausgedient hatten, wurden sie von den *kagzis* als Papierrohstoff übernommen.[58]

Bei Salims herrscht Hochbetrieb, es wird in zwei Schichten gearbeitet. Die sechs Brüder der Familie Salim führen die drei Fabriken «Salim's Handmade Paper & Board Industries» mit rund zweitausend Angestellten. In der Produktion der handgeschöpften Papiere arbeiten 400 Personen, davon rund sechzig *kagzis,* die Papiere für den europäischen und amerikanischen Markt herstellen. In einem modifizierten westlichen Schöpfverfahren werden pro Tag rund 20000 Papierbogen in den Formaten 60×80 cm und 65×85 cm aus Baumwollfasern geschöpft. In einem koordinierten Arbeitsprozess produziert ein Zweierteam 700 bis 1000 Bogen Papier pro Tag. Eine Zwischenlage aus Gaze – in kleineren Werkstätten werden auch alte Saris verwendet – wird auf das geschöpfte Papier gelegt, bevor es durch zwei Papiermacher auf den Stapel gegautscht wird. Rund 500 Bogen werden aufeinander geschichtet.

Die Auflösung der pro Tag erforderlichen tausend Kilogramm Baumwollabschnitte erfolgt in Holländern. Vater Salim soll als Erster einen elektrischen Holländer aus Europa importiert haben. Die Formate der Schöpfrahmen mit Messinggewebe richten sich nach den Wünschen der Kunden oder sie entsprechen Salims Normmaß von 55×76 cm. Die meisten Schöpfrahmen funktionieren ohne Deckel, nur schmale Leisten verhindern das seitliche Ausfließen der Papiermasse während des Schöpfprozesses. Das traditionelle *chhapri* ist hier bereits Ausstellungsobjekt.

Auf einer luftigen Trockenetage werden die Papiere nach dem Pressen mit Klammern an Plastikseilen aufgehängt. Früher wurden Seile aus Kuhhaaren für diesen Zweck verwendet.[59] Durch verschiedene Gestaltungsverfahren wie Drucken, Prägen, Bemalen oder sogar durch Aufnähen von Motiven mit der Nähmaschine werden die Papiere vielseitig dekoriert. In kreativen Prozessen entwickeln die Arbeiter/innen stets neue Kompositionen, Texturen und Oberflächengestaltungen mit raffinierten Hilfsmitteln. In eigenen Abteilungen werden Papeterie-Artikel, Behälter, Taschen, und weitere Accessoires gefertigt. Der Produktionsverlauf findet in einem angenehmen Arbeitsklima statt und orientiert sich hauptsächlich am Interesse der Kundschaft.

Die Großfamilie Salim lebt nach indischer Sitte als Familien-Clan im Haus, in dem die ehemalige Papierwerkstatt untergebracht war. Der Großvater hatte einst mit sechs *kagzis* den Grundstein gelegt. Der große Familientisch reicht in der Zwischenzeit nur noch für die Hälfte der Familienmitglieder aus, die Mahlzeiten finden in zwei Schichten statt, bei denen die Frauen wie die Männer meistens unter sich bleiben. Es wird viel gelacht, diskutiert und argumentiert, über Politik, Papier, Freundschaft, Bollywood und seine Auswirkungen auf die indische Kultur.

Ein produktives Papierinstitut in Pune

Das «Handmade Paper Institute Shivajinagar» in Pune wurde 1940 durch die «Maharashtra State Village Industries Commission» mit dem Ziel gegründet, die kleinindustrielle Papierproduktion in den Dörfern zu unterstützen und Papiermacher für das ganze Land auszubilden. 99 Personen arbeiten zur Zeit im Betrieb. Auf engem Raum werden 2500 Bogen Papier in acht Stunden an fünf verschiedenen Bütten hergestellt. Dazu werden 250 Kilogramm weiße Baumwolle, meistens Reststücke aus den Zuschnitten von Trikotwäsche, im einzigen Holländer zu Pulpe verarbeitet. Baumwollfasern werden nie im Erstverfahren für Pulpe verwendet, obwohl Indien über riesige Baumwollanbaugebiete verfügt. Das kostbare «Weiß» der Baumwollkapsel kommt erst auf dem Recyclingweg in die Papierproduktion, denn zuvor werden die Rohfasern zu Garn versponnen und zu Geweben oder Maschenware verarbeitet. Erst die Abschnitte aus den Zuschneidereien der Textilindustrie kommen zu den *kagzis*. Dort werden sie sortiert, zerkleinert, in einer Reißmaschine

Straßenszene in Sanganer. Wie hier handgefärbte und bedruckte Textilien, werden zu Beginn des 21. Jahrhunderts auch noch Papiere mit Hilfe von Kamelen transportiert.

zerfasert und im Holländer für die Pulpe verfeinert. Über den Frauen im Raum hinter dem Gebäude liegt trotz stechender Sonne ein leichter Nebel, der durch die feinen Staub- oder Baumwollfaserpartikel in der Luft entsteht. Ein Mundschutz schützt ihre Atemwege, der schwarze oder rote Punkt auf der Stirn bleibt unterhalb des Kopftuches gerade noch sichtbar; ihre dunklen Augen funkeln, sie lachen verschmitzt. Aus der engen Tür im angrenzenden Raum tragen Frauen Papierstapel von rund 50 cm Höhe auf ihrem Kopf vom Trockenraum in den Sortierraum. Papiere türmen sich zu raumfüllenden Installationen.

In der ersten Etage wird in einem eigenen Labor mit einer Forschungsabteilung für die Weiterentwicklung und Qualitätssicherung des Papiers gesorgt. Die Modernisierung der alten Tradition zeigt sich in Pune an einem Gussverfahren mit hohem, aufgesetztem Rahmendeckel, genannt *sacha*, der per Fußpedal oder durch mechanisches Heben vom Sieb entfernt wird. Das Sieb aus grobmaschigem Draht mit einem darauf liegenden Kunststoffsieb ist am Holzrahmen befestigt. Die Papierformate bewegen sich von 55×76 cm, 68×100 cm bis zu 140×190 cm; das stärkste Papier wiegt 500 g/m².

Der Arbeitsprozess ist sehr effizient strukturiert. An zwei Bütten arbeiten je ein Papiermacher und ein Gautscher. Die relativ dickflüssige Pulpe wird eingegossen und mit den Händen verteilt. Das Wasser fließt schnell ab. Das Sieb wird hochgehoben und der Deckel entfernt; auf einer Breitseite liegt der Siebrand noch auf der Bütte aus Holz, während der Gautscher ein neues Sieb auf die speziellen Querstäbe, die über der Bütte liegen, auflegt. Während der Gautscher das Papiervlies abgautscht, formt der Papiermacher bereits einen neuen Bogen. Zwischen den Papierstapeln steht ein Assistent, der filzartige Zwischenlagen auf den nassen Papieren ausbreitet. Dieses Verfahren, das aus der westlichen Papiertradition stammt, stellt in Indien eine neuere Produktionsform dar. Im hinteren, dunklen Raum entsteht blaues Papier auf der Rundsiebmaschine mit einer Breite von 80 cm. Die Länge der Papierbogen entspricht der Hälfte des Umfangs des Rundsiebs, in diesem Fall sind es etwa 120 cm.

In Indien ist die traditionelle Papiermacherei noch heute sichtbar, es ist ein Land, in dem mit Enthusiasmus, Kreativität und guter Organisation die alte Tradition der Papiermanufaktur erfolgreich weitergeführt wird.

Vielfältige Papier- und Goldblattkultur in Myanmar

Oben: Die Zeichen in der burmesischen Rundschrift namens *tsa-lonh* bedeuten «handgefertigtes Papier»

Links: Gewalztes, 2 cm breites, 24-karätiges Goldband bevor es geschnitten und zu Goldblatt geklopft wird.

In Myanmar ist die Geschichte des Papiers eng mit der Kultur des Goldschlagens verbunden, und das dazu benötigte Spezialpapier wird noch heute im kleinen Dorf Daung Ma produziert.

Gold, das gelbliche Blanke, das Symbol für Schönheit und Reichtum, wurde bereits Jahrtausende v. Chr. abgebaut.[60] Die ältesten Goldschmuckfunde von 2900 v. Chr. stammen aus Karnataka in Indien. In Harappa, Südpakistan, entdeckte man bei Ausgrabungen Goldschmuck aus der Zeit von 2500–1700 v. Chr. Das Edelmetall wurde aus Südindien oder Afghanistan eingeführt. Chinesische Handwerker haben sodann rund 500 Jahre v. Chr. mit dünn ausgehämmertem Goldblatt Tempel, Pagoden und Statuen vergoldet. In Japan ist Goldblatt seit der Nara-Zeit (710–794) bekannt. Wichtigster Herstellungsort war Kanazawa an der Westküste der Insel Honshu. Das Blattgold wird dort mit Zwischenlagen aus *hakuuchishi*, einem Gampi-Papier, das mit dem Zusatz von Tonerde hergestellt wird, geklopft.

Spezielle Verfahren, um das kostbare Edelmetall durch Auswalzen und Hämmern so zu strecken und zu verdünnen, dass mit der gleichen Menge immer größere Flächen vergoldet werden konnten, wurden schon früh entwickelt. Bei Goldobjekten wird unterschieden zwischen Massivgold, Goldblech und einer Vergoldung mit Goldblatt.

Die Technik der Goldblattapplikation hängt in Asien eng mit der Verehrung Buddhas und der buddhistischen Gottheiten zusammen. Die frühesten buddhistischen Lehrmeister sprachen vom «unendlichen, goldenen Glanz des edlen Leibes Buddhas».[61] Dabei wurden die extrem feinen Goldblätter entweder von Künstlern in einem einzigen

Applizieren von Goldblatt an der Figur des historischen Buddhas Shakyamuni in der Mahamuni-Pagode in Mandalay, Myanmar. In den letzten hundert Jahren wurden rund sechs Tonnen Goldblatt auf den Körper des Buddhas appliziert. Der Buddha wird ausschließlich von Kerzenlicht beleuchtet.

Arbeitsprozess auf Holz-, Stein- oder Tonstatuen angebracht oder von frommen Gläubigen über Jahrzehnte und Jahrhunderte stückweise im Sinne einer Ehrerbietung appliziert. Bezüglich des Alters dieses Brauchs verfügen wir sowohl über literarische als auch archäologische Zeugnisse. So berichtete der buddhistische Wandermönch Xuanzang, der um 643 auf der südlichen Seidenstraße von seiner dreizehnjährigen Indienreise nach China zurückkehrte, in einem Heiligtum nahe Khotans Folgendes beobachtet zu haben: «Dort gibt es eine Wunder vollbringende, riesige Statue Buddhas. Die Kranken bringen ein Goldblättchen an derjenigen Körperstelle der Statue an, die ihrem eigenen schmerzenden Körperteil entspricht. Dadurch werden sie geheilt.»[62] Der britische Archäologe ungarischer Herkunft Sir Aurel Stein, der den Reisebericht Xuanzangs kannte, war 1901 besonders erfreut, als er bei der Ausgrabung des Klosters von Rawak unweit Khotans an einer Tonstatue aus dem 5. Jahrhundert die Überreste kleiner, äußerst feiner Goldblättchen fand.[63]

Dieser aus dem indischen Subkontinent stammende Brauch verbreitete sich von Khotan ausgehend rasch ostwärts nach ganz China, wie die erst im Jahr 1996 in der ostchinesischen Provinz Shangdong entdeckten buddhistischen Steinfiguren beweisen. Auf einigen dieser Kunstwerke aus der Dynastie der Nördlichen Qi (550–577) sind kleine, hauchdünne Goldblättchen zu erkennen. Diese Tradition wurde während der Tang-Dynastie (618–907) fortgesetzt. Sie verbreitete sich gleichzeitig nach Südostasien und nach Japan, wo sie *kirikane* heißt.[64]

Indiens sagenhafter Goldreichtum ist verblasst, verschiedene Länder verfügen aber noch immer über den kostbaren Rohstoff, dazu gehört auch die fruchtbare Halbinsel Myanmar[65], deren kulturelle und religiöse Traditionen in der Verehrung Buddhas und buddhistischer Heiliger bis heute in den Alltag integriert sind. So ist der Buddha Shakyamuni in der Mahamuni Paya, der Pagode des großen Weisen, mittlerweile mit einer Schicht Gold von rund 15 cm eingehüllt. Der Zutritt zum Buddha ist nur Männern erlaubt. Frauen übergeben ihre Opfergaben einem Tempeldiener, der ihnen einen Stab reicht. Daran werden Goldblatt und Geldspenden befestigt. Der Tempeldiener überreicht die Gaben einem weiteren Diener, der das Gold appliziert.

Der auf einer Klippe balancierende Felsenstupa *Kyaiktiyo* nordöstlich von Yangon (früher Rangun) lockt Tausende Pilger auf den Berg *Kyaikto*. Der mit Blattgold umhüllte Felsen übernimmt alle Attribute der Natur und ist gleichzeitig ein religiöses Wahrzeichen von beinahe magischer Anziehungskraft für die Bevölkerung von Myanmar.

In der geheimnisvollen Königstadt Bagan, einem der größten Kulturdenkmäler der Erde, erinnern einige Tausend Tempel an den tiefen Glauben der Bevölkerung und deren Wunsch, mit der Gründung dieser sich auf 25 km² erstreckenden Tempelstadt einen Schritt in Richtung Nirwana zu gehen. Der zum Buddhismus bekehrte junge König Anawrahta (1044–1077) machte die 849 v. Chr. gegründete Stadt am Irrawaddy-Fluss, in der sich die Handelsstraßen zwischen China und Indien kreuzen, zur Hauptstadt seines Reiches. Für die gigantischen Bauwerke beauftragte er Handwerker aus Thailand.[66] Rund 2200 von den ehemals 4446 Sakralbauten zeugen noch vom Geist und Glanz der einstigen Stadt aus dem Mittelalter. Die Bauwerke werden in drei Stilepochen eingeteilt: Frühe Epoche (850–1100), mittlere Epoche (1100–1170) und späte Epoche (1170–1300).[67] Ein besonders schönes Beispiel für die Anwendung von Blattgold zu religiösen Zwecken ist die vergoldete Spitze der perfekt proportionierten Ananda-Pagode aus dem 11. Jahrhundert. Die goldene Spitze hebt sich vor dem stahlblauen Himmel ab wie eine kostbare Krone. Die gigantischen architektonischen Formen, unter denen sich auch mehrere

Bibliotheken befanden, erscheinen heute wie ein Wunderwerk aus einer fernen Zeit.

Goldschläger in der ehemaligen Kaiserstadt

In den rund dreißig Werkstätten von Mandalay nordöstlich von Bagan arbeiten die Goldschläger nach traditionellen Vorgaben. Aus 24 Gramm Gold werden in ungefähr sechseinhalb Stunden 4800 Blättchen geschlagen.[68] Der Aufschlag des Hammers verhallt in der Umgebung. Im vorderen Raum einer Werkstatt an der 36. Straße stehen fünf Männer, die sich bei der Arbeit mit dem gut neun Kilogramm schweren Eisenhammer abwechseln. Das Gold liegt mit Schichten aus Papier versehen zwischen zwei sich kreuzenden Bändern aus Hirschleder. Die kleinen Mengen des goldenen Inhalts werden durch 750 feinste Reisstroh- oder Bambuspapiere getrennt, zwischen jedem Bogen liegt ein Hauch von Gold. Oben und unten wird der Stapel mit ein paar zusätzlichen Bogen aus Strohpapier geschützt.

Um das richtige Zeitmaß für den Prozess des Schlagens einzuhalten, hilft eine im Wasser liegende halbe Kokosnussschale. Durch ein kleines Loch in der Schalenseite dringt Wasser ein; ist die Schale gefüllt, wird sie ausgekippt. Dies wird dreimal wiederholt, dann wird der Stapel mit beiden Händen durchgeknetet und im Uhrzeigersinn um 90 Grad gedreht. Das Kneten und Drücken optimiert die regelmäßige Ausdehnung des Goldes. Der Ablauf wiederholt sich kontinuierlich, bis die Schale neunzigmal gefüllt respektive geleert wurde.

Als Vorarbeit für die Herstellung von reinem, 24-karätigem Blattgold werden beim Goldschmied dünne Barren, genannt *zain* aus geschmolzenem Gold gegossen. Anschließend werden diese in glühendem Zustand in einem einfachen Walzgerät dünner gewalzt und zu langen Bändern geklopft. Durch das Abkühlen wird das inzwischen 2 cm breite und 1/20 mm dünne Vorband gehärtet. Mit einer Art Falzbein wird dessen texturierte Oberfläche glatt gestrichen und

Die ehemalige Königstadt Bagan am Irrawady-Fluss erstreckt sich über 25 km². Die einst goldenen Kuppeln spiegelten das Ansehen und den Reichtum des Landes wider.

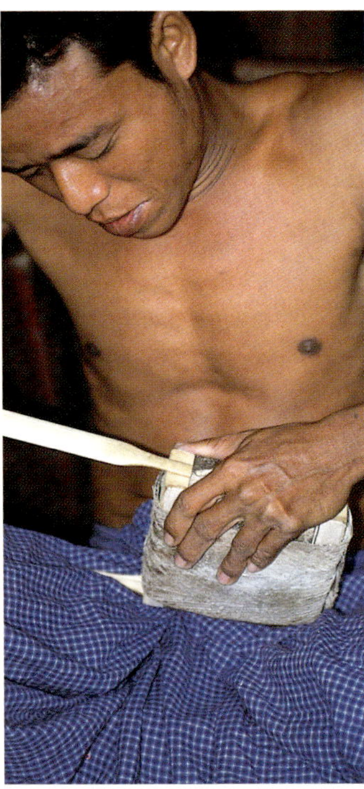

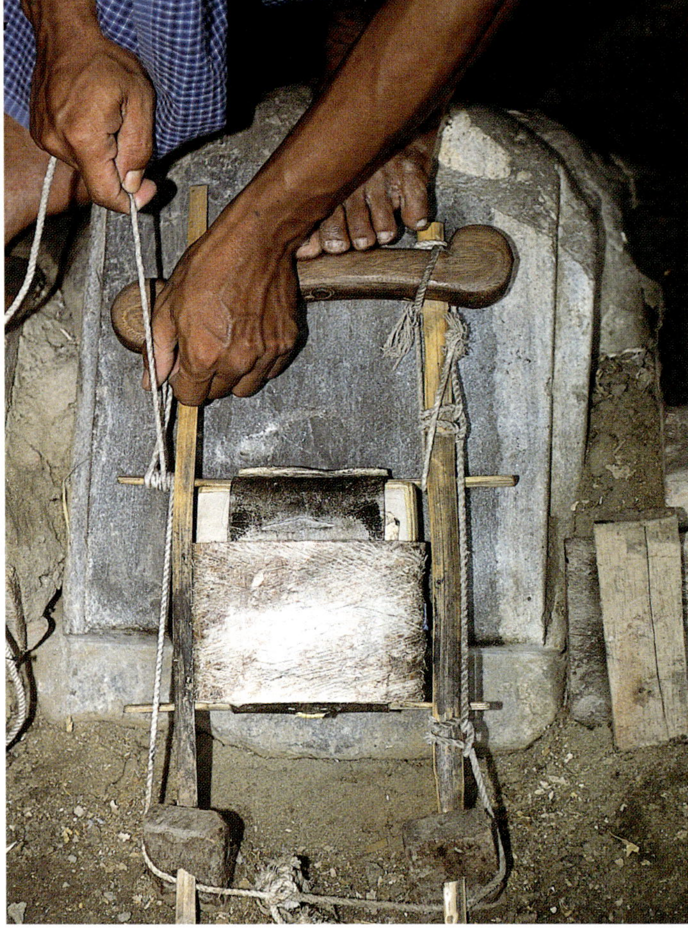

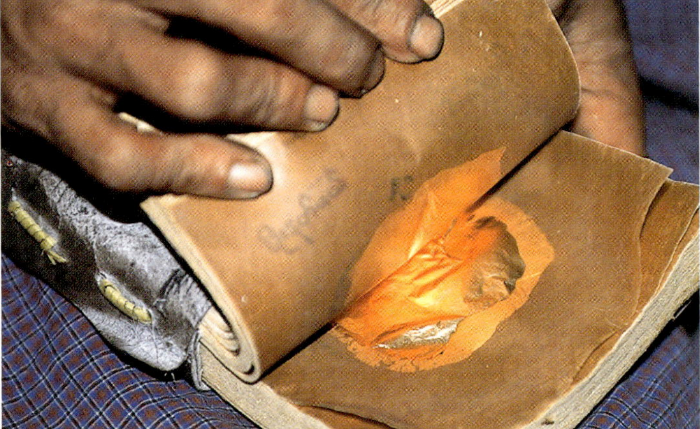

Oben links: In der Goldschläger-Werkstatt in Mandalay wird das Goldblatt umgeschichtet und zwischen feinere Papierlagen gelegt. Das Gesicht der jungen Arbeiterin ist mit *thanakha* geschmückt, einer Paste aus pulverisierter Rinde des *That nat Icho*-Baumes, die mit Wasser vermischt wurde.

Oben Mitte: Ein kleiner Stapel aus Gold- und Papierschichten wird in Hirschleder verpackt. Zur späteren Befestigung wird auf zwei Seiten ein Bambusstab eingeschoben.

Oben rechts: An der speziell angefertigten Vorrichtung werden die umhüllten Gold- und Papierlagen befestigt.

Unten links: Durch das kontinuierliche Klopfen dehnt sich die Goldfläche zu hauchdünnem Blattgold aus.

Unten rechts: Das kostbare Produkt wird vom Goldschläger kritisch geprüft.

zackenförmig gefaltet. An der jeweiligen Falzstelle entsteht die Markierung, welche das Maß für den Zuschnitt des Bandes in 2 cm lange Stücke bestimmt. Die richtige Goldmenge für die erste Etappe des Goldklopfens ist somit vorbereitet.

Einzeln werden die kleinen Goldblattquadrate, genannt *quartiere*, nun abwechslungsweise zwischen die 5×5 cm großen, feinen Reisstrohpapiere geschichtet und mit einem Hirschleder zusammengehalten. In dieser ersten Etappe des Klopfens vergrößert sich die Goldfläche ungefähr um das Sechsfache. Für die zweite Etappe wird die Goldfläche in sechs gleich große Teile geschnitten und zwischen 15×15 cm große Bambuspapiere geschichtet, mit Hirschleder umwickelt und nochmals eine Stunde lang geklopft. Erneut wird die Fläche sechsmal größer – dieser Zustand wird als halbfertig bezeichnet. Wieder wird die Fläche in sechs gleich große Teile unterteilt, zwischen neue, feinste und kostbarste Bambuspapierlagen geschichtet und im langen Prozess des Klopfens zu hauchdünnem, ungefähr 1/4000 mm starkem Blattgold geklopft. Ein letztes Mal wird der Stapel umgeschichtet. Das Blattgold wird jetzt zum Verkauf zwischen Reisstrohpapier gelegt, um das Verkleben der einzelnen dünnen Goldschichten zu verhindern. In kleinen Stapeln von jeweils zehn Lagen kommt das Blattgold im Format von 10×10 cm in den Handel. Wird das Blattgold mit bloßen Händen angefasst, bleibt es an der Haut kleben, kommt ein Windstoß, schwebt das kostbare Gut davon.

Es braucht feine Hände, um die Vorbänder zu falten und die Gold- und Papierlagen immer wieder umzuschichten, deshalb wird dieser Teil des «goldenen Handwerks» vorwiegend von Mädchen und Frauen erledigt. Hin und wieder applizieren sie einen goldenen Punkt auf ihre Stirn, was ihre mit *thanakha*[69] geschmückten Gesichter noch strahlender erscheinen lässt. Ihr Gold wird nicht exportiert, sie sind stolz auf die noch erhaltene Kultur der Verehrung Buddhas und auf die Stupas und Pagoden im eigenen Land.

Die hohe Präsenz der Goldschläger in Mandalay hat ihre Wurzeln in der Zeit, als König Mindon Min in der zweiten Hälfte des 19. Jahrhunderts Mandalay zur Hauptstadt[70] erkor. Er brachte viele Handwerker in die Gegend, deren Vorfahren ursprünglich aus Amarapura, der früheren Hauptstadt, stammten.

Papier übernimmt beim Goldblatthandwerk eine wichtige Funktion, und deshalb erstaunt es kaum, dass auch die traditionelle Papierherstellung in Myanmar noch stark verbreitet ist. Papiere, die als Zwischenlagen eingesetzt werden, müssen sehr elastisch und reißfest sein. Sie trennen die Goldschichten während des «Schlagens» und werden bis zu siebzigmal verwendet. Diese Anforderungen bedingen ein Papier von besonderer Struktur. Bambus-, Reisstroh- und Maulbeerstrauchfasern sind die Ausgangsmaterialien für die lokale Papiertradition, genannt *yoyer setkou*, die bis in die Gegenwart erhalten geblieben ist.

Reisstroh- und Bambuspapier für Blattgold

Im Dorf Nyaung Gone fertigen seit vielen Generationen rund dreißig Familien Papier im Gussverfahren an. Der Anblick der in geometrischer Anordnung zum Trocknen aufgestellten Papiersiebe ist großartig. Die am Vortag aus Reisstroh hergestellten Papierbogen im Format 105×75 cm erwecken in der Morgensonne den Eindruck puren Goldes. Die intensiv grünen Maisfelder und die kurz vor der Ernte stehenden Reisfelder in der Umgebung unterstützen die Farbwirkung des Papiers. Auf Holzpfeilern stehende Bambus- und Strohhäuser schützen in der Regenzeit den Besitz der Einwohner/innen vor den regelmäßigen Überflutungen des lehmhaltigen Bodens. Darunter befestigte, kleine Boote sorgen in dieser Zeit für den Transport und die Kommunikation der sehr fröhlichen und neugierigen Menschen.

Während die Papiermacherin und Lehrerin *Khin Ma Ma* die wesentlichen Schritte der Faserzubereitung aus Reisstroh,

Die gegossenen Reisstrohpapiere sind im Dorf Nyaung Gone zum Trocknen aufgestellt. In wenigen Stunden können die Papiere abgelöst und die Gusssiebe für eine weitere Produktion genutzt werden.

Oben: Die Pulpe aus Reisstrohfasern wird zerquirlt, während das Sieb bereits auf der tischähnlichen Anlage im Wasser liegt. Um das Sieb unter Wasser zu halten, wird der Holzrahmen beidseitig mit Steinen beschwert.

Unten: Die Pulpe wird zur gezielteren Verteilung der Fasern über die geöffnete Hand ins Sieb gegossen. Mit Hilfe eines Holzstabes werden die Fasern auf der ganzen Fläche verteilt.

das nach dem Einlegen in Kalkwasser 24 Stunden im Wasserbad gekocht wird, erklärt, gießt ihre Mutter auf einer tischähnlichen Anlage die Fasern zu Papierbogen. Sechzig Siebe stehen ihr zur Verfügung. Unreinheiten werden später von den getrockneten, in Stücke von 15 × 15 cm geschnittenen Papieren mit einer 30 cm langen Klinge entfernt. Die eher poröse Oberfläche des Reisstrohpapiers wird auf einer Metallunterlage mit einem Schlägel aus Zitronen- oder Guavaholz, *Psidium guajava,* aus der Familie *Myrtaceae,* so lange geklopft und dabei immer wieder gedreht, bis die Oberfläche glatt, glänzend und makellos ist. Dieses Papier wird für die erste Etappe des Goldschlagens, das Ausdehnen des Vorbandes, verwendet. Die glatte Textur des Papiers verhindert das Eindringen des Goldes in die Papierfläche.

Zwei Fahrtstunden auf einem Ochsenwagen vom Dorf Nyaung Gone entfernt lebt U Tun Shwe, der Meister des kostbaren Bambuspapiers. Ausschließlich speziell gefertigtes Bambuspapier wird für die letzte und schwierigste Etappe im Prozess des Goldschlagens als Zwischenlage eingesetzt. Hergestellt wird es insgesamt von nur neun Familien in ganz Myanmar im nachfolgend beschriebenen Verfahren. Als Rohstoff wird nur die beste Qualität von jungem Bambus *Wa* verwendet. Dieser Bambus ist innen hohl, woran das Alter erkannt werden kann. Er wächst in hohen Lagen auf dem Weg nach Myin im Norden des Landes. Der Vorbereitungsprozess des Fasermaterials dauert gut drei Jahre. Während dieser Zeit werden die Bambusstäbchen in glasierten Tonkrügen in Kalkwasser eingelegt, wodurch eine hervorragende Faserqualität erzielt wird. Dieser lange Prozess vermittelt gleichzeitig einen Eindruck darüber, welche Bedeutung die Zeit im Leben dieser Menschen einnimmt.

Der junge Bambus wird als Erstes in 15 bis 25 cm lange Stücke geschnitten. Die Länge richtet sich nach den Wachstumsknoten, denn diese werden herausgeschnitten und als Brennholz verwendet. Die äußere Rinde wird entfernt und die inneren Faserschichten werden in ca. 15 mm breite Stäbchen gespalten. Jeweils 20 bis 23 Stäbchen werden gebündelt und mit Bambusfasern umwickelt. Um Verunreinigungen auszuschließen, werden andere Materialien vermieden. Die Bambusmenge eines Bündels reicht für eine ganze Wochenproduktion. Nach der langen Zeit im Kalkbad werden die Fasern ausgewaschen und sechzig Stunden lang gekocht. Während das Wasser kontinuierlich in kleinen Mengen abfließt, wird frisches, heißes Wasser zugegeben. Auf einem

Oben: Nach dem Kochen und Klopfen werden die Fasern mehrere Stunden lang durch rhythmische Bewegungen mit einem Hirschgeweih zerquetscht.

Unten: Die Fasermenge für einen gegossenen Papierbogen von rund 180 x 90 cm wird zu einer Kugel geformt und bereitgelegt.

rauen Stein werden die Bambusfasern während sieben Tagen geklopft und dabei immer feucht gehalten. Anschließend werden sie in einem Marmorgefäß mit einem Mörser aus Holz weiter verfeinert, um danach mit einem Holzklopfer erneut geklopft zu werden. Dreitausend Schläge werden vor dem letzten Vorbereitungsprozedere ausgeführt. Auf einer Holzunterlage werden die Fasern ein paar Stunden durch rhythmische Bewegungen mit einem Hirschgeweih gequetscht und dann portionenweise, in der Menge eines einzelnen Bogens, zu Kugeln geformt. Ein Pfund Trockengewicht reicht für zwölf Kugeln, was einer Tagesproduktion entspricht. Aus einem einzelnen gegossenen Bogen werden später 72 kleine, quadratische Bogen geschnitten, deren Größe von 15 × 15 cm sich nach der Goldblattverarbeitung richtet.

Nach diesem aufwändigen Vorbereitungsprozess sind die Bambusfasern schon fast so kostbar wie Gold.

Das Gießen der Papierbogen ist hier reine Männersache. Das äußerst fein gewobene Sieb aus Polyester[71] ist mit Schnüren am Holzrahmen befestigt, damit es beim Ablösen des trockenen, kostbaren Papiers entfernt werden kann und so das Papier nicht beschädigt wird. Die Fasern werden ohne weitere Zusätze in einem Gefäß suspendiert und langsam und sorgfältig ins Sieb, das schwimmend im Wasser liegt, gegossen. Das Sieb ist seitlich am Wasserbehälter befestigt und wird stufenweise immer wieder aus dem Wasser gehoben. Damit sich das Papier nach dem Trocknen besser vom Holzrahmen ablöst, zieht man mit einem keilförmigen Stück Holz den inneren Rand des Siebes nach. Sobald das Sieb endgültig aus dem Behälter herausgehoben worden ist, wird das auf der Siebunterseite abtropfende Wasser mit einem Holzstab weggewischt. Der Gießprozess in der winzigen Werkstatt dauert eine gute halbe Stunde.

Zum Trocknen wird das Sieb mit der Papierfläche nach hinten an eine Holzsäule gelehnt, so können sich keine Staub- oder andere Partikel in der Papierfläche festsetzen. Das dünne Papier ist bei gutem Wetter in drei bis vier Stunden trocken. Damit es sich besser von der Unterlage löst, wird die Rückseite des Siebes mit viel Sorgfalt von Hand angerieben. Der Rahmen wird nun entfernt und das eher harte, steife und sehr dünne Papier wird von oben nach unten abgelöst und anschließend aufgerollt. Es wird nicht gefaltet, um unnötige Falten und Risse im Papier zu vermeiden. Allfällige Unreinheiten werden mit einem Messer abgeschabt und Unebenheiten von beiden Seiten mit Sandpapier abgeschliffen. Mit Hilfe einer Kartonschablone werden die Bogen im Format 15 × 15 cm gefaltet und mit dem Messer zugeschnitten. Restabschnitte der kostbaren Bambusfasern werden für eine neue Produktion wieder aufgelöst und dieser beigemischt.

Noch sind die Papiere nicht geeignet für das Schlagen von Gold. Elastizität und glatte Oberfläche sind noch nicht optimiert. Eine enge Treppe führt hinab in einen kleinen, feuchten und stickigen Raum unter der Erde. Der rhythmische, klirrende und dröhnende Schlag auf die Metallunterlage wirkt unangenehm. Auch hier werden die kleinen Papiere beidseitig geklopft, der Holzschlägel wird zu diesem Zweck mit einer Paste bestrichen, die sich durch das Klopfen auf das Papier überträgt. 25 Papiere werden in dieser Weise

täglich von einer jungen Frau bearbeitet. Ein Verfahren aus der Zeit, als erstmals Gold zu Blattgold geschlagen wurde. Erst dann wird das Papier an die Goldschläger von Mandalay verkauft. Viel Arbeit und Sorgfalt verbirgt sich hinter dem schillernden Papier. Kein Wunder, dass ein einzelnes geschlagenes Papier 25 Kyat kostet, was gegenwärtig knapp 5 Schweizerfranken oder 3,30 Euro entspricht.

Spezifische Eigenschaften bestimmen die Verwendung des Papiers

In Myanmar gibt es noch auffallend viele Papiermacher, die traditionell arbeiten. Im Dorf Nan Hu Taung in der Provinz Shan produzieren ungefähr vierzig Familien im Gussverfahren *say sar*, das Papier aus dem Rindenbast des *Thum Sar*. Beim *Thum Sar* handelt es sich um einen Maulbeerstrauch aus der Familie der *Moraceae*, der am nahe gelegenen Fluss wächst und auch angepflanzt wird. Von Sonnenaufgang bis Sonnenuntergang fertigt eine Familie rund 150 Bogen im Format 90 × 58 cm.[72] Bei günstigen Wetterbedingungen und wenn die Papiermacher nicht auf dem Feld arbeiten, sind Straßenränder und Hinterhöfe flankiert von Gusssieben und weiß leuchtenden Papieren, deren Oberfläche vor dem Ablösen vom Siebgewebe durch Polieren mit einer Metallschale geglättet wird. Zu Zehnerbündeln geschnürt, finden die Papiere ihre Kunden, die regelmäßig vorbeikommen. Interessant ist die Verwendung dieses Rindenbastpapiers als Einlagematerial zum Beispiel bei Hüten und Schuhen, als Verpackungsmaterial für Teeblätter oder für Servietten. Durch die minime Öffnung des Landes seit 1994 ändert sich auch die Kultur der Gastronomie, was zur Folge hat, dass zum Beispiel am Inle-See Baumwollservietten durch handgeschöpfte Papierservietten ersetzt werden.

Auch die Meisterin Ma Htoo in Pindaya, das nördlich des Inle-Sees am Südrand der Provinz Shan liegt, gießt Papier, und zwar in einem raffinierten, effizienten Verfahren, das sie selbst entwickelt hat: Sechs Siebe legt sie in einem speziell angefertigten Trog ins Wasser. Die suspendierte Papiermasse wird auf die Siebe gegossen und gleichmäßig verteilt. Kurz danach lässt sie das Wasser ablaufen und die Siebe werden zum Trocknen aus dem Trog herausgehoben. Ma Htoos Papiere finden vor allem bei der Konstruktion von Papierschirmen und bei Toilettenartikeln Verwendung. Wie die meisten Papiermacherfamilien setzt auch sie eine alte Tradition fort.

In kleinen Dörfern außerhalb der Stadt Kyauk Me, ebenfalls in der Provinz Shan, wird in über sechzig Betrieben Papier aus Bambusfasern geschöpft, welches als Geistergeld verwendet wird. Das Dorf Haw Pha Sone steht sprichwörtlich im Bambus, der zum Lagern oder Trocknen aufgestellt ist. In der besuchten Werkstatt arbeiten neun Männer und Frauen an den verschiedenen Bütten in einem sagenhaften Tempo. Jede Person schöpft täglich bis zu 1500 Bogen, was eine beachtliche Tagesproduktion von 13500 Bogen ergibt. Die Papiere werden ohne Zwischenlagen auf Stapeln bis zu 150 cm Höhe abgegautscht.[73] Im Vergleich zum Papier, das als Zwischenlage beim Goldschlagen eingesetzt wird, ist dieses Bambuspapier von geringerer Qualität, aber es hat auch ganz andere Funktionen zu erfüllen.

Zur Herstellung von Geisterpapier wird der getrocknete Bogen in 18 cm breite Streifen geschnitten, und mit einer Stanzschablone werden Formen eingeprägt oder Elemente ausgestanzt. Anhand der zwei Gelbtöne – ungefärbtes, eher blasses und gelb gefärbtes, leuchtendes Bambuspapier – wird die spätere Verwendung bestimmt: Das blasse Papier wird bei zeremoniellen Ritualen verbrannt, das leuchtende zur Verehrung der Götter den Frucht- und Blumenopfergaben beigefügt. Der größte Teil dieser Papierproduktion wird über das «Goldene Dreieck», das Grenzgebiet von Myanmar, Laos und Thailand, das für seinen intensiven Anbau von Schlafmohn und dessen Verarbeitung zu Opium berüchtigt ist, nach China exportiert. In Myanmar verwendet mehrheitlich die chinesische Bevölkerungsgruppe das Geisterpapier für ihre Rituale.

Die traditionelle Papiermanufaktur, besonders jene der Bambuspapiere, die beim Goldblattklopfen benötigt werden, ist in Myanmar von einer außergewöhnlichen Qualität. Die abgelegenen Werkstätten sind noch nicht vom Produktionstempo, den Technologien und Lebensformen anderer asiatischer Kulturen eingeholt worden, und die Familientraditionen werden stolz weitergegeben.

Oben: Vor dem Pressen wird der Stapel mit den frisch geschöpften Papieren eine Nacht lang gelagert und am folgenden Tag über mehrere Stunden durch kontinuierliches Erhöhen des Druckes gepresst. Papiere ohne Zwischenlagen erfordern diesen stufenweisen Prozess, um ein Verschieben der Papierlagen zu verhindern.

Unten: Getrocknete Papiere liegen für die weitere Verarbeitung in Kyauk Me bereit.

Seite 148 oben: Junge Frauen klopfen die zugeschnittenen Papiere, bis die Oberfläche glatt und somit als Zwischenlage für Goldblatt geeignet ist.

Seite 148 unten: Die Papierproduktion außerhalb der Stadt Kyauk Me in der Provinz Shan erfordert große Rohstoffmengen. Sämtliche Plätze dienen als Lagerstätte für den über mehrere Jahre gewachsenen Bambus.

Vietnam, eine alte Tradition sucht ihren neuen Weg

giấy thủ công

Die Zeichen in der von den Vietmanesen übernommenen Lateinschrift namens *quoc ngu* bedeuten «handgeschöpftes Papier».

Im 331 689 km² großen Staat Vietnam mit ca. 80,2 Millionen Einwohnern war die Papierherstellung einst ein florierendes Handwerk. Im Dorf Duong O sollen gemäß mündlichen Überlieferungen mehr als 300 Papiermacher tätig gewesen sein. Im Jahre 2003 sind sie dort, wie in anderen Dörfern, an einer Hand abzuzählen. Die meisten arbeiten dreißig bis fünfzig Kilometer nördlich von Hanoi. Die letzten Papiermacher südlich von Hanoi in An Coc haben vor wenigen Jahren ihre Produktion eingestellt. Nicht nur die Papiermacher, auch den traditionellen Rohstoff, den *Rhamnoneuron balansae*-Busch, gibt es kaum mehr. Die letzten Bestände wachsen wild im subtropischen Klima der Täler der Tuyen-Quang-Berge im Nordosten und -westen des Landes. Durch maßlose Abholzungen und Buschbrände ist die Pflanze nun vom Aussterben bedroht.[74]

Vietnam erlangte seine Unabhängigkeit von China im 10. Jahrhundert n. Chr. und war von 939 bis 1945 ein Kaiserreich. 1946–1954 wurde das Land im Indochinakrieg massiv zerstört. Danach folgte der Vietnamkrieg, aber auch der Waffenstillstand von 1972 setzte dem Drama kein Ende. Erst seit Beginn der 90er-Jahre hat sich die Lage normalisiert. Inzwischen fehlen dem sozialistischen Staat die notwendigen Geldmittel zur wirtschaftlichen Entwicklung und zu neuen Erfindungen, unter anderem auch im Bereich der Papiermacherei.

Das Leben in Vietnam verlief durch die geografische Nähe zum Reich der Mitte und durch die politische Verbindung stark nach chinesischen Mustern. Die Vietnamesen verwendeten beispielsweise das chinesische Schriftsystem bis ins 14. Jahrhundert, danach entwickelten sie ein eigenes, unter Beibehaltung chinesischer Elemente. Es ist anzunehmen, dass das chinesische Verfahren der Papierherstellung schon früh in Vietnam verbreitet war.

Einer anonymen Quelle ist zu entnehmen, dass 284 n. Chr. 30 000 Papierrollen aus der Region des heutigen Vietnam nach China gebracht wurden. Die Lieferung bestand aus einzelnen Papierbogen aus Rindenbast, auf Vietnamesisch *mi hsiang chih*, was «Honigduft-Papier» bedeutet, die aneinander geklebt zu einer Rolle verbunden waren. In den Jahren 265–290 n. Chr. sollen noch weitere 10 000 Rollen feinfaseriges Papier aus Farnkraut oder Seegras, *tshe li chih*, eine Art «Filamentpapier», als Tribut an China bezahlt worden sein. Andere Dokumente belegen, dass die Papiertechnologie erst während der Li-Dynastie (1009–1225) aus China übernommen und während der Tran-Dynastie (1225 bis 1413) verfeinert wurde. Im *«Chu Fan Chih»*[75] wird beschrieben, dass die vietnamesische Papierherstellung erst im 13. Jahrhundert einsetzte. Diese Zeitangabe könnte sich auf Zentral- und Südvietnam beziehen, während die Papiermacherei im Norden wesentlich früher ausgeübt wurde. Die schriftliche Überlieferung ist fragmentarisch und daher ist ein lückenloses Aneinanderfügen der Tatsachen kaum möglich. Doch die Technologie stammt zweifellos aus China, dies beweisen Werkzeuge, Rohstoffe, und das Verfahren der Herstellung.

Das vietnamesische Papier[76], genannt *do* oder *giay*, und im Besonderen das beschichtete Papier *giay ho*, genoss den Ruf hochwertiger Qualität. So wurden während rund eines Jahrhunderts (von 1370 bis 1470) jährlich 10 000 Fächer, die in sechs Provinzen Nordvietnams produziert wurden, nach China exportiert. Dies geschah im Auftrag des chinesischen Kaisers, dem zuvor ein vietnamesischer Bote ein Muster präsentiert hatte. Jahrhunderte später, 1730, nahm der chinesische Kaiser Yongzheng 200 Bogen gelbes Papier mit einem kostbaren, goldenen Drachenmotiv im Tauschhandel gegen Bücher, Seide und Jadegefäße entgegen.

Wahrscheinlich waren die Fasern der ersten Papiere aus Hanf oder Jute. Dazu kamen Bambus-, Reisstroh-, Seegras- und Maulbeerstrauchfasern. Der wichtigste Rohstofflieferant ist heute die *Rhamnoneuron balansae*-Pflanze, vietnamesisch *do hoa*, *do gioy* oder *do bau*. Die Pflanze kann bis vier Meter hoch wachsen. Sie hat weiße, aromatische, aber giftige Blüten. Daneben wird auch die *Wikstroemia indica* verwendet. Sie ist mit den Pflanzen *Wikstroemia canescens*[77], *Edgeworthia papyrifera*[78] und *Daphne papyracea*[79] vergleichbar, alle gehören zur Familie der *Thymelaeaceae*.

Die Sammler lösen den inneren, weißen Rindenbast des *Rhamnoneuron balansae* vom hölzernen Stängel, bevor er auf Dschunken in die Dörfer transportiert wird. Der Herstellungsprozess für die Pulpe erfolgt nach chinesischem Muster. Anstelle des langwierigen Klopfprozesses nach dem Kochen in Kalkmilch wird heute die effizientere Technik der Fermentierung angewendet. Über mehrere Tage werden die Bastfasern in einem Gefäß gelagert und durch natürliche Mikroorganismen einem Gärungsprozess ausgesetzt. Es entstehen Gase und ein alkalischer pH-Wert von 8 bis 9, die Faserbündel werden weich und lassen sich nachträglich auswaschen und gut aufschließen. Der Nachteil: Das Papier wird eher schwach, weich und «lumpig». Der Pulpe wird ein schleimiges pflanzliches Wurzelsubstrat[80] zur Suspension der Fasern und zur Trennung der einzelnen Papierbogen nach dem Pressen beigegeben. Die gleiche Substanz wurde früher von den Frauen als Haar-Gel benutzt. Als Papierzusatz wird es mittlerweile durch Polyethylenoxid (PEO) ersetzt.

Zum Schöpfen wird das in Eigenproduktion hergestellte Sieb aus Bambusstäbchen verwendet.[81] Diese Siebe hinterlassen filigrane Zeichen in der Papierfläche. Das Sieb liegt auf dem unteren Holzrahmen und wird mit einem entfernbaren, U-förmigen Deckelrahmen auf den unteren Rahmen gepresst. Dieser ist so konzipiert, dass überflüssige Papierpulpe auf der hinteren Seite wieder ausfließen kann. Das Sieb wird einmal oder mehrere Male, je nach gewünschter Papierstärke, in die Bütte eingetaucht und ohne Zwischenlagen abgegautscht. Wie das Reinigen der Fasern ist in Vietnam auch dies in der Regel eine Frauenarbeit – sie schöpfen bis zu tausend Bogen an einem Arbeitstag, der acht bis neun Stunden dauert.

Nach dem sorgfältigen Pressen mit einer Spindelpresse wird der ganze Stapel mehrere Tage im Schatten gelagert. Anschließend trennen Frauen und Kinder die einzelnen Bogen und legen sie im Freien auf Reisstrohunterlagen aus, damit der Wind auch unter dem Papier zirkulieren kann. Zusätzlich werden die Bogen mit Stroh bedeckt, damit der Wind sie nicht über Felder und Hügel davonträgt und sich das Zitat bestätigt: «Jemand hat auf die Papierblätter nicht Acht gegeben. Nun habe ich große Mühe, sie zu finden.»[82] Vereinzelt werden Bogen wie kleine Satteldächer aneinander gestellt, was Mehrarbeit beim Auslegen der Papiere bedeutet, aber den Trocknungsprozess beschleunigt.

Die Formate werden hauptsächlich von zwei Faktoren bestimmt: durch ihren späteren Verwendungszweck bzw. die Funktion des Papiers und durch die vorhandenen Bütten und Schöpfsiebe, welche zum Teil traditionsgemäß von Generation zu Generation weitergegeben wurden. Im Dorf Duong O beispielsweise werden eher kleinere Bogen in Formaten von 27×32 cm bis 50×78 cm und in einer Stärke von 20 g/m² und 26 g/m² geschöpft. Doppellagige Papiere[83] sind in der Regel größer, die Maße reichen bis zu 84×119 cm. In Ghia Do arbeiten jeweils drei bis fünf Leute an einer Bütte, um einen großformatigen Bogen von 70×167 cm zu schöpfen.

Die Herstellung von handgeschöpften Papieren ist in Vietnam wie in den meisten Ländern, die in den letzten Jahrzehnten keinen Weg gefunden haben, ihr Papier zu exportieren, am Aussterben.[84] Einfachste aus Russland und China importierte Maschinen, zum Teil Rundsiebmaschinen, ersetzen die Handarbeit. Aus westlicher Sicht ist dies noch immer eine Produktionsform, die keinem Vergleich mit den heutigen Technologien der Industrieländer standhalten kann.

Im Gegensatz zu früher ist die Qualität des handgefertigten vietnamesischen Papiers heute eher minderwertig, weshalb es sich kaum exportieren lässt. Verwendet werden die Papiere für Familienchroniken, zur Restauration von Büchern oder für Alltagsgegenstände wie Fächer, Laternen, Lampen sowie Geschenkpapier. Die Papiere werden bemalt, beschrieben und bedruckt. Der vietnamesische Holzdruck besteht oft aus historischen Symbolbildern und er erfreut sich noch heute großer Beliebtheit. Einen hohen Stellenwert haben Zeremonialpapiere wie Geistergeld oder kunstvoll gestaltete, zum Teil sehr große Papierobjekte, Nachkonstruktionen von Alltagsgegenständen aus bunten Papieren, die beim Verbrennungsritual den Toten als Ehrerbietung und Wertschätzung, aber auch als Obulus für das nächste Leben mitgegeben werden.

VI

Papierflächen, mehr als Papier

Die Funktion von Papier wird im 21. Jahrhundert meistens auf die eines kurzlebigen Kommunikations- und Verpackungsmaterials oder auf die der Basis für gestalterische und künstlerische Ausdrucksformen reduziert. Papier wird aber auch in ganz anderen Kontexten verwendet und je nach Eigenschaft des Rohstoffs, Verarbeitungsmethode und späterer Funktion setzt es ganz unterschiedliche Maßstäbe. Papierflächen können lichtdurchlässig, lederartig, isolierend, waschbar oder ein «Gegenwert für Gold» sein, sie dienen als «Baustoffe» für funktionale Objekte, architektonische Elemente, Gewänder oder sogar als Metallersatz. Als Wandelement unterstützen Papierbogen den Feuchtigkeitsaustausch zwischen innen und außen. In Form von Streifen aus Recyclingpapier wird es zu textilen Flächen verwoben oder, verstärkt mit stabilisierenden Substanzen, zu Beuteln, Gefäßen und Skulpturen verarbeitet.

Seite 152: *Fortsetzung der Geschichte*, 2003. Geschöpfte und gegossene Pulpe, Baumwoll- und Abacafasern, Collage, Ölkreide (Ausschnitt). 25 x 25 cm.

Geld-Opfergabe zwischen den typischen blauen *katha*, den so genannten Glücksschleifen, auf dem Vulkanberg Khorgo, Zentralmongolei.

Die Wertigkeit des Papiergeldes

Die Vergänglichkeit des Papiers illustriert das Problem der Akzeptanz des Papiergeldes. Vor der Einführung des Papiergeldes wurden handfeste Werte wie Goldbarren, Metallmünzen, kostbare Steine und Muscheln, Getreide, Kamele, Schafe und andere Tiere, deren Wert je nach Gewicht, Anzahl oder Zustand klar messbar war, ausgetauscht. Plötzlich sollte ein Stück Papier, dessen Wert nur durch den Aufdruck von Symbolen und Ziffern definiert und somit dem Missbrauch durch Geldfälscher ausgeliefert war, die realen Werte ersetzen.

Erstes Papiergeld in China

Während der wirtschaftlichen Blütezeit der Tang-Dynastie (618–907) entstand das Bedürfnis nach einem leichteren Zahlungsmittel als Münzen aus schwerem Metall es waren. Aus diesem Grund begannen private Handelshäuser auf Papier gedruckte Wechsel herauszugeben, die unter der Bezeichnung *fei chhien*, «fliegendes Geld», bekannt waren. Diese Wechsel hatten die Funktion von Checks oder Kreditbriefen und konnten zu Geld umgemünzt werden. Im Jahre 812 begann auch die Regierung, «fliegendes Geld» in Form von Regierungswechseln herauszugeben, mit der Absicht, die in den Provinzen erhobenen Steuern so in die Stadt zu bringen.[1] Anstelle des aufwändigen Transportes der tonnenschweren Münzen schickten die Provinzregierungen darauf Wechsel in die Hauptstadt, welche von der kaiserlichen Regierung nach Bedarf etappenweise eingelöst werden konnten.

Unter der Herrschaft der Nördlichen Song (960–1126) bekamen um das Jahr 1000 sechzehn private Handelshäuser erstmals die Erlaubnis, Wechselnoten *chiao tzu* zu drucken und echtes Geld zum Kauf von Produkten in Umlauf zu bringen. In den folgenden rund hundert Jahren erhielten auch Gutschein- und Checksysteme ihre Gültigkeit. Diese Wechselpapiere waren mit kunstvollen Gestaltungselementen, unter anderem auch in der edlen Farbe Blau, bedruckt.[2] Im Jahre 1023 gründete die Regierung die erste Staatsdruckerei in I-chou, dem heutigen Chengdu. Das erste chinesische Papiergeld trug den Vermerk, dass es jederzeit gegen Münzen eingetauscht werden könne, was das Vertrauen in dieses kostbare, aber vergängliche Zahlungsmaterial stärkte. Das Gesetz schrieb allerdings vor, dass die gedruckte Geldmenge die kumulierten Gold, Silber und Seidengarnreserven[3] des Landes nicht überschreiten dürfe. Daraus ist zu schließen, dass die Song den Mechanismus der Werterhaltung verstanden hatten und wussten, dass eine stabile Währung durch Reserven aus Edelmetallen gedeckt sein muss. Dieses Prinzip hatte bis Ende des 20. Jahrhunderts seine Gültigkeit.

Während der nachfolgenden Chin- (1125–1234) und der Südlichen Song-Dynastie (1127–1278) wurde das Papiergeld beibehalten. Es existierten aber auch Warengutscheine *chiao yin*, die aus Spezialpapier gefertigt waren und in einer Schatzkammer bedruckt wurden; diese Gutscheine konnten gegen Produkte wie Salz oder Tee eingetauscht werden. Das Geld dieser Zeit trug die Bezeichnung «Maulbeerbaum-Papiergeld». Da die Scheine bedruckt und nummeriert waren, konnte die produzierte Geldmenge gut kontrolliert werden. Siegel in Blau, Rot oder Schwarz wurden auf beide Seiten der Geldscheine aufgestempelt, und auch Unterschriften sind auf dem Papiergeld zu finden.

Zuerst lieferten private Papiermühlen das Papier. Als sowohl der Bedarf an Papier wie auch die Geldfälschungen zunahmen, etablierte die Regierung die erste staatliche Manufaktur. Ab 1068 wurde in Chengdu, in der Provinz Sichuan, aus dem Maulbeerrindenbast Papier für Geldscheine hergestellt. Ebenso errichtete die Regierung neben der Mühle eine Schatzkammer für den Aufdruck der Werteinheiten und Symbole auf den jeweiligen Geldnoten *chhu pi* oder *chhu chhao*. 62 Papiermacher und 32 weitere Angestellte produzierten das kostbare Gut. Im Jahre 1168 entstand die zweite Manufaktur in An-Chhi bei Hangchow. Dort waren über 1200 Arbeiter mit der Papierherstellung beschäftigt und weitere 200 in der Schatzkammer *Hui tzu Khu* mit dem Bedrucken der Geldscheine. Neben Druckstöcken aus Holz waren auch Druckplatten aus Kupfer bekannt.

Wegen des Krieges gegen die Mongolen unter der Führung von Kubilai Khan stieg in Südchina, dem Herrschaftsbereich der Südlichen Song, der Geldbedarf Mitte des 13. Jahrhunderts enorm an. Die Geldproduktion wurde dem Bedarf angepasst und es wurde wesentlich mehr Geld gedruckt als Goldreserven vorhanden waren, was zu einer großen Inflation führte.[4] Um Fälschungen zu erschweren oder zu vermeiden, wurden dem Faserstoff bei der Produktion des traditionellen Maulbeerrindenbast-Papiers Seidenfäden als Erkennungsmerkmal beigemischt. Die Papierfläche wurde zusätzlich mit komplizierten Zeichen und Seriennummern bedruckt.

Der fünfte mongolische Großkhan Kubilai (1215–1294) einigte China, und transferierte die Hauptstadt Karakorum im Jahre 1264 nach Khanbalik, dem heutigen Beijing. Als Kaiser von China gründete er die Mongolen-Dynastie der Yüan (1278–1368). Von den Südlichen Song übernahm er die chinesische Währungseinheit für Papiergeld *chhao*, was eigentlich «zu Ballen aufgerolltes Seidengewebe» bedeutet.[5] Kubilai Khan wurde nachgesagt, dass er das Geheimnis der Alchemie[6] kannte und umsetzen konnte, denn er machte aus billigem Papier ein Zahlungsmittel von großer Kaufkraft. Unter seiner Führung und massivem politischem Druck verbreitete sich im 13. Jahrhundert das Papiergeld effektiv. Er ließ verschiedene Papiersorten herstellen, unter anderem die Seidennote *ssu chhao*, die mit Seidenfäden verstärkt war.[7] Auch Marco Polo, der von 1274 bis 1291/92 in China für Kubilai Khan gearbeitet hatte, berichtet davon. Er beschreibt, dass die Blätter des Maulbeerbaumes zur Fütterung der Seidenraupen[8] und der innere, weiße Rindenbast zur Herstellung von Faserstoff für das Papiergeld verwendet wurde. Jeder Papierbogen wurde in kleinere Einheiten geschnitten, die je nach Format eine kleinere oder größere Währungseinheit darstellten. Papiergeld wurde mit der gleichen Sorgfalt behandelt wie pures Gold oder Silber. Erst nachdem der vom Khan bestimmte Offizier nach verschiedenen Symbolen und Unterschriften auch den Stempel mit rotem Siegellack angebracht hatte, mutierte das Papier zu echtem Geld. Hersteller von Falschgeld erlagen der Todesstrafe. Die Anfertigung all dieser Geldmengen kostete Kubilai Khan praktisch nichts, doch die Scheine hatten so viel Wert wie das ganze Geld der Welt.[9] Um ausländische Händler zu kontrollieren, durften diese ihre Produkte lediglich an den Staat verkaufen. Mit dem erzielten Papiergeld waren sie frei bei der Wahl der Produkte, die sie kauften und in ihr Heimatland importierten. Bei beschädigten Banknoten erstattete der Staat zu einer Gebühr von drei Prozent einen neuen Geldschein, sofern der alte noch sein Nummernkennzeichen aufwies.

Zur Zeit der mongolischen Herrschaft in China musste das Geld unter Androhung der Todesstrafe angenommen werden. Händler und Bevölkerung sahen im Papiergeld keinen bleibenden Wert, der Handel mit diesem vergänglichen Material war nicht beliebt. Denn Gold- und Silbermünzen hatten in ihren Augen neben dem Devisenwert auch einen Materialwert aufzuweisen. Für Marco Polo war diese Erfahrung eine revolutionäre Entwicklung, die im damaligen Europa nicht bekannt war. Zur gleichen Zeit wurde Papiergeld auch in Iran eingeführt.

Nach dem Sturz der Yüan-Dynastie im Jahre 1368 wurde das Papiergeld beibehalten, auch die nachfolgende

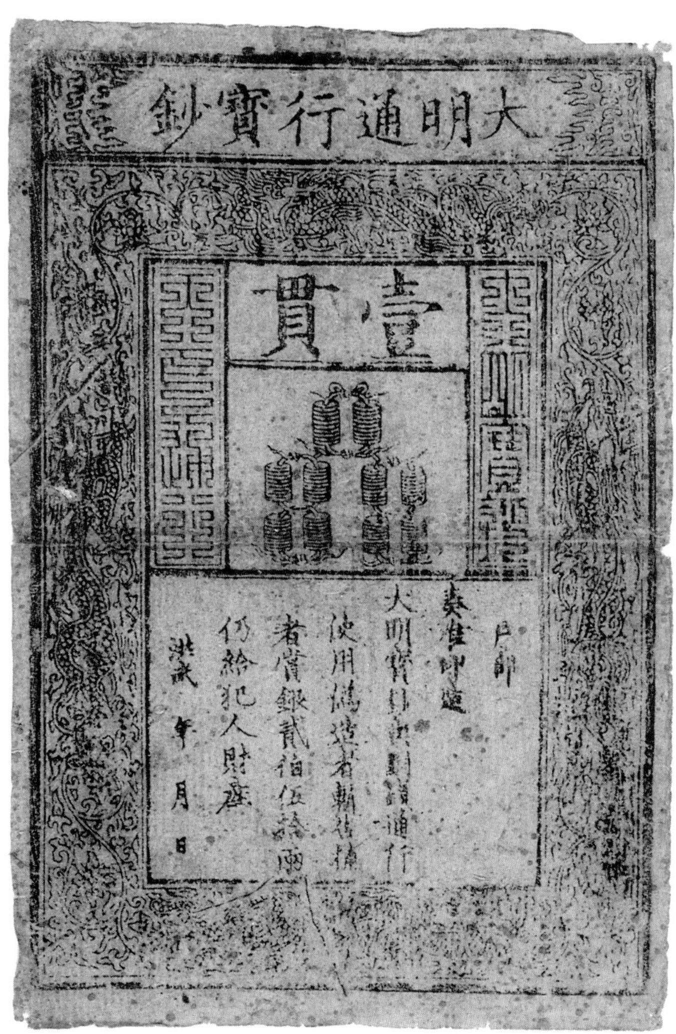

Holzschnitt auf handgeschöpftem Maulbeerstrauchpapier-Geldschein, 1375 n. Chr. 1. Zeile: «mingzeitliche Währung»; 2. Zeile: «ein Guan», entspricht der Einheit einer ganzen Schnur von «Kupfercash». Zeichnung darunter: Geldstücke (zehn Einheiten) auf Schnüre aufgezogen. Unten: Verbriefung der Legimität des Geldscheines.

Geld-Opfergabe auf einem dreidimensionalen Getreidekorn-Mandala in einem buddhistischen Tempel in China.

Ming-Dynastie (1368–1644) hielt am gleichen Währungssystem fest. Die älteste erhaltene Geldnote dieser Zeit war 34×22,5 cm groß.[10] Um 1455 hörte die Verwendung von Papiergeld zeitweilig auf, da infolge massiver Inflation das Papiergeld kein Vertrauen mehr genoss. Die «neue» Referenzwährung war Silber, in Form von Münzen oder Barren.

Die Verbreitung des Papiergeldes nach Osten nahm den gleichen Verlauf wie die des Papiers. 1296 gelangten die Geldscheine nach Korea, 1334 wurde erstmals in Japan Papiergeld *do cho* in kleinen Summen als Zahlungsmittel verwendet, und in Vietnam existiert Papiergeld seit 1396. Die ersten Noten mit Wasserzeichen in Form von Symbolen, anderen Zeichen, Nummern oder Anfangsbuchstaben von Wörtern entstanden erst 1732 in Japan, in Bitchu in der Okayama-Präfektur.[11]

Die Verbreitung des Papiergeldes in den islamischen Ländern

Die Herrschaft der Mongolen in Iran unter der «Il-Khane-Dynastie» (1258–1335) hatte neben wirtschaftlichem Aufschwung auch große Inflationen zur Folge. Die Handelspreise stiegen und parallel nahm die Geldentwertung ihren Lauf. Unter Khan Gaikatu, der von 1291 bis 1295, einer Zeit der großen Geldnot, regierte, wurde das Papiergeld *ts'au* nach chinesischem Vorbild durch Sadr ad-Din Zanjani eingeführt. 1294 kam es in Täbris und in verschiedenen Städten des iranischen Reiches zur Ausgabe der Papiernoten. Gleichzeitig wurde der Handel mit Geldmünzen untersagt, und zwischen dem 23. September und dem 22. Oktober war das ganze Gold und Silber ablieferungspflichtig. Auf den Besitz dieser Edelmetalle stand die Todesstrafe. Diese gewaltsame Maßnahme hatte verhängnisvolle Auswirkungen: Gewerbe und Handel erlahmten komplett, die Städte entvölkerten sich, da Nahrungsmittel nicht mehr gekauft werden konnten und die Bevölkerung ihre Überlebensration auf den Feldern finden musste. Das Land drohte im vollkommenen Ruin zu versinken und das Dekret des Münzverbotes musste nach zwei Monaten wieder aufgehoben werden. Die schwache Regierung hatte gehofft, durch die Einführung des Papiergeldes die Möglichkeit zu erhalten, öffentliche Mittel ohne Rücksicht auf die Staatseinnahmen beschaffen zu können. Das untergrabene Vertrauen gegenüber dem Finanzgebaren der Herrschenden und die fehlende Kenntnis über den Wert des Papiergeldes hatten das Gegenteil bewirkt. Dies, obwohl der chinesischen Geldaufschrift das islamische Glaubensbekenntnis in arabischer Sprache beigefügt worden war.

Der Weg des Geldes nach Europa

Im 13. Jahrhundert führte Friedrich II. (1194–1250) bedrucktes Leder als Handelswährung in Europa ein. Die kleinen Lederstücke mit Goldprägung erfreuten sich besonders in Italien großer Beliebtheit. Zu dieser Zeit wurde in Spanien und Italien zwar bereits Papier hergestellt, doch noch nicht als Geld verwendet.

Im späten Mittelalter führten auch europäische Handelshäuser private Wechsel ein und in Krisenzeiten wurden zur Beschaffung von Devisen eine Art Notgeldscheine ausgegeben. So ließ beispielsweise der Stadthalter von Leyden während der Belagerung im Jahre 1574 eine geprägte Münze aus Pappe, mit einem Durchmesser von 38 mm, in Umlauf bringen. In der Übergangszeit zum ersten echten Papiergeld existierten in Westeuropa auch so genannte «Vertrauensscheine» als Währungseinheit.

In Schweden wurde 1644 Geld aus Kupferplatten hergestellt. Durch die Inflationen während des Dreißigjährigen Krieges (1618–1648) war das schwere Geld jedoch in kurzer Zeit entwertet. Das durch Johan Palmstruch gegründete schwedische Bankinstitut führte im Jahr 1661 erstmals Papiergeld ein. Wie bereits in China wurden auch in Schweden zu viele Scheine ausgestellt; der Bankgründer Palmstruch wurde dafür haftbar gemacht und büßte mit einer Gefängnisstrafe. Wenige Jahre später, 1690, existierte Papiergeld bereits in den amerikanischen Kolonien.

1694 wurde die *Bank of England* gegründet, die sich im Laufe der Zeit zur «Bank der Banken» entwickelte. Unter

Ludwig XIV. nahm sodann die Ausgabe von Papiergeld in Frankreich ihren Anfang. 1720 wurde erstmals mit Banknoten, *Billet de Banque*, gehandelt, die ein individuelles Wasserzeichen der Bank besaßen. 1768 begann auch Russland mit der Ausgabe von Banknoten, in Deutschland aber gab es die ersten Notenwährungen erst 1806.[12]

Das Wasserzeichen, das nach unterschiedlichen Verfahren erzeugt wurde, diente schon früh als Sicherheitsfaktor. Für die preußischen Noten wurden zum Beispiel drei feuchte Papiere aufeinander gepresst; durch die Transparenz der Papiere wirkte der Farbdruck des mittleren Papiers wie ein durchscheinendes Wasserzeichen. Eine andere Schutzmaßnahme stellte das Einstreuen von dünnen, bedruckten Papierstreifen während der Herstellung des Papiers dar; der eigentliche Aufdruck war nur mit der Lupe zu entziffern. Auch die heutigen Sicherheitsmerkmale sind von bloßem Auge nicht mehr wahrzunehmen. Die optimierten technischen Methoden zum Schutz vor Fälschungen sind fortgeschritten, werden aber trotzdem immer wieder ausgetrickst.

Wo und wann auch immer Geld hergestellt wurde, fanden skrupellose oder geschickte Menschen ein Nadelöhr, um Falschgeld auf den Markt zu bringen. So wurden in Großbritannien in der Zeit zwischen der Gründung der *Bank of England* (1694) und 1817 wegen Geldfälscherei 327 Todesurteile gefällt. Der Einführung des Geldes folgte auch bald die Geldstrafe, deren Höhe bis heute dem Ausmaß des Deliktes und der Kaufkraft des Geldes entsprechend angesetzt wird.

Geldfälschung während des Zweiten Weltkrieges

Während des Zweiten Weltkrieges verfügte Deutschland nicht immer über die Devisen, die es brauchte, um im Ausland Rohstoffe einkaufen zu können. Die Reichsmark hatte ihre Kaufkraft verloren und selbst Spione wollten nicht in Markscheinen bezahlt werden. Das britische Pfund schien einfach zu kopieren zu sein, und so beauftragte die deutsche Regierung im Jahre 1941 die Büttenpapierfabrik Hahnemühle, Pfundscheine herzustellen. Es gelang, die Banknote mit wenig Text und einem mehrstufigen, fluoreszierenden Wasserzeichen in bester Qualität zu produzieren.

Hahnemühle rief alle Papiermacher, die sich im Kriegsdienst befanden, zurück, und ab 1943 wurde an drei Bütten ausschließlich Notenpapier hergestellt. Jeder Bogen reichte aus für acht Banknoten. Um echte Büttenränder zu imitieren, wurden die Bogen nicht geschnitten, sondern mit einem Messer in kleinere Formate getrennt. Bedruckt wurden die Scheine im Konzentrationslager Oranienburg. Selbst Geldfälscher wurden aus den Gefängnissen geholt, um die Produktion zu optimieren, die bis zum Kriegsende im April 1945 andauerte. Nach dem Ende des Krieges wurde das zu diesem Zeitpunkt bereits gefertigte Fälscherpapier zu Faserbrei zermahlen oder verbrannt, die meisten Schöpfformen wurden vernichtet und das restliche Falschgeld versenkte man im Toplitzsee in Österreich.

Die Noten waren perfekt gefälscht und täuschten selbst die Fachleute der *Bank of England*. Bis zum Ende des Krieges waren durch diese Aktion 72,8 Millionen Pfund, die damals 760 Millionen Reichsmark und 1,3 Milliarden Schweizerfranken ausmachten, was gemäß heutiger Kaufkraft ungefähr 6,1 Milliarden Schweizerfranken entspricht, gefälscht worden. England musste nach Kriegsende zum Schutze der eigenen Währung einen anderen Notensatz zu drucken, da zu viel nicht identifizierbares Falschgeld in Umlauf war.[13]

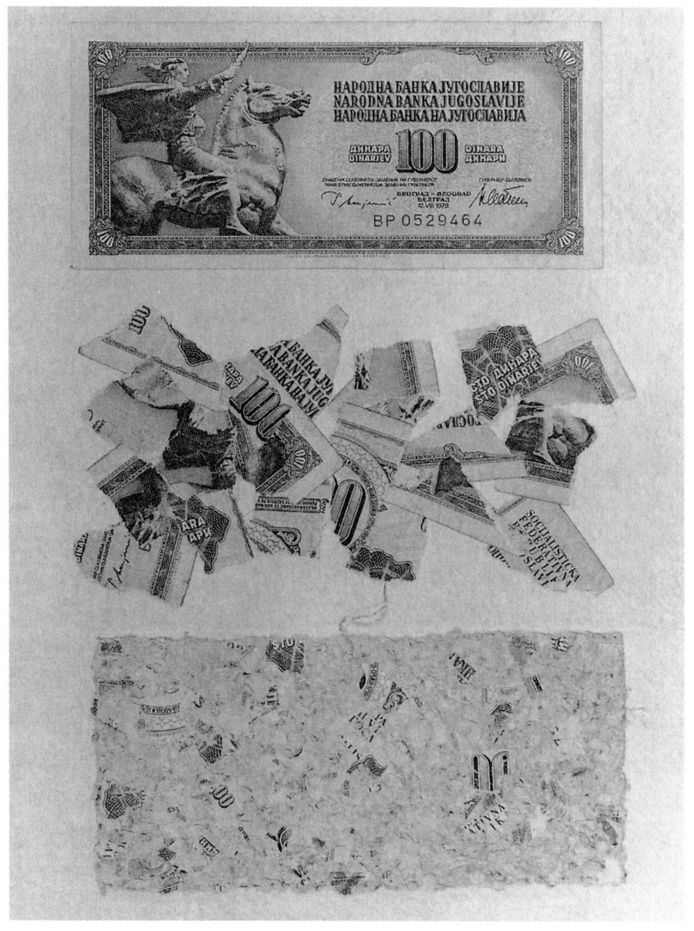

Geld bietet nicht nur Anlass zu Fälschungen, sondern auch zu einer künstlerischen Auseinandersetzung mit dessen Vergänglichkeit. Banknote im Wert von 100 Dinar, ehemaliges Jugoslawien, 1978. Gestaltung Lilo Schär, Ligerz, Schweiz.

Kamiko, die Körperhülle aus Papier

Alte Traditionen wie auch kurzlebige Modeerscheinungen erleben immer wieder eine Renaissance. Was ursprünglich vor dem Hintergrund einer asketischen Lebenshaltung oder aus wirtschaftlicher Not entwickelt wurde, findet im 21. Jahrhundert zum Modetrend auf den Laufstegen zurück.

Die Papiergewänder, *Kamiko* genannt, werden aus imprägniertem, zerknülltem Papier mit dem japanischen Namen *momigami*, koreanisch *jumchi*, gefertigt, und dieses Papier fühlt sich nach dem Verarbeitungsprozess so geschmeidig an wie eine textile Fläche. Die Bezeichnung «Kamiko» setzt sich zusammen aus *kami*, Papier, und *koromo*, Priestergewand; *momigami* besteht aus den Wörtern *momi*, zerknüllt, und *gami*, Papier. Die Nähe des Papiers zu Textilien findet sich bereits beim Tapa[14]; bei der Herstellung von *momigami* wird lediglich die Flächenbildung – nämlich mit suspendiertem Faserstoff – unterschiedlich vollzogen. Die Feinheit der nach diesem Prinzip entstandenen Fläche erlaubt vielseitigere Schnitte und differenziertere Verarbeitungsvarianten, als dies mit Tapa möglich ist.

Farbenprächtige Modeschau der *Hanji Fashion Association* mit Papiergewändern aus *jumchi*. Jeonju, Südkorea, Mai 2004.

Ein traditionelles Mönchsgewand

Die ersten Dokumente über Papiergewänder berichten von einem zen-buddhistischen Mönch aus dem 8. Jahrhundert, der wie ein Asket lebte. Er kleidete sich weder in wattierte Seide noch in geschenkte Stoffe[15], seine Gewänder waren einfach aus Papier. Er wurde immer wieder in den Tempel des Kaiserpalastes in Xi'an[16] gerufen, um die rituellen Schriften zu rezitieren. Die Leute nannten ihn «Zen-Meister des Papierkleides» und drehten sich ehrfurchtsvoll um, wenn er in die Stadt kam, wo solcherlei Gewänder noch nicht bekannt waren.[17]

Die in der Abgeschiedenheit lebenden Eremiten fertigten ihre Gewänder seit der Ta-Li-Periode (766–779) der Tang-Dynastie (618–907) aus Papier, denn um der buddhistischen Lehre nachzukommen, war es untersagt, solche aus Seidengewebe zu tragen. Seide widersprach dem Begriff des asketischen Lebens, einerseits weil bei der Verarbeitung Raupen getötet wurden, andererseits weil Seidenstoffe Luxus bedeuteten. Der Schriftsteller Su I-Chien (935–996) berichtete, dass viele buddhistische und taoistische Mönche, die in den Bergen lebten, Papierkleider trugen. Auch Gedichte aus den beiden Song-Dynastien (960–1278) illustrieren, dass Papierkleider in allen Jahreszeiten auch von den armen Leuten getragen wurden.[18] Die imprägnierten *momigami*-Kleider boten angeblich Schutz vor Kälte und Nässe, sie gaben recht warm, waren aber trotzdem ungesund, weil sie wegen der Imprägnierung kaum Luftzirkulation zuließen. So findet sich im Teil «Papier» des Werkes *Wen fang si pu* («Studien über die vier Dinge zum Schreiben in einer Gelehrtenstube»), das 986 n. Chr. verfasst wurde, folgendes Zitat, das ebenfalls die frühe Existenz der Papierkleider belegt: «Nun gehen diejenigen mit dieser leichten Kleidung nicht hinaus. In zehn Jahren ist ihr Gesicht gelb. Sie haben die Begierde der Gedanken abgelegt. Der Wind von draußen dringt nicht ein und die Luft von draußen nicht hinaus.»[19] Im gleichen Dokument finden sich Angaben zum Herstellungsverfahren von Papierkleidern, die deutlich machen, dass der Begriff «Papier» auch missverständlich oder irreführend verwendet wurde. «Je hundert Breiten kocht man mit einem Liang (ca. 37 g) Walnuss- und Weihrauchbaum.[20] Man lässt es ein bisschen dämpfen, indem das Papier mit dem Walnuss-Weihrauch-Wasser getränkt wird. Unter Hitze lässt man es im Schatten trocknen. Man rollt es auf einen Pfeilschaft, wobei man gerunzelte Stellen belässt.» Diese Darstellung des Verfahrens entspricht vermutlich der Herstellung von Tapa, bei dem mehrere leicht überlagernde Rindenbaststreifen zu großen Flächen geklopft werden, und es scheint, dass es sich bei diesen frühen Papiergewändern eher um Tapa als um Papier gehandelt hat. Eine andere Interpretation könnte allerdings ergeben, dass hundert Papierbogen gewässert, imprägniert und um Stäbe gewickelt wurden. Zur Erlangung der typischen *momigami*-Struktur wurde anschließend das noch feuchte Papier von beiden Seiten her zusammengestoßen und in dieser Form getrocknet. Selbst Marco Polo, der sich 1273–1292 in China aufhielt, berichtete davon: «Sie produzieren Dinge aus der Rinde von bestimmten Bäumen und fertigen Sommerkleider daraus.»[21]

In Japan entstanden vermutlich die ersten Papierkleider in der Muromachi-Periode (1336–1573), und ab Mitte der Edo-Periode[22] (1615–1868), der Hochblüte der Papierherstellung in Japan, wurden sie von allen Gesellschaftsschichten vom Norden der Inselgruppe bis in den Süden als Unterbekleidung oder als Kimono-Jacke *haori* getragen.[23] Alltags-Kamiko bekamen zur besseren Wind-, Wasser- und Hitzeresistenz eine Behandlung mit dem Persimonensaft *shibu*[24], der eine gelbe bis dunkelbraune Färbung hinterließ; diese war abhängig von der Intensität des Extraktes und der Anzahl Behandlungen.

Kostbare Papiergewänder gehörten zum Image der wohlhabenden Leute. Sie erhielten durch komplizierte Färbeverfahren interessante Muster, die für spezielle Feste und Rituale zusätzlich bestickt, geprägt oder mit Goldblatt laminiert wurden. Zur Veredelung gehörten auch feinste Seidenfutter und wattierte, wärmende Einlagen. Selbst Hüte und Schuhe wurden aus dem Material gefertigt.

In China fehlen Zeugnisse von historischen Kamikos, in Japan hingegen sind sie in verschiedenen Museen vertreten, so befindet sich zum Beispiel im Papiermuseum von Tokio ein Samurai-Kleid aus Papier.

Schützende Funktionen in bedrohlichen Zeiten

Die Leichtigkeit des Maulbeerstrauchpapiers führte zur Nutzung des *momigamis* für Rüstungs- oder Kriegsgewänder. Auch Papierflächen zur Bedeckung von Waffen und anderen Kriegswerkzeugen gehörten zur Ausrüstung der Armee. Vor allem Marinesoldaten oder Infanteristen, die zu Fuß unterwegs waren, wussten dieses leichte Material zu schätzen. Die erste Anwendung in China geht zurück auf die späte Tang-Dynastie (618–907) unter dem Gouverneur Hsü Shang (847–894), der eine Armee stets in Bereitschaft hielt. Diese war ausgerüstet mit mehrlagigen Papierrüstungen, die auch von starken Pfeilen nicht durchbohrt werden konnten. Ein Oberhaupt der königlichen Armee der Song-Dynastie (960–1278) berichtet von gelben Rüstungsgewändern der Verteidiger. Möglicherweise waren diese mit dem imprägnierenden *shibu* behandelt worden.

Herstellung von *momigami*. Die feuchten Papierbogen werden mehrere Male zusammengeknüllt, wodurch sie ihre Geschmeidigkeit und Struktur erhalten.

Der Herstellungsprozess

Momigami ist dickes Maulbeerstrauchpapier Kozo, das man zur Imprägnierung und zur Stärkung speziell mit der farblosen Stärke *konnyaku*[25] behandelt, die aus der Maniokwurzel extrahiert wird. Für die Strukturierung des Papiers können zwei Methoden angewendet werden. Erstens das Umwickeln eines Stabes mit dem feuchten Papier wie vorgängig beschrieben. Beim zweiten Verfahren werden die Ecken der getränkten Papierbogen in die Mitte gelegt, die Fläche langsam zu einer Kugel geformt, geknüllt und wieder geöffnet, bis das Papier geschmeidig ist. Dieser Vorgang wird mehrere Male wiederholt. Durch die Strukturierung der Fläche gewinnt das Papier an Elastizität. Die Verletzbarkeit oder Rissgefahr reduziert sich durch den Reliefcharakter des Papiers, dessen Gesamtfläche im Endprodukt kleiner ist als der vormals glatte Papierbogen.

Für die Herstellung von Gewändern werden die Bogen an den Längsseiten zu langen Bahnen zusammengeklebt und aufgerollt. Als «Stoffballen» gelangen sie in den Handel. Flächen können durch Nähen problemlos miteinander verbunden werden, vorausgesetzt, die Stichlänge ist nicht zu kurz, denn zu enge Stiche perforieren das Papier und trennen die Fläche bei der Naht.

Die ersten schriftlichen Belege für *jumchi* in Korea stammen aus der frühen Choson-Dynastie (1392–1910).[26] Die Herstellung von *jumchi* erfolgt immer aus drei bis fünf Lagen *hanji*, Papier, das aus Maulbeerstrauchfasern, koreanisch *tak*, geschöpft wird. Die einzelnen gleichformatigen Bogen werden in destilliertes Wasser gelegt und eingeweicht. Danach stapelt man sie lagenweise, drückt sie aneinander und presst sie schließlich so fest, dass sich zwischen den einzelnen Papierbogen keine Luftblasen bilden können. Die weitere Verarbeitung erfolgt wie bei *momigami*. Zur Verstärkung und Imprägnierung wird *jumchi* entsprechend der späteren Verwendung mit Perillaöl[27] sowie mit Walnuss- oder Erdnussöl behandelt. Das Material muss anschließend gut gelüftet werden, damit es den strengen Geruch verliert. Durch die Behandlung wirkt *jumchi* lederartig und es wird für Beutel, Taschen, Nackenkissen sowie für den koreanischen Kimono *hampo*, aber auch für Truhen und Schränke verwendet.

Im Laufe der Technisierung der Papierherstellung gelang es 1965 einer Fabrik in Tokio, ein chemisch präpariertes Papier zur Kamiko-Herstellung zu entwickeln. In einer

Oben: Mönche fertigen *momigami* für die Herstellung von Kamikos. Holzschnitt von Seki Yoshikuni, Japan, 1754 n. Chr.

Unten: *Bodywrappings*, eine avantgardistische Version der Kamikos. Die *Bodywrappings* bestehen aus Verpackungsmaterial aus diversen Kulturen. Gestaltet von Annette Meyer, Kopenhagen, Dänemark.

Modeschau präsentierten die Designer dieser Firma Gewänder aus dem neuartigen Produkt, darunter auch ein Hochzeitskleid. In den USA führten 1966 Papierkleider, die von der Herstellerfirma als Werbekampagne gedacht waren, zu ungeahntem Erfolg. Gegen eine Gebühr von 1,25 Dollar erhielten die Interessentinnen ein Papierkleid per Post zugeschickt. In wenigen Monaten gingen über 500 000 Bestellungen ein, sodass die Firma in Lieferschwierigkeiten geriet.[28] Die Vielfalt der chemisch präparierten Papiere zeigt sich auch in der Herstellung von Kleidern aus einem synthetischen Papier, das die Arbeiter in Atomkraftwerken gegen die radioaktive Strahlung schützt. Ebenfalls in den 60er-Jahren wurden in Deutschland erstmals die synthetischen Papiervliese *Elasil* und *Pretex* hergestellt, die in der Einweganwendung im Hygienebereich und als Betttücher eingesetzt werden. *Yookanshi*- und *Takeya-Shibori*-Papiere gehen noch weiter, sie wirken wie Leder und sind sehr fest. Diese Materialien entstammen der Weiterentwicklung der geölten und mit Tannin behandelten Papiere. Sie werden zur Produktion von Schirmen, Taschen, Schuhen und Jacken verwendet.

In den letzten Jahren haben maschinell geknüllte Papiere in Form von Geschenkpapier vermehrt in den Papierabteilungen unserer Kaufhäuser Einzug gehalten. Eine alte Tradition wird aufgefrischt. Auch Designer/innen und Künstler/innen kreieren ihr individuelles *momigami*, um es in verschiedensten Produkten anzuwenden.

Oben: *Momigami*-Kimono, *Hanji Costume-Play Fashion Show*, Jeonju, Südkorea, Mai 2004.

Rechts: Beutel aus geöltem *jumchi*, Südkorea.

Shifu, Papierstreifen für reißfeste Gewebe

Mit Shifu umgeben wir den Körper mit einer natürlichen Hülle. Die ursprüngliche Haut des Strauches wird zur zweiten Haut des Menschen. Die Herstellung von Papier ist ein Akt der Trennung und Neuordnung der Fasern, der bei der Blattbildung geschieht. Auch Shifu ist ein Akt der Trennung und Neuordnung, indem der Papierbogen zu Bändern geschnitten, zu Garn gedreht und als Gewebe in neuer Textur geordnet wird. Shifu-Papiergewebe, das ist die Kunst, aus Kozo-Maulbeerstrauchfasern feines Papier zu schöpfen und zu Textilien zu verweben.

Im Gegensatz zu Kamiko, das geknüllt und imprägniert und dadurch geschmeidig gemacht wird, schneidet man für die Herstellung von Shifu das Papier in Streifen, sodass aus einem Bogen Papier ein endloses schmales Band entsteht. *Shi* ist das japanische Wort für Papier und *fu* bedeutet Gewebe. Papierstreifen werden zu Fäden gedreht und zu Flächen verwoben. *Moroshifu* ist ein Gewebe mit Kett- und Schußfaden aus Papier in Leinwandbindung und *chirimenshifu* ist ein Gewebe in Crêpebindung. Bei *kinushifu* ist der Kettfaden aus Seide und bei *asashifu* aus Leinen, aber auch andere Fasern können verwendet werden.[29] Die Eigenschaften der Gewebe richten sich nach der Qualität des Papierrohstoffs, der Stärke respektive dem Durchmesser der Fäden, der Bindetechnik sowie der Dichte der Fäden im Gewebe pro Quadratzentimeter. Der Durchmesser der Fäden oder Garne richtet sich nach der Streifenbreite und der Stärke des Papiers. Aus einer bestimmten Menge Papier können verschiedene Fadenlängen erzielt werden, so ergibt ein Kilogramm Papier bei einer Streifenbreite von 2 mm 6858 Meter, bei 4 mm 3155 Meter, bei 12 mm 925 Meter und bei 16 mm 751 Meter Faden.[30] Das Rollen der Papierstreifen weist Parallelen zum Spinnverfahren bei der Herstellung von Fäden aus einem Faservlies auf. In der Regel werden Papierfäden aus Papierbändern jedoch steifer und härter, da die Fasern durch die Blattbildung bereits verfestigt sind. In der herkömmlichen Textilfabrikation bleiben pflanzliche oder tierische Fasern, die zum ersten Mal verarbeitet werden, durch das Spinnen und Zwirnen der Stapelfasern weicher.

Kimono von Ann Schmidt-Christensen und Grethe Wittrock aus dem Projekt *Papermoon*, 1995. Gewebe aus japanischem Papiergarn Shifu. Fotografische Inszenierung für den Scheufelen-Kalender 1997.

Die Stapelfasern, auch Spinnfasern genannt, sind in der Länge begrenzte, natürliche oder chemisch hergestellte Fasern, die zur Herstellung von Textilien versponnen werden; unversponnen werden sie auch zu Filz oder Vliesstoffen verarbeitet.

Zur Imprägnierung kann Shifu mit *konnyaku*[31] behandelt werden, damit man die Gewebe später besser waschen kann. Je nach Gewebebindung ist Shifu wegen seiner Luftdurchlässigkeit besonders im Sommer beliebt, während Kamiko wärmende Attribute zugesprochen werden und es sich deshalb besser für die kühleren Temperaturen eignet. Beide Papiertextilien dienten letztlich auch als Ersatz für Seiden-, Leinen- oder Baumwolltextilien.

Geschichtliches

Zu Beginn des 17. Jahrhunderts wird Shifu erstmals erwähnt.[32] Kojuro Katakura, der Fürst von Shiroishi, soll der kaiserlichen Familie in Kioto während eines Besuchs ein Shifu-Gewebe überbracht haben.[33] Möglicherweise liegen die Wurzeln der Shifu-Herstellung jedoch bei den Bauern, die in den Wintermonaten Papier schöpften, um ihre eigenen Kleider herzustellen. In Zusammenarbeit mit Webern des Dorfes entwickelten sie Techniken zur Herstellung von Papierfäden, die anschließend verwoben wurden. Die daraus genähten Kleider fühlten sich rau an, waren aber sehr dauerhaft und gut waschbar. Sie gehörten zu den beliebtesten Sommerkleidern der armen Leute. Mit den Jahren wurde die Technik verfeinert und die Gewebestücke wurden sorgfältig gefärbt. Kostbar und elegant wie sie nun waren, wurden sie bald den Seidengeweben gleichgestellt und am Hofe getragen. Zu diesen edlen Gewändern gehörte auch das *kamishimo*, das Zeremoniegewand der Samurais, der Angehörigen der japanischen Kriegerkaste.

Während der starken Industrialisierung Japans im 19. Jahrhundert wurde Shifu industriell gefertigt. Ab 1921 kam die ganze Produktion jedoch zum Stillstand, denn das notwendige Spezialpapier wurde wegen nachlassender Nachfrage nicht mehr hergestellt. Erst durch die Gründung einer Industrie- und Handwerkskammer im Jahre 1940 wurde die Shifu- und Kamiko-Verarbeitung wieder ins Leben gerufen. Es waren die Weberinnen, die die Papiermacher zu motivieren vermochten, erneut das *shifugami*-Spezialpapier herzustellen, und das qualitativ hochstehende Papiergewebe zog für kurze Zeit die Bewunderung der Fachleute auf sich. Der erhoffte finanzielle Gewinn blieb jedoch aus, und bereits sechs Jahre später, in der schwierigen Nachkriegssituation, fand die ganze Renaissance dieses Verfahrens mit wenigen Ausnahmen wieder ein klägliches Ende.

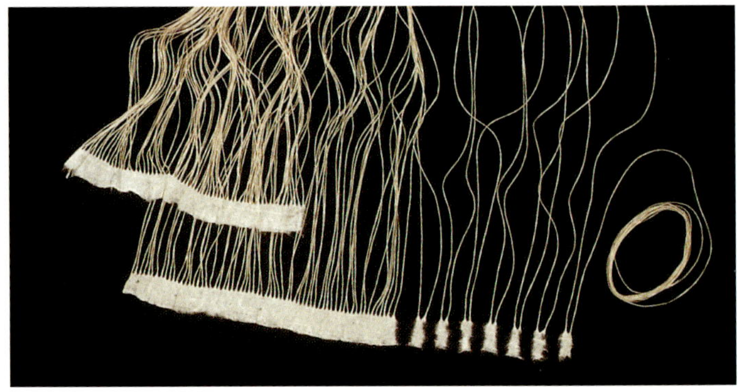

Oben: Drei Etappen der Shifu-Herstellung: Washi wird nach dem Falten eingeschnitten, zu Faden gedreht und nach dem Trennen der Endpartien schichtenweise in einem Gefäß gesammelt.

Mitte: Der geschnittene Papierbogen wird entfaltet und auseinander gezogen.

Unten: Je zwei gerollte Fadensegmente werden an den Randpartien getrennt; so entsteht aus einem Papierbogen ein zusammenhängender Faden.

Ein Besuch bei Sadako Sakurai in Japan

In der kleinen Stadt Horimachi nördlich von Tokio werden Papierbogen von der Weberin Sadako Sakurai zu Streifen von zwei Millimetern Breite geschnitten und zu Shifu verarbeitet. Haus und Garten bieten Raum für die verschiedenen Tätigkeiten, denn neben dem arbeitsintensiven Rollen der dünnen Streifen färbt Sadako diese auch mit pflanzlichen Farbstoffen ein.

Sadako besitzt einen Kimono aus Shifu, den sie bei außerordentlichen Festen und Ritualen trägt. Sie kennt die aufwändigen Arbeitsschritte, das Geschick und die Ausdauer, die es braucht, um diese Gewebe nicht nur herzustellen, sondern zusätzlich auch zu gestalten. Mit Stolz vertritt sie ihren Idealismus, denn längst hätte sie sich einträglicheren Tätigkeiten zuwenden können. Bei adäquater Verrechnung ihres Aufwandes «vom Papier zum Gewand» würden sich Beträge auf der Rechnung summieren, die sich nur die wenigsten Kunden leisten könnten.

Die Shifu-Meisterin entdeckte das Verfahren bei einem Besuch in den früher 80er-Jahren bei Nobumitsu Katakura, dem 15. Fürsten von Schloss Shiroishi, zu dessen Besitztümern auch Shifu gehören. Sie bezieht das spezielle Washi beim benachbarten Papiermacher Seiki Kikuchi san. Bei der Blattbildung wird darauf geachtet, dass während des Herstellungsprozesses das Schöpfsieb *suketa* nur in eine Richtung bewegt wird, und zwar so, dass sich die Fasern parallel zur Längsseite ordnen. Dies führt bei der weiteren Verarbeitung zu einer maximalen Reißfestigkeit. Laut Sadako lässt sich Washi, das mindestens ein Jahr lang gelagert wurde, besser rollen als neues Papier. Somit ist es nicht verwunderlich, dass Shifu ursprünglich aus einem Recyclinggedanken entstanden ist: Alte *fukucho*, Konten- oder Rechnungsbücher, die meistens aus gutem Washi hergestellt waren, wurden in Form von Shifu wiederverwendet. Einzelne kleine Schriftfragmente blieben dabei als dunkle Punkte im Shifu sichtbar.

Die einzelnen Schritte der Shifu-Verarbeitung sehen folgendermaßen aus: Der Papierbogen wird zweimal in der Längsrichtung gefaltet, wodurch vier Sektoren entstehen. Dabei ist darauf zu achten, dass die Ränder der Längskanten mindestens 1 cm vorstehen. Das Papier kann zuvor auch im Kamiko-Verfahren geknüllt werden, wodurch es bereits etwas weicher wird. Der gefaltete Papierbogen wird auf einer Unterlage mit dem Messer in schmale Streifen von 2, 3, 4 mm oder mehr geschnitten, die *kiru* genannt werden. Die Ränder werden dabei nicht durchgeschnitten, nur so entsteht aus dem Papierbogen ein endloses Papierband. Der eingeschnittene Papierbogen wird mit Wasser besprüht und während zwölf Stunden in feuchte Tücher *shimerasu* gelegt. Anschließend wird der Bogen auf einem porösen Stein gerollt, japanisch *momu*, wodurch sich die einzelnen Papierstreifen verdrehen. Dieser Arbeitsprozess erfordert großes Geschick und muss rasch vollzogen werden, andernfalls trocknet das Papier, und das Drehen wird dadurch verunmöglicht. Die gerollten, immer noch zusammenhängenden Papierstreifen werden anschließend seitlich auseinander gerissen, und die Rissstellen werden von Hand verdreht, was als *tsunagu* bezeichnet wird. An diesen Stellen entstehen Verdickungen, wie wir sie auch von Leinenfäden kennen. Sie bilden im Gewebe kleine Noppen.

Der mittlerweile zu einem langen Faden verarbeitete Papierbogen wird auf dem Spinnrad gesponnen, japanisch *yoru*, oder mit anderen Fäden verzwirnt. Die hohe Reißfestigkeit wird durch den Spinnprozess zusätzlich verstärkt. Erst jetzt wird das Material mit Naturfarbstoffen eingefärbt, genannt *someru*. Viele Pflanzen, die Farbstoffe liefern, gedeihen in Sadako Sakurais Garten. Zu ihren Lieblingsfarben gehören: Indigoblau aus der Pflanze *Strobilanthes flaccidifolius*; Ocker aus der *Yamamo*-Pflanze, die zur Familie *Myrica rubra* gehört; Gelb aus Zwiebelschalen oder Gelbwurz aus der Familie *Curcuma longa*; Grau aus der *Myrobalan*-Pflanze der Familie *Terminalia chebula Retz*. Als Beizmittel wird je nach Farbstoff Alaun, Kupfer, Eisen oder Zinn zugesetzt.

Auf einem 120 cm breiten Webstuhl mit zwölf Schäften werden die Papierfäden schließlich zu Geweben verarbeitet, was *oru* genannt wird. Die gewünschten Eigenschaften des Gewebes bestimmen die Wahl des Kettfadens sowie die Fadendichte.[34]

Früher wurden Shifu-Gewebe vor allem für Kimonos und Obi[35] verwendet oder für Alltagsgegenstände wie Sitzkissen. Heute tragen Kenner und Liebhaber auch Jacketts, Krawatten,Hemden, Kimono-Jacken und Hüte aus Shifu, die teilweise sogar in der Waschmaschine gereinigt werden können. Ebenso werden Wandbehänge und Dekorationsstoffe aus Shifu gestaltet sowie künstlerische Konzepte realisiert.

Kyoko Ibe ist eine japanische Künstlerin, die schon seit einiger Zeit mit gedrehten Papierstreifen große Räume gestaltet. *Shuka*, ihre 32 Meter hohe Installation im *Place 141*

Kyoko Ibe, *akai ita*, 1988. Installation aus gerolltem Washi im Leopold-Hoesch-Museum, Düren. 5,3 x 6 x 9 m.

Building in Sendai, Japan, ist aus mehreren Tausend doppellagigen Papierelementen konzipiert, die eine rote und eine blaue Seite aufweisen. Als komplexe, zusammenhängende Struktur gibt diese Installation dem riesigen Foyer des Gebäudes eine spezielle Note. Das vielschichtige Werk wurde nach minutiöser Planung im Verlaufe einer Nacht mit zwölf Mitwirkenden montiert.

Große Erfolge erlangten auch ihre an Shifu erinnernden Bühnenbilder, die sie für moderne und traditionelle Ballet- und Theateraufführungen gestaltet hat. In ihren Ausstellungen zeigt sie hauptsächlich Bilder und Objekte, die im Gussverfahren über Bambusmatten gefertigt werden und aus Maulbeerstrauchfasern bestehen.

Kyoko Ibe lebt in Kioto und realisiert ihre großen Projekte in Zusammenarbeit mit der Fujimori-Familie in der *Awagami Factory* in Tokushima auf der Insel Shikoku.

Shifu auf den Philippinen

Asao Shimura ist ein Freund vieler japanischer Papiermacher, er bezog bei ihnen große Papierbogen aus Kozo-, Mitsumata- oder Gampifasern, die er in kleinste Formate schnitt, auf seiner Handpresse bedruckte und zu Büchlein im Format 7,5 × 5 cm in kleinen Auflagen band. Die Inhalte standen meistens in Verbindung mit dem Thema Washi oder japanischen Druck- oder Färbetraditionen, so hat er zum Beispiel ein Buch in Miniaturausgabe über Indigo gemacht.

Die Liebe zum Papier führte Asao Shimura zu einem außerordentlichen Projekt: Sein rußgeschwärztes Strohdachhaus in Fukuhara Ksama-shi, nördlich von Tokio, ist mit handgeschöpften, postkartengroßen Papieren ausgekleidet. Was Christo und Jean-Claude zu Weltruhm verhalf, gestaltete Shimura 1985 ganz still und ohne Aufsehen in Japan. Tausende Papierbogen im Format 16 × 10 cm entstanden in wochenlanger Arbeit. Die Verwandlung der Räume strahlt nicht nur Reinheit, sondern auch Vollendung aus. Selbst der Boden ist an den Stellen, wo Holzriemen die Tatami ersetzen, mit weißem Papier belegt, und kein dunkler Fleck stört die Harmonie der Räume. Ein Zustand des Glücks, wären da nicht die verführerischen Rufe der Ferne.[36] Asao Shimura, begeistert von den Shifu-Geweben von Sadako Sakurai, begab sich 1989 auf die Philippinen und beteiligte sich an der Produktion von Papier in der *Duntog*-Papierwerkstatt von Michael Parsons am Nordrand der Stadt Baguio. In Poking, bei den Angehörigen der ethnischen Minderheit Ibaloi, drei Stunden Fahrt von Baguio entfernt, gründete er seine Papierwerkstatt. Ausgehend von den Proportionen des japanischen Postkartenformats entstehen dort Papierbogen im Format 90 × 180 cm. An einer speziell erbauten Wand ist Platz für 25 Papiere, die gleichzeitig trocknen können.

Der Blattbildung aus Ananasblattfasern, *Ananas comosus* der Familie *Bromeliaceae*, folgt ein Papiergewebe mit einer Kette aus Hanf und einem Schuss aus Ananasfaserpapier. Asao Shimura gibt sein technisches Wissen, das er sich bei Sadako Sakurai angeeignet hat, an kleine Arbeitsgruppen weiter und bringt so nicht nur ein neues Verfahren in die philippinische Kultur ein, sondern schafft auch Arbeitsplätze in Bereichen wie der Ernte und Zubereitung der Rohfasern, der Produktion von handgeschöpften Papieren, dem Fertigen des Papiergarns oder dem Weben von Shifu.

Auf den Philippinen entwickelt sich zur Zeit ein Papierverfahren eigenen Stils nach der japanischen Technologie des *nagashizuki*. Eine große Papierwerkstätte wird von der *Masa Ecological Development Inc.* außerhalb Manilas erbaut, und japanische Meister werden herangezogen, um einer breiteren Schicht das Schöpfen von großen Formaten zu vermitteln. Die Philippiner möchten mit den japanischen Papiermachern mithalten, und sie wollen den Wettbewerb, bei dem es um den Auftrag von 9000 Bogen Papier für die Weltausstellung 2005 in Aichi, Japan, geht, gewinnen. Die Papiere im Format von 5 × 6 Metern müssen lichtdurchlässig und Wasser abstoßend sein, das heißt, geeignet zur Herstellung von Fenstern und Türen.[37]

Jiseung, die Web- oder Flechttechnik zur Herstellung traditioneller Papiergefäße in Südkorea. Durch nachträgliches Behandeln mit Perillaöl oder Lack sind die Gefäße auch zur Aufbewahrung von Flüssigkeiten geeignet. Gefäß für ein Feuerwerk, 25 x 12 cm.

Geflochtene Papierobjekte

In Korea hat sich schon bald nach den Anfängen der Papierherstellung das Weben und Flechten von Papierstreifen aus *hanji* verbreitet. Bei diesem Verfahren *jiseung* werden die einzelnen Streifen von ca. 1,5 bis 2 cm Breite und einer Länge, die dem Papierbogen entspricht, ohne Hilfsgeräte und in trockenem Zustand eingerollt. Daraus werden vor allem Objekte wie Schalen, Taschen, Körbe, Kissen, Flaschenhalter, kleine Ritualtische, Tabletts sowie Teetassen und -krüge gefertigt. Die Objekte werden oft rund oder oval geflochten. Die «Kettfäden» sind aus Leinen- oder Baumwollgarn; sie werden für den Anfang der oft kunstvollen Bindetechniken kreuzweise übereinander gelegt. Zur Imprägnierung werden wie bei der Herstellung von *jumchi* Öle verwendet.

Trends in Europa

Die Tradition, aus Papier Körperhüllen herzustellen, hat die berühmte Designerin Christa de Carouge inspiriert, für den westlichen Markt Papiergewänder zu entwerfen. Exklusiv zu diesem Zweck lässt sie in Nepal Shifu herstellen. Einer der bekanntesten und wohl auch ersten Shifu-Produzenten in Nepal ist Deepak R. Shrestha, der im Jahre 1985 erstmals von diesem Papiergewebe erfuhr. Rund drei Jahre experimentierte er, um aus dem traditionellen, gegossenen Nepalpapier aus dem inneren, weißen Rindenbast des Seidelbastgewächses *Lokta, Daphne cannabina,* Gewebe herzustellen. Das Gewebe geht nach dem Rollen, Spinnen auf dem *charkhaa*, dem nepalesischen Spinnrad, und Weben beim ersten Waschen gut zehn Prozent ein. Auf seinem Handwebstuhl kann Shrestha Gewebe von einer Breite von bis zu 110 cm fertigen.

Gleichzeitig entstehen in der Weberei Gessner in der Schweiz kostbare Doppelgewebe aus Shifu. Dabei handelt es sich um komplizierte Gewebe mit mindestens einem zweiten Fadensystem in Kette und oder Schuss. Bei den Geweben mit mehreren Fadensystemen werden durch die Bindetechnik die Fäden zweilagig übereinander geschichtet, wodurch die Oberflächen der Vorder- und Rückseite eine völlig andere Gestaltung oder andere taktile Eigenschaften annehmen können. Mit diesem System ist es auch möglich, feinfädige Textilien kompakter zu weben. Die Wirkung entsteht durch die Qualität und Mischung der Fasern wie auch durch die Bindetechnik. So werden zum Beispiel Kettfäden aus Seiden-, Baumwoll- oder Leinengarn und Schussfäden aus Papier verwendet.[38] Die Textilien werden auf einer elektronisch gesteuerten Jacquard-Webmaschine gewoben. Allerdings erschweren Unregelmäßigkeiten der Papierfäden eine effiziente Produktion. Shifu hat es, trotz hervorragendem Design, bis heute nicht leicht in Europa.

Architektur, Skulpturen und Objekte aus Papierfasern

Shugakuin, die 1629 n. Chr. vom Kaiser Go-Mizunoo zu seinem Rücktritt erbaute Villa im Nordosten von Kioto. Den Räumen liegt als Raster das Tatami-Format zugrunde, und sie werden durch Shoji unterteilt. Die Anlage wurde 1659 fertig gestellt und später mit einem Gebäude für die Tochter, Prinzessin Ake, ergänzt. Als diese Nonne wurde, um für die Seele ihres Vaters zu beten, wurde das Haus in den Rinkyuji-Tempel umgestaltet.

Das Zusammenwirken von traditionellen und modernen Designelementen sowie die Eigenschaft, natürliche Materialien zur Geltung zu bringen, gelingt in Japan besonders gut. Leichtigkeit bei gleichzeitiger Strenge wird oft als Merkmal japanischer Kultur hervorgehoben.

Die starke Verankerung von Washi in Japan steht sicher im Zusammenhang mit seiner allgegenwärtigen Präsenz im Alltag, seiner Anwendung als Bau- und Konstruktionselement neben seinen anderen Funktionen wie beispielsweise als Kalligrafiepapier. Die haptische und visuelle Qualität der Textur von Washi machen zudem den großen Reiz dieses Papiers aus.

Unter dem Begriff «Textur» versteht man die Oberflächenbeschaffenheit eines Materials, seine Faserung und Körnung, aber auch die Zusammenfügung und Anordnung. Die Textur bestimmt den Ausdruck eines Objekts, sie löst Empfindungen aus beim Betrachten. Mit Textur meint man die Flächenwirkung an sich, darin unterscheidet sie sich vom aufgesetzten Dekor. Auch zur Struktur, die mit der Textur oftmals gleichgesetzt wird, gibt es Unterschiede. Die Definition von «Struktur» ist gemäß dem Architekten Mies van der Rohe folgende: «Struktur hat für uns eine geistig-philosophische Bedeutung. Die Struktur ist das Ganze, von oben bis unten, bis zum letzten Detail beseelt von der gleichen Idee.» Das texturale Gebilde vollendet «nur» die äußere Gestalt. Zur Struktur gehört die Funktion, die Zweckerfüllung. Die Textur eines Bauwerkes tritt in seiner Außenhaut in Erscheinung, während die Struktur für dessen Stabilität bürgt. In der texturalen Gestaltung soll jedoch das Konstruktionsgefüge eines Werkstoffes sichtbar gemacht werden. Das Zusammenspiel von Struktur und Textur ist eine komplexe Verbindung von Konstruktion und Oberfläche, die sich nicht ausschließen können.[39]

Shoji und Fusuma, Papierwände in Asien

Shoji werden in Japan seit dem Ende der Heian-Zeit (794–1185) als raumtrennende Elemente verwendet. Sie grenzen auch Innenräume zu Terrassen oder Gärten ab und dienen so als Glas- und Fenterersatz. Das verhaltene Licht oder die Sanftheit des natürlichen Lichtes, das durch das Papier in die Räume fällt, hat einen besonderen Charakter und eine sehr beruhigende Wirkung.

Fusuma, kunstvoll bemalte Schiebetüren, stammen aus der gleichen Zeit wie die Shoji. Sie dienen der Unterteilung von Räumen oder funktionieren wie Schiebetüren vor Regalen.[40] Durch das Konzept solcher Raumunterteilungen kann das Raumvolumen oder die Stimmung in kurzer Zeit geändert werden. Mit der Verschiebung oder dem Auswechseln der Fusuma wird auch das Dekor umgestaltet. Papierwände haben in Japan, dem Land mit einer ganzjährigen hohen Luftfeuchtigkeit, eine sehr angenehme Wirkung. Die durch Washi unterstützte Ventilation verbreitet Wohlbefinden in den Lebensräumen.

Teehaus des goldenen Pavillons Kinkakuji im Nordwesten von Kioto. Die Anlage wurde 1394 n. Chr. vom dritten Schogun Yoshimitsu Ashikaga erbaut. Sein Sohn verwandelte den Privatbesitz später in einen buddhistischen Tempel. In der untersten Etage wird der Pavillon mit Shoji geschlossen, in den darüber liegenden Etagen mit vergoldeten Fusuma.

Solche architektonischen Elemente werden in Japan in allen Gesellschaftsschichten nach den gleichen Prinzipien konstruiert. Der Grundriss richtet sich in einem traditionellen japanischen Haus oder Tempel nach dem genormten Raummaß, welches durch das Format der Tatami, der als Bodenbelag dienenden Strohmatten, bestimmt ist.[41] Die Räume lassen sich somit leicht unterteilen und wirken durch diesen Grundraster harmonisch. Die seit Jahrhunderten angewandte Rhythmisierung und Strukturierung der Räume spricht eine eigene ästhetische Sprache. Hat eine Form ihre Vollkommenheit erreicht, wird sie immer wieder angewendet. Dies entspricht der traditionellen japanischen Lebensphilosophie.

Aus den niedrigen, mit Stroh bedeckten Häusern ragen keine Kamine hervor, und im Innern fehlen Heizsysteme, wie sie in der westlichen Kultur bekannt sind. Die Wohnräume werden mit *hibachi*, großen Tontöpfen, in denen Kohlenstücke brennen, beheizt. Zudem ist im Zentrum des Wohnraumes eine quadratische Vertiefung im Boden angebracht, die als Feuer- und Kochstelle dient. Im Kessel, der über dem Feuer hängt, wird gekocht. Dies ist der zentrale und wichtige Ort im Haus, wo sich die Familie versammelt, sich nach feststehender Rangordnung um das Feuer auf den Tatami-Boden setzt, diskutiert, Mahlzeiten zu sich nimmt und Gäste bewirtet. Die Wände bestehen aus zwei Varianten von Schiebetüren, die mehrere Funktionen erfüllen. Die auf zwei Seiten des Hauses gänzlich aus Holz gefertigten, äußeren Schiebetüren bilden die Außenwände. Sie werden nur nachts oder bei Regen geschlossen. Nach der ca. 150 cm breiten Veranda mit Holzbretterboden folgen die Shoji, die aus Holzrahmen mit Längs- und Querverbindungen konstruiert sind. Sie sind meistens einseitig mit Papier beklebt, sodass der Holzraster auf einer Seite sichtbar bleibt. Die Shoji schützen den Innenraum vor fremden Blicken und sie trennen die einzelnen Räume voneinander ab. Licht, Kälte und Wärme lassen sie in den Wohnraum eindringen.

Wunderschöne Shoji-Schiebewände findet man in verschiedenen Tempeln. Sie sind der Regel gemäß dem Garten zugewandt, das heißt, sie stehen mit der Rasterseite zum Innenraum. Die Rückseite der Gebäude ist oft als Holzwand konstruiert. Der Garten ist der Ort der Sammlung, der Meditation, wie dies beispielsweise eindrücklich im Sekitei, dem Zen-Garten des Ryoanji-Tempels in Kioto, erlebt werden kann. Die Innenräume sind hier durch Fusuma unterteilt. Im Gegensatz zu den Shoji sind die Holzrahmen beidseitig mit Papier bespannt, das rückseitig mit Spezialpapier *choshi* aus Gampi-Fasern und einem Zusatz der Tonerde *nendo* verstärkt ist. Die Oberflächen sind immer dekorativ gestaltet. Zu den schönsten Beispielen solcher Bemalungen gehören die Fusuma im Nijo-Schloss, das für die zu Besuch weilenden Schogune im westlichen Teil Kiotos gebaut wurde. Es handelt sich um große Gemälde mit Darstellungen von weißen Kiefern, Bambuswäldern, Kirschblüten und verschiedenen Tiergestalten auf goldenem Grund. Die vielen Baum- und Landschaftsdarstellungen werden damit begründet, dass im Garten früher keine Bäume angepflanzt wurden, weil die herunterfallenden Blätter zu sehr an die Vergänglichkeit der Dinge erinnert hätten.

Zur Ausstattung japanischer Räume gehört auch das Rollbild Tokonoma, ein Papier mit kunstvoll kalligrafiertem und illustriertem Text. Es wird auf ein langes Stück Seide oder Papier aufgezogen, und an den Abschlüssen werden Goldbrokat, Seidenschnüre oder Rundhölzer eingearbeitet. In der traditionell fernöstlichen Lebensweise bleiben die Wände frei, und dem Rollbild wird ein spezieller Platz eingeräumt. Auch in modernen asiatischen Häusern wird eine lichtgeschützte Bildnische gebaut, in der das Tokonoma verehrt wird, während Räucherkerzen für einen besonderen Duft sorgen.

In China wird das Rollbild nach alter Tradition an der Decke befestigt. Die Themen der Rollbilder werden den aktuellen Ereignissen oder Jahreszeiten angepasst, und entsprechend wird das Tokonoma mehrere Male im Jahr ausgewechselt. Zur Lagerung wird es von unten her aufgerollt, mit Seidenbändern umwickelt und in einer Schachtel aus Paulowina-Holz archiviert. Dies ist in sehr leichtes Holz, welches das Papier vor zu hoher Luftfeuchtigkeit schützt, da es diese in seinen Poren aufnimmt.

Die mit Papier bezogenen Trennwände wurden in Japan vermutlich aus China übernommen, wo sie schon zur Zeit der Tang-Dynastie (618–907) nachgewiesen werden können.[42] In die gleiche Epoche fällt auch die erste Verwendung mit Papier überzogener, mehrteiliger Paravents. Sie haben die gleiche Funktion wie die Trennwände, sind aber flexibler in der Anwendung. Gleichzeitig begann man, die Fenster kaiserlicher Paläste mit einem besonders widerstandsfähigen Papier zu versehen. Das Papier wurde mehrheitlich aus dem Rindenbast des Maulbeerstrauchs hergestellt, wobei man der Papiermasse auch Bambus und Halme der Reispflanze beifügte.[43] Ein Papierfenster lässt das Licht in angenehm gedämpfter Form in den Raum dringen und schützt sowohl vor sommerlicher Hitze und Staub wie auch vor kalten Winden. Noch heute trifft man in ländlichen Gegenden Chinas, Tibets, Koreas und Japans auf solche Papierfenster.

Eine relativ späte Anwendung stellt die Papiertapete dar, die anfangs des 17. Jahrhunderts von in China aktiven katholischen Missionaren nach Europa gebracht wurde, wo sie im Zug der allgemeinen Begeisterung für «Chinoiserien» im 18. Jahrhundert sehr beliebt war. Zunächst wurden die chinesischen Motive auf kleinere Papierflächen gedruckt und anschließend auf der Wand zusammengeklebt; ab Mitte des 19. Jahrhunderts wurde Tapetenpapier dann großformatig gedruckt. In China selbst scheint sich die Papiertapete gegen Ende des 16. Jahrhunderts verbreitet zu haben; ihr Vorläufer war das an der Wand befestigte Rollbild.[44]

Vaishravana, einer der vier buddhistischen Weltschützer, der zugleich Hüter des Nordens und des Reichtums ist. In seiner linken Hand hält er einen Mungo, der wertvolle Perlen spuckt; in seiner rechten Hand hält er die Rundstandarte, die den Sieg des Buddhismus symbolisiert. Die ganze Skulptur ist aus bemaltem Papiermaché gefertigt.

Papiermaché, eine Alternative zu Bronze, Stein und Holz

Eine ebenso kreative wie ökonomische Anwendung von Papier stellt das Papiermaché dar.[45] Es besteht aus einer Papiermasse aus Fasern von aufgelöstem Altpapier, der Kreide, Gips oder Ton beigemengt wird. Die getrocknete, plastische Masse wird mit Leinöl überzogen, um sie wasserresistent zu machen. Für ähnliche Zwecke wird bisweilen auch das nicht mit Papiermaché zu verwechselnde Verfahren des Kaschierens angewendet. Dabei werden Papierbahnen oder -schnipsel in zwei oder mehreren Schichten übereinander geklebt, die anschließend bemalt, zur besseren Stabilität verstärkt oder zur Glanzerzeugung mit Lack bestrichen werden. Das Kaschieren wird hauptsächlich zum Abformen von Gegenständen verwendet und ist mit dem Collagieren verwandt, da nicht Papiermaché, sondern Papierflächen als Ausgangsmaterial dienen.

Wie das Papier wurde auch das Verfahren des Papiermachés in China erfunden, und zwar schon gegen Ende des 2. Jahrhunderts n. Chr. Die ersten Applikationen waren Helme aus gepresstem Papier und Gipsplatten, die für das Heer produziert wurden. Für den Haushalt wurden bald darauf rot lackierte Gefäßdeckel hergestellt. Die Kenntnis des Papiermachés gelangte mit dem Wissen über die Papierherstellung Mitte des 8. Jahrhunderts zu den Arabern Zentralasiens und von dort ins Reich der abbasidischen Kalife, wo sich Papiermaché bald großer Beliebtheit erfreute. Besonders während der Herrschaft der persischen Dynastien der Safawiden (1501–1722) und der Kadjaren (1794–1925) wurden kunstvoll bemalte Tabakdosen, Bleistift- und Schmuckschatullen, kleinere Spiegel und Spielsachen aus Papiermaché hergestellt, welche die teureren Metallobjekte ersetzten. Noch heute werden sie auf den Bazaren Irans feilgeboten.

Der Papierrestaurator der nationalen Parlamentsbibliothek in Teheran, Herr Malekian, beschrieb die aufwändige Bemalung der Bleistiftboxen bei einem Besuch Ende 2001 wie folgt: «Die Bemalung macht aus der Papierbox eine Kostbarkeit. Zu den Farben gehört auch Gold, wofür Goldpulver mit Gummiarabikum und Wasser vermischt wird. Rot wird aus Schwefeloxid oder Koschenille gewonnen, Blau aus dem selten vorkommenden Lapislazuli aus Afghanistan. Für Weiß wird Blei oder der Blütenstempel der Blume *Leili Abbasi* verwendet, und mit Kupferoxid wird grün gemalt. Silber wird nie eingesetzt, da es infolge der Oxidation schwarz wird. In gleichem Maße ist der Malpinsel wichtig, der aus den Haaren einer jungen Katze angefertigt wird.»

Objekte aus Papiermaché fanden ab dem 15. Jahrhundert auch in Kaschmir und Nordindien, ab dem 17. Jahrhundert in Westeuropa und Russland großen Anklang. Dabei wurden nicht nur Kleingegenstände wie Schnupftabak- und Teedosen oder Kerzenständer aus Papiermaché angefertigt, sondern auch Möbel und, im Jahr 1883, sogar eine große, angeblich sehr zuverlässige Uhr! Ende des 18. Jahrhunderts wurde zudem in Bergen, Norwegen, eine ganze Kirche aus Papiermaché erbaut, die 37 Jahre bestehen blieb.[46]

Beinahe weltweit werden Masken aus Papiermaché hergestellt, sei es im profanen Bereich anlässlich des Karnevals oder für sakrale Riten. Bei den in Tibet verbreiteten Tscham-Tänzen, die zu Klosterfesten oder an speziellen Kalendertagen stattfinden, trägt jeder Tänzer eine Maske aus Papiermaché, die eine bestimmte Gottheit oder eine wichtige Person darstellt. Da bei solchen Tänzen der Geist der jeweiligen Gottheit in die Maske dringt, sind sie Gegenstand höchster Achtung; sie werden bei Nichtgebrauch in einem besonderen Tempelraum aufbewahrt. Ebenso berühmt sind die kaschierten japanischen Masken und Papierfiguren, genannt *daruma*. Zur Herstellung der Masken werden Papierbogen nass über die geschnitzten oder gedrechselten Holzformen gelegt und angepresst. Die Formen werden nach dem Trocknen wieder entfernt und so entstehen die bekannten Masken und Figuren des Banruka-Theaters in Japan.

Gleichwertigkeit von Hülle und Inhalt

Ein Charakteristikum der japanischen, oft auf Einfachheit reduzierten, aber kunstvollen Gestaltungsformen, hängt mit dem Animismus, dem Glauben an die Beseeltheit aller Dinge, zusammen. Die Anhänger des Animismus glauben an Tausende von Gottheiten und identifizieren deren Anwesenheit in realen Gegenständen, selbst in einem Buch oder Wohnobjekt. Diese Einstellung findet in der westlichen Religion oder Philosophie kaum eine Entsprechung. Materielle Gegenstände sind gemäß Animismus mehr als eine einfache Substanz, da sie die Gegenwart eines Lebens in sich bergen. Den Hüllen oder Verpackungen von Gegenständen wird besondere Bedeutung und großer Respekt entgegengebracht. Die Hülle ist genauso wichtig wie der Inhalt und wird zum Beispiel von einer Person, die ein Geschenk entgegennimmt, analytisch interpretiert.[47]

Geschenkartikel aus Washi finden ihren Platz verstärkt auf dem weltweiten Markt; angeboten werden Taschen, Spielwaren, Masken, Laternen, Flugdrachen oder Geschenkpapiere, darunter befindet sich viel Kitsch in knalligen Farben und in schlechtem Design. Handgeschöpftes Qualitätspapier ist im heutigen japanischen Alltag in den Hintergrund getreten, Kunststoff, Glas, Metall und Leder werden stellvertretend verwendet. Es findet eine «Verwestlichung» in Japans Kultur statt, obwohl diese, trotz starkem chinesischem Einfluss, im Bereich des Papiers noch viel Eigenständigkeit aufweist.

Seit der Muromachi-Zeit (1336–1573) werden japanische Süßigkeiten aus hygienischen und dekorativen Gründen einzeln in Papier gewickelt. Weil das Papier sehr stark ist, kann man es so formen, dass es sich durch Falten, Wickeln und Binden dem Inhalt anpasst. Es schützt aber auch die manchmal weichen Köstlichkeiten vor dem Zerbrechen. Auch die Teezeremonie wurde äußerlich durch die Errungenschaft Papier beeinflusst. Gegen Ende des ersten Jahrtausends n. Chr. begann man, Papier aus Rattanfasern zu Quadraten zu falten und zusammenzunähen. Daraus entstanden Hüllen zur Lagerung der getrockneten Teeblätter. Was früher lediglich als Verpackung zur Erhaltung der Geschmacksnote diente, ist längst kommerzialisiert worden, und so werden heute kleingeriebene Essenzen in Teebeuteln portionengerecht eingeschweißt.

Keine umhüllende Verpackung, aber Schutz gegen den Himmel bietet der kunstvoll konstruierte Papierschirm Kasa; er erfüllt seinen Zweck bei Sonne und Regen. Seine Verarbeitung in mehreren Schritten erfordert Präzision. Das Papier wird in Kreissektoren geschnitten. Die geöffnete, speichenförmige Bambuskonstruktion wird an den Verstrebungen mit Kleister bestrichen, das Papier darauf gelegt, angedrückt und die vorstehenden Papierränder werden mit einem feinen Messer weggeschnitten. Zur Stärkung und Festigung wird der offene Schirm mit *shibu*, dem Persimonensaft, bestrichen und manchmal zusätzlich bemalt. Anschließend folgen mehrere Schichten Kiri- oder Egomoöl zur Imprägnierung und Stärkung der Papierfasern. Das Öl wird vom *log-vung*-Baum, der ursprünglich aus China stammt, gewonnen.

Türme und Häuser für beschränkte Zeiten

Erfreulicherweise machen auch revolutionäre Entwicklungen von sich reden, so zum Beispiel die Papierhäuser des japanischen Architekten Shigeru Ban, der unmittelbar nach dem großen Erdbeben von 2001 in Gujarat, Indien, Papierhäuser als Notunterkünfte errichtete. Der 1957 geborene Architekt begann 1986, beim Bau eines Ausstellungspavillons für den Designer Alvar Aalto, Karton als Baustoff zu verwenden. Nach weiteren kleineren Bauten aus Karton ließ er 1994 in Rwanda und 1995 nach dem schweren Erdbeben von Kobe in Japan ganze Wohnsiedlungen mitsamt einer Kirche aus Karton errichten, womit er an das Experiment des Kirchenbaus aus Papiermaché von 1793 erfolgreich anknüpfte. Weltberühmtheit erlangte Shigeru Ban anlässlich der Weltausstellung in Hannover im Jahr 2000 beim Bau

Gefäß, 100 cm Durchmesser, Höhe 40 cm. Die Innenseite ist kaschiert mit handgeschöpftem Papier. Die strukturierte Außenseite entstand durch das direkte Applizieren der geschöpften Pulpe. Dazwischen liegt zur Verstärkung eine Papierschicht aus Tapete.

des japanischen Pavillons, dessen Dach aus Kartonröhren eine Fläche von 3600 m² aufwies. Acht Jahre zuvor hatte der Schweizer Vincent Mangeat an der Weltausstellung in Sevilla beim Schweizer Pavillon einen 38 Meter hohen Papierturm errichtet.[48]

Shigeru Ban geht weniger von ästhetischen Überlegungen aus, wie es beispielsweise sein Berufskollege Tadao Ando tut, sondern von ganz pragmatischen: «Die westliche Moderne arbeitet oft sehr aufwändig, statt gewöhnliche Materialien zu benutzen. Da müssen viele Bäume gefällt und es muss viel Stahl eingesetzt werden. Ich versuche dagegen, Materialien gemäß ihrer Eigenart und den Erfordernissen des Ortes einzusetzen. Das entspricht einer japanischen Tradition. Ich will den Bauprozess, die Herstellung des Materials, den Transport, die Montage der Elemente einfacher und effizienter machen.»[49]

Ein Meister und Poet der modernen japanischen Architektur, welcher die heimische Tradition der Reduktion beibehalten hat und trotzdem den Zeitgeist mit neuen Werkstoffen und Konstruktionselementen nicht außer Acht lässt, ist der bereits erwähnte Tadao Ando. Er wählt Beton für die Hülle seiner Gebäude und setzt gleichzeitig kompromisslos Tatami, Shoji und Fusuma in die Innenräume sowie Sand und Steine in die Innenhöfe, wie in einem japanischen Zen-Garten.

Auch in der westlichen Architektur findet sich seit Mies van der Rohe (1886–1969), der in seinen Gebäuden Einfachheit und Genügsamkeit betonte, vom Zen inspiriertes, konzeptuelles Denken. Indem Mies van der Rohe Glas als das Verkleidungsmittel seiner Bauten bestimmte, wählte er ein Material, das mit dem Papier die wichtige Eigenschaft teilt, die Natur in der Gestaltung der Räume zu berücksichtigen. Auch ging der Architekt von einem bestimmten, nicht mehr teilbaren Grundmaß aus – analog zum Tatami-Format –, das er in der jeweiligen Konstruktion multiplizierte.[50] Dieser Prozess verlieh seinen Bauten eine nicht zu übersehende Klarheit und Nüchternheit.

Die revolutionärste funktionelle Anwendung von Papier im 21. Jahrhundert entwickelte das Team *Foldcore* an der Universität Stuttgart mit dem Konzept für ein Großraumflugzeug mit einem Rumpf aus Papier. Nach der *Foldcore*-Methode werden große Papierflächen zu komplexen, kleinsten Strukturen gefaltet, die in der Lage sind, große Lasten zu tragen und maximale Stabilität zu erreichen. Erst bei einer Belastung von 2,5 Tonnen auf einer Fläche von ungefähr 15 × 10 × 2 cm bricht die als *Papierwabe* bezeichnete Fläche auseinander. Die Papierwabe hat schalldämpfende, energieabsorbierende Wirkung, ist drainagefähig und kann vor allem spannungsfrei einem bestimmten Radius angepasst werden. Weitere Vorteile liegen bei Gewicht und Preis: Das Papier ist rund 40 Prozent leichter als Stahl und 30 Prozent kostengünstiger.

Kasa, japanischer Schirm aus Bambus, mit Washi bespannt.

Kein Wunder, dass McKinsey und die Eidgenössische Technische Hochschule Zürich die möglicherweise bahnbrechende Idee anlässlich des *Venture 2004*-Wettbewerbs im Juni 2004 ausgezeichnet haben.

Es bleibt der Gedanke an eine spannende, visionäre Zukunft, in der das Papier weiterhin seinen Platz hat. Seine neue Textur, Struktur und Formensprache wird sich in weiteren zweitausend Jahren zeigen.

Substanz Papier, eine individuelle Sprache der künstlerischen Auseinandersetzung

Von der chinesischen Kalligrafie zum Papierismus

«Es wird freilich klar sein, dass es eine unlösbare Frage ist, zu erkennen, wie jedes Ding beschaffen ist.»
Demokrit, Fragment 104.

Demokrits Fragment kann man auf die Kalligrafie wie auf den Papierismus[1] beziehen. Während es früher darum ging, den Beschreibstoff und die dazu passende Tusche in der idealen Synthese herzustellen, bedarf es gegenwärtig vielmehr einer analytischen Auseinandersetzung, welche die Substanz von Papier und Tusche in deren Zusammensetzung und Herstellung erkundet.

Die Vollkommenheit der kalligrafischen Zeichen aus Tusche[2] auf Papier, Schwarz auf Weiß, bedeutet eine der höchsten Formen der Harmonie, die in der Kreisform ihre Vollendung finden kann. Diese besondere Art der Schriftkultur hat ganz Asien beeinflusst. Künstlerisch betrachtet ist sie mit der Malerei vergleichbar, pragmatisch gesehen ist sie geschriebene Sprache. Das Wort *Kalligrafie* stammt aus dem Griechischen und bedeutet «Kunst des schönen Schreibens». Die frühesten Ansätze zur Kalligrafie finden sich in der akkadischen Keilschrift in Mesopotamien um 2300 v. Chr.

In China entstanden die ersten Kalligrafieformen im 10. Jahrhundert v. Chr. Die wichtigsten Entwicklungen sind auf Bronzegefäßen und Knochen zu sehen. Kursive Kalligrafietypen gab es erstmals ab dem 3. Jahrhundert v. Chr. Seit dieser Zeit gilt die Kalligrafie in China als der höchste Ausdruck visueller Kunst. Kalligrafie erhebt Schrift zur Kunst und widerspiegelt die geistige Entwicklungsstufe des Kalligrafen. In der Kalligrafie wird das Schreiben zum kultischen Akt, vergleichbar mit der Malerei.

Eine eigenständige Kalligrafie entwickelte sich in Japan ab der Heian-Zeit (794–1185). Diese Kalligrafien fanden nicht nur in auserwählten administrativen Dokumenten und in der visuellen Kunst Anwendung, sondern hatten bei den buddhistischen Mönchen auch eine religiöse Funktion: Die Ausübung der Kalligrafie gleicht dem Malen eines Mandalas, sie ist ein Pfad der Selbstfindung.[3] Zusammen mit der klassischen Malerei bestimmte die Kalligrafie die Hauptströmungen der Kunstgeschichte Asiens.

Die Fülle der unterschiedlichen Stilrichtungen ist abhängig vom Schreibwerkzeug. Mit der Einführung des Pinsels für die Tuschemalerei wurde die Schrift malerischer und bildhafter, was die Verfeinerung des Papiers in Richtung einer glatten Oberfläche bedingte. Gegenwärtig wie auch in früherer Zeit sind Kalligrafen sowohl Literaten wie auch Maler.

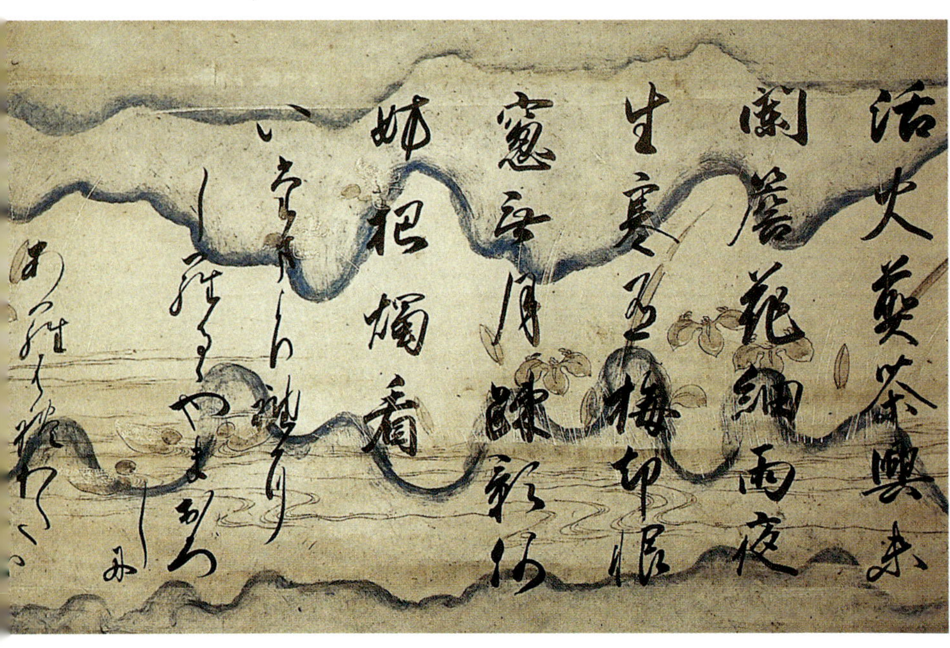

Seite 174: *Die Anwesenheit des Abwesenden*, 1993. Geschöpftes Abaca- und Kozo-Papier mit Einschlüssen (Ausschnitt). 35 x 35 cm.

Oben: *Zuisho ni shu to naru* («Wo du auch bist, du bist der Meister»). Ausspruch des Meisters Rionzai, Kalligrafie von Sanae Sakamoto. Originalgröße 160 x 60 cm.

Links: Fragment aus einem Set von vier hängenden Schriftrollen. Tuschekalligrafie, Gold- und Silbermalerei auf einem *uchigumori*-Washi von Sanjonishi Sanetaka, um 1500.

In den klassischen Texten und Bildern Asiens wurden der Text und skizzierte Pflanzen- und Tierelemente in Tuschemalerei geschrieben, während die Bildelemente in einer sanften Farbtonalität entstanden, die mit Blattgold-Applikationen ergänzt wurden. Die oft aquarellartigen Hintergrundmalereien wurden in Japan bereits in der Heian-Periode gefertigt. Aus dieser Zeit datieren auch die Marmorpapiere *suminagashi*, die auf Deutsch übersetzt «schwimmendes Tusche-Papier» heißen. Zur Dekorierung dieser Papiere wird Tusche nach einer bestimmten Systematik tropfenweise in ein Wasserbad gegeben. Dadurch entsteht ein Muster auf der Wasseroberfläche, das zusätzlich mit einem Bambusstäbchen beeinflusst und verändert werden kann. Das Papier wird durch Abrollen auf das Wasser gelegt und die Tusche überträgt sich unmittelbar auf das Papier. Anschließend wird es abgehoben und getrocknet. Diese bis dahin schwarzweißen Papiere wurden in der Edo-Zeit (1615–1868) mit Rot- und Blautönen ergänzt.

Die beinahe vierhundert Jahre dauernde Heian-Zeit galt als Hochblüte der japanischen Kulturgeschichte. Die japanische Kunst und Architektur, die ursprünglich von China beeinflusst wurde, erlangte ihre nationale Eigenständigkeit. In dieser Zeit entstanden die reich bemusterten Papiere im Schablonendruck-Verfahren, die teilweise ebenso wertvoll wie europäische Wasserzeichenpapiere waren. Für die Applikation der Muster wurden die Papiere mit Persimone[4] imprägniert, und minutiöse Muster, meistens in geometrischen, repetitiven Formen, wurden in die Papierfläche geschnitten. Diese Mustervorlage oder Schablone wurde auf Papier, Seiden- oder Baumwollgewebe gelegt; ebenfalls beliebt war die Bemusterung von *momigami*, zerknülltem Papier, aus dem Gewänder gefertigt wurden. An den ausgeschnittenen Stellen gelangte die mit einem Werkzeug aufgetragene Farbe auf das darunter liegende Material. Dieser Vorgang konnte so lange wiederholt werden, wie die Qualität der Papierschablone dies zuließ.

Zur gleichen Zeit zeigten sich bereits Formen des heute aktuellen Papierismus in Japan. In den als «Wolkenpapier» *uchigumori* bezeichneten Papieren entsteht während des Schöpfprozesses durch Überlagerung von dünnflüssiger, farbiger Pulpe an den Randpartien ein wellenartiges Muster. Die noch auf dem Schöpfsieb liegende, nasse Papierfläche wird am vorderen sowie am hinteren Siebrand nochmals in eine Bütte mit farbiger Pulpe eingetaucht, sodass ein bestimmter Teil des weißen Papiers mit den Fasern bedeckt wird. Die Zugabe von *neri* verhindert das Verdrängen der bereits auf dem Sieb liegenden Fasern und ermöglicht die Überlagerung der Fasern. Der Vorgang kann sogar mehrere Male wiederholt werden. Nach einer anderen Methode entsteht das Muster durch Aufgießen der Fasern und geschicktes Bewegen des Siebes. Die auf diese Weise erzeugten organischen, wolkenartigen Formen waren oft in blauen und roten Farbtönen gehalten. Dekoriertes Papier als Beschreibstoff für Gedichte und religiöse Texte war vor allem am Hof der Schogune beliebt.[5] Besonders kostbare Beispiele befinden sich in verschiedenen Museen. So sind zum Beispiel ein Teil der «Shinsen Roeishu»-Lyrikanthologie aus der Muromachi-Zeit (1336–1573) oder zwei Seiten der «Takamitsushu»-Anthologie von Fujiwara no Takamitsus Dichtkunst aus dem frühen 12. Jahrhundert im *Tokugawa Art Museum* in Nagoia, Japan, ausgestellt.[6] Wolkenpapiere *uchigumori* werden bis heute für spezielle Zwecke angefertigt.

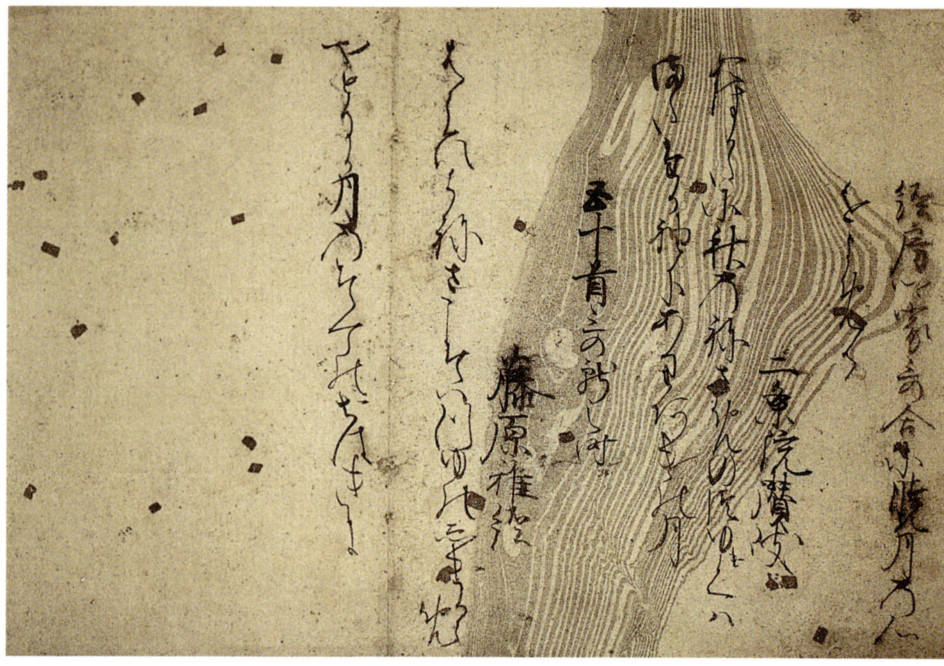

Fragment, bekannt als *Sumi Nagashigire*, aus der Lyrikanthologie «Shinkokin Wakashu». Tuschekalligrafie, Gold- und Silberblättchen sowie Glimmerpulver auf einem *suminagashi*-Washi. Erste Hälfte des 13. Jahrhunderts. Originalgröße 160 x 50 cm.

In der *Paper Art* des späten 20. Jahrhunderts finden sich viele Hinweise auf das *uchigumori*-Verfahren, das durch Kunstschaffende aus dem östlichen sowie dem westlichen Kulturkreis traditionell oder modifiziert angewendet wird. Die Anwendung von flüssigem Papierstoff in der Papiermalerei oder bei der Konzipierung von Papierskulpturen war im Laufe der 1960er-Jahre in den USA in der westlichen Kultur

Therese Weber, *Okabayashi*, 1995. Malerei mit flüssiger Pulpe. Durch mehrschichtiges Übergießen mit stark verdünnten Kozo-Fasern entsteht eine lasierende Bildfläche mit kalligrafieartigen, gestischen Zeichen. 100 x 200 cm.

revolutionär. Wenn es auch grundsätzliche Parallelen zwischen den ursprünglichen Papiertraditionen Asiens und dem Papierismus der Gegenwart gibt, beinhalteten die durch Schöpfen und Gießen gestalteten Papiere in Asien doch hauptsächlich die Botschaft der kalligrafischen Zeichen, des geschriebenen Wortes. Die Kunst der Gegenwart lässt hingegen freie Interpretationen zu oder verlangt diese sogar. Vergleichbar bleibt jedoch die nicht zu unterschätzende Kompetenz im Umgang mit dem Handwerk während des Entstehungsprozesses eines Kunstwerks. Das Papier hat seinen ihm eigenen Charakter und die Künstlerin oder der Künstler muss bestimmte Verfahren meistern, um ein geplantes Ziel zu erreichen oder um in einer experimentellen Phase neue Konzepte zu verwirklichen. Kunstinstallationen und Werke, wie sie in Museen und Galerien zu besichtigen sind, sind nicht nur Metaphern einer Tradition, sondern der Kritik des Kunstgeschehens unterworfene, eigenwillige Produkte intensiver Forschungs- und Entwicklungsarbeit.

Zu den wichtigsten Zentren der Exploration des Papierismus, der Symbiose zwischen Papier und Grafik sowie der Kooperation von Malern und Bildhauern, gehört seit ungefähr 1970 die *Tyler Graphics Ltd*[7] in Mount Kisco, New York, und die Druckwerkstatt *Gemini* in Los Angeles. In Zusammenarbeit mit Künstlern wie David Hockney, Frank Stella, Kenneth Noland, Claes Oldenburg, Robert Motherwell und Ellsworth Kelly entstanden einmalige Werke. Das Papier, das zum Teil auch in mehrschichtigen Farblagen konstruiert wurde und das sich erstmals nicht in der Norm des rechten Winkels, sondern in freien geometrischen Formen zeigte, erwies sich als ideale Basis für mehrfarbige Druckgrafiken. Revolutionär war auch, dass das druckgrafische Verfahren nicht dem Papier angepasst, sondern umgekehrt Papierqualität und -form speziell für das gewünschte Druckverfahren produziert wurden. Mit den in der Folge entwickelten gestalterischen und technischen Möglichkeiten löste sich das Papier ganz von der Druckgrafik, es wurde zum eigenständigen Kunstwerk.

Das Papier hat Künstlerinnen und Künstler im 20. Jahrhundert zu wegweisenden Erneuerungen angeregt. Die Aufmerksamkeit bezüglich unterschiedlicher Beschaffenheit erzeugte neue Ideen. Als solche gelten zum Beispiel Pablo Picassos Papiercollage *Verre et bouteille de Suze* und Georges Braques *Nature morte à la Guitare* aus dem Jahre 1912, die beide die tradierte Auffassung von Kunst in Frage stellten. Max Ernst und Josef Albers untersuchten am Bauhaus den materialgerechten Umgang mit maschinell gefertigten Endlospapieren, der die Bildhauerwerke beeinflusste. In den 40er-Jahren waren es Jean Dubuffet und Jean Fautrier, die Papier und Papiermaché als formbare Masse nutzten, um Stofflichkeit und Materialität zu thematisieren. Der Gedanke wurde fortgesetzt, indem die Faktoren Licht und Schatten oder die Verwandlung des Papiers in die Dreidimensionaliät durch Falten, Reißen, Schneiden und Konstruieren zu neuen Formen führten.[8]

In der *Paper Art* wird das Papier autonom und löst sich aus seiner dienenden Unmündigkeit als reines Trägermaterial für Bild und Schrift, es wird zu einem unabhängigen künstlerischen Sprachmittel. In den USA entwickelte und verbreitete sich die Papierkunst aus Pulpe in zunehmendem Maße seit 1970 und in Europa setzte die Bewegung 1980 ein. In Korea und Japan finden zeitgleiche, zurückhaltendere Entwicklungen statt. Die künstlerische Autonomie des Papiers erweitert die Palette der technischen Möglichkeiten und dadurch auch die Vermittlung von Inhalten. Sowohl im Orient wie im Okzident nimmt die *Paper Art* vielgestaltige, spannende Formen an. Neue Netzwerke entstehen, eine neue Drehscheibe des künstlerischen Ausdrucks etabliert sich.[9]

Die Spuren im handgefertigten Papier sind wie Skizzen einer unbeschriebenen Landkarte, auf der sich eine reiche Topografie der Wirklichkeit und kulturelle Identitäten eingraviert haben.

Individuelle Prinzipien und Umsetzungen der Gegenwartskunst

Papier beansprucht Volumen, es kann als Grenze fungieren, Raum umschließen und von Raum umgeben werden. Papier ist luftig, schwebt im Wind, wird gewendet und geht verloren. Es kann eine Botschaft auf sich tragen, eine Orientierung aufzeigen. Es kann zu Grenzüberschreitungen verführen und zur Aufgabe von persönlichen oder künstlerischen Grenzen.

Papier ist nicht nur ein Werkstoff, sondern auch ein Medium, das spezielle Möglichkeiten in sich birgt, Inhalte zu transportieren. Es ist eine Art Zeitmaschine, die uns zu den Ursprüngen der Zivilisation zurückbringt, zu den Anfängen historischer Aufzeichnungen. Die Zukunftsachse verweist auf Perspektiven wie das virtuelle Papier.

Das vielseitige, komplexe Spektrum des Papiers ermöglicht vielfältige Anwendungen. Sei es in den Händen des Schriftstellers, der seine Gedanken wie eine Skulptur bearbeitet und auf Papier festhält, sei es unter dem Stift des Komponisten, der seine Musik auf einem Notenblatt festhält, sei es das Papier in den Händen der Künstlerinnen und Künstler, die Visionäres und Hoffnungsvolles sichtbar formen und umgestalten.

Bei all diesen Formen der Anwendung spielt die Kompetenz im Umgang mit dem Verfahren und den Rohstoffen in der zwei- und dreidimensionalen Gestaltung eine zentrale Rolle. Jedes Fasermaterial hat seine eigenen Qualitäten und Eigenschaften; nur wer sie kennt, kann die Vielfalt von höchster Stabilität bis zu extremer Fragilität, von maximaler Transparenz bis zu absoluter Lichtundurchlässigkeit oder von einer brillant glatten bis zu einer rauen Oberfläche nutzen und zum «Klingen» bringen.

Flächen und Formen entstehen in ihrer Ganzheit erst durch die Herstellung von Papier. Die künstlerischen Ausdrucksmöglichkeiten im Medium Papier sind unerschöpflich, sie werden konstant weiter ausgelotet, und es finden sich immer wieder andersartige und überraschend neue Verfahren. Die in diesem Kapitel vorgestellten Künstlerinnen und Künstler stellen eine exemplarische Auswahl aus den vielen Kunstschaffenden dar, die rund um die Welt in verschiedenen künstlerischen Sprachen arbeiten. Interessant ist die unterschiedliche Annäherung und Umsetzung des ehemals revolutionären, handwerklichen Herstellungsprozesses von Papierflächen. Das Netzwerk Gleichgesinnter spannt sich über alle Kontinente. Die Ähnlichkeit oder Andersartigkeit der Individuen sowie die Unterschiedlichkeit der Kulturen erzeugen Spannungen und Kräfte, die in obsessiven Passionen münden können. In verschiedenen Konstellationen finden Manifeste statt, und neue Potentiale werden ausgelotet. Vielen ist es gelungen, ihren authentischen Umgang mit einer individuellen Farben- und Formensprache zu entwickeln.

Der amerikanische Künstler Joel Fisher nimmt den einschneidenden Akt der Trennung und Auflösung, wie er beim Übergang vom Rohstoff zur Papierfläche unumgänglich ist, in einem besonderen Sinne wahr. Er trennt sich von Werken aus seiner früheren Schaffensphase und löst die bemalten Papierbogen zu Pulpe auf, die als Ausgangspunkt seiner neuen Werke dient. Nach dem Schöpfprozess sind Fremdkörper, die nicht von Anfang an im Faserstoff enthalten waren, sondern durch das Abgautschen der einzelnen Bogen auf die Filzunterlagen hinzukommen, als kleine, kaum sichtbare lineare Figuren auf der Papierfläche zu sehen. Diese Werke wurden zunächst zu Zyklen verarbeitet, in denen jeweils ein zufälliges Zeichen in vergrößerter Form im blanken Papier mit Kreide nachgezeichnet wurde. Unter anderem entstand im Jahre 1977 eine Installation von 420 Blättern im *Palais des Beaux Arts* in Brüssel. Die linearen Zeichen führten zur Idee der skulpturalen Umsetzung. In der Folge konstruierte Joel Fisher Objekte und Skulpturen in Papier, Gips und Bronze.[10]

Durch die Aneignung des japanischen *nagashizuki*-Verfahrens und die Möglichkeiten, Papier mit hoher Transparenz zu schaffen, entstanden durch die Kalifornierin Nance O'Banien großformatige, zweilagige Maulbeerstrauchflächen mit Wasserzeichen, die sowohl als Hohlräume wie auch als Aussparungen gestaltet wurden. Die zwischen den Papierlagen eingeschlossenen, rasterartigen Armierungsstäbe aus Bambus funktionierten gleichermaßen als gestalterisches Konzept. Die Leichtigkeit des Papiers wurde durch die dezente Tonalität der zusätzlich mit dem Pulpsprayer applizierten Fasern untermalt. Die Bildsprache der dadurch entstandenen Formen bewegt sich von «Himmelsspuren» zu Piktogrammen und symbolhaften Figuren.[11]

Der Japaner Ida Shoichi zeigt in seinen Werken zurückhaltende Askese. Über viele seiner Arbeiten sagt er: «Die Oberfläche liegt dazwischen.» Die Ganzheitlichkeit der Bildobjekte lebt nicht nur durch die Oberfläche, sondern durch die Komplexität des Faseraufbaus, durch die Überlagerungen, durch das Schöpfen oder Gießen sowie die konsequente Farbwahl. Er verwendet ausschließlich natürliche Erd- oder Kohlenpigmente, die gleichzeitig auch als Füllstoffe wirken. Seine Konzepte stehen in engem Zusammenhang mit der Natur. Alle natürlichen Erscheinungsformen, Phänomene und Illusionen können damit benannt und ausgedrückt werden. «Ich will während des Schaffensprozesses die natürlichen und physikalischen Prozesse physisch und psychisch beobachten und begreifen können. Erst dann bin ich in der Lage, physische Veränderungen des Werkes wie auch meine eigene körperliche und seelische Veränderung zu erfahren.»[12]

Der Amerikaner Donald S. Farnsworth wiederum komponiert japanische Bildelemente und kalligrafische Texte collageartig in seine von Bildsymbolen geprägten Werke. Zum Abschluss wird das ganze Bild mit einer hauchdünnen, transparenten Schicht Kozo-Papier bedeckt. Eine Art Versiegelung, welche die Buntheit der Impressionen zurücknimmt, ohne den ästhetischen Ausdruck zu reduzieren.

In den Rauminstallationen aus der Serie «dema» (Totenbarken) hat sich die Kanadierin Michelle Héon dem Rohstoff Jeans verschrieben. Ihre Vorgehensweise ist die einer Bildhauerin. Sie legt Formen an und begründet deren Konsistenz mit stabilisierenden Materialien wie zum Beispiel Holz. Darauf schichtet sie die halbflüssige, grobfaserige Masse und gibt der ursprünglich mit Indigo gefärbten Pulpe Struktur. In diesem Verfahren entstehen Barken von einer Länge von bis zu fünf Metern oder archaische Städte, welche die zerronnene Zeit erahnen lassen. Die Skulpturen von papierenen Häusern bilden eine ganz eigene, in sich geschlossene Welt. Sie sind Chiffren der Zeitlosigkeit. In ihren weiterführenden fotografischen Arbeiten nimmt das für die Papierherstellung zentrale Element Wasser einen bedeutenden Raum ein.[13]

Die Schweizerin Katrin Zutter greift bei ihren Objekten auf das in Nepal gefertigte Daphne-Papier zurück. Samenformen sind die Inspirationsquelle ihrer aus Papierflächen genähten Skulpturen und Objekte, die sich an die Tradition des Papiernähens in Asien anlehnen.

Die beinahe «klingenden Papiere» des Schweizers Fred Siegenthaler entstehen durch das Auflösen alter Notenblätter, wobei nur ein Teil zu Pulpe verarbeitet wird, während ein anderer Teil noch als Papierfragmente identifizierbar erhalten bleibt und auf das «Œuvre» hinweisen. Auch in den Abformungen von Körperteilen, Werkzeugen und anderen Gegenständen sind Kennzeichen der Originalform vorhanden. Letztere sind auch geprägt von Rostspuren, bedingt durch die Eisenanteile der eingeschlossenen Objekte.

Im Bavonatal schöpft und gestaltet der Tessiner La Franca Papiere, in die zu einem späteren Zeitpunkt Schriftreihen geprägt oder im Hoch- oder Tiefdruckverfahren gedruckt werden. Anders die ausschließlich weißen oder schwarzen Buchobjekte von Vito Capone. Die perforierten Seiten generieren ihr eigenes Alphabet und erlauben einen interpretationsfreien Umgang mit dem Inhalt, der sich über viele Seiten erstreckt.

Organisch geformte Papierskulpturen aus Hanf- und Flachsfasern prägen das Schaffen des Niederländers Peter Gentenaar. Was anfänglich als komplettes Kunstkonzept gedacht war, wurde mittlerweile zur Matrix für Abgüsse in Bronze, die dereinst als raumumgreifendes «Kunst-am-Bau-Projekt» eine Autobahnbrücke im Nordwesten der Niederlande bereichern sollen.

Große Aufmerksamkeit erreichte Ha Schult mit seiner Aktion «La Notte» anlässlich der Biennale in Venedig 1976. In einer Nachtaktion bedeckte er den ganzen Markusplatz kniehoch mit Zeitungspapier, der Konsumliteratur mit sich tausendfach wiederholenden Meldungen. Der ostdeutsche Künstler sieht darin «Botschaften unserer Zeit». Er verweist damit auf den Konsumrausch einer übertechnisierten Gesellschaft, die eine Abfallgegenwart schafft. Damit initiiert er öffentliche Diskussionen über Kunst und Umwelt.[14]

Ähnliches bewirkt der englische Bildhauer David Mach, der Assemblagen aus Gebrauchsgut baut. Papier, Bücher oder Zeitschriften, in einem Volumen von bis zu fünf Tonnen, bekommen gestapelt in exakter Reihung eine äußere Gestalt, zum Beispiel die Form eines Rolls-Royce oder eines Möbelstücks, das im Zentrum der Installation geortet wird.

In ihrer Gesamtheit erhalten Machs Skulpturen eine erweiterte Form der Kommunikation. Sie sind meistens nur auf einen Ort und eine bestimmte Zeit bemessen, danach verschwindet ihre körperhafte Realität. Was bleibt, ist die Erinnerung.[15]

Der aus dem Jemen stammende Zadok Ben-David geht noch weiter. Seine Papierzettel werden nur noch in einem utopisch erscheinenden Szenario virtuell im Museum visualisiert. Er spielt in seinen Installationen mit dem Sichtbaren in unserer Welt, das eingebettet ist in ein Netzwerk unsichtbarer Kräfte. Thema ist dabei stets der Mensch in seiner universellen Ganzheitlichkeit.[16]

Selbst eine Bibliothek muss im 21. Jahrhundert nicht mehr ortsgebunden sein. So werden in den Arbeiten von Karin Veldhues und Gottfried Schumacher Bücher als Lichtprojektionen in den Außenraum verlagert. Es sind Aufnahmen kompletter Lesesäle mit umfangreichen Beständen alter Monografien und Enzyklopädien. Im Projekt *Ortsgedächtnis* greifen die Künstler auf den Fundus der Kölner Universitätsbibliothek zurück. Mit diesen Lichtzeichen des 21. Jahrhunderts schließt sich der Kreis zu den einst auf Stein gemalten oder eingravierten Zeichen als Informations- und Wissensträger.

Karin Veldhues und Gottfried Schumacher, *Bibliothek*. Die Projektion an der Rückwand des Leopold-Hoesch-Museums ist Teil des Werkes *Ortsgedächtnis*; PaperArt 8, «Turbulenzen in Papier», Leopold-Hoesch-Museum, 2002.

Robert Rauschenberg, *Link*, 1973–74, aus der Serie *Pages and Fuses*. Handgeschöpftes Papier, Siebdruck. 63,5 x 50,8 cm.

Rechte Seite: Robert Rauschenberg mit Marius Péraudeau, Vera Freeman, Elie D'Humières und einem Papiermacher beim Gießen der Pulpe in der *Moulin à Papier Richard de Bas*, Ambert, Frankreich.

Robert Rauschenberg, USA

Der renommierte und vielseitige amerikanische Künstler Robert Rauschenberg, geboren 1925, entwickelte Ideen und Konzepte, für die er sich in drei traditionsbewusste, gegensätzliche Kulturen zurückzog. Nachdem er ein großes Maß an druckgrafischen Arbeiten bei *Gemini*, seiner Druckwerkstatt in Los Angeles, realisiert hatte, entstand das Bedürfnis nach speziellen Papieren. So experimentierte Rauschenberg 1973 in Frankreich, wo er sich in der *Moulin à Papier Richard de Bas* in Ambert mit dem Verfahren des Papierschöpfens und -gießens vertraut machte. Über die vermutlich zu Beginn des 14. Jahrhunderts erbaute Papiermühle sagte er: «Sie hat sich in den mehr als 700 Jahren kein bisschen verändert. Noch immer werden die alten Holzschuhe auf dem unebenen, nassen und glitschigen Steinboden getragen, du fühlst dich darin, wie wenn du für zwölf Tage in gefrorenem Jogurt gestanden hättest.»

Robert Rauschenberg entwickelte dort unter anderem die Serie «Five Pages», für die er natürliche Schattierungen von gebleichter, ungebleichter und gefärbter Baumwollpapierpulpe verwendete. Losgelöst vom Quadrat oder Rechteck, suchte er nach Formaten, die nicht den geometrischen Prinzipien entsprachen, und gleichzeitig wollte er die traditionellen Techniken der Druckgrafik und des Malens durch die Papiermasse ersetzen. Seine Gestaltung vollzog sich im prozesshaften Arbeiten zusammen mit den Handwerkern vor Ort oder seinen Assistenten, die ihn begleiteten; aufwändige Planungsarbeiten lagen ihm fern. Zurück in den USA wurde Rauschenberg mit «Pages and Fuses» – bunte und dennoch delikate Werke mit einer ungewöhnlichen Intimität – in einer Spezialausgabe von *Newsweek* zum Thema *State of Art in America* porträtiert. Mit seinem ungewöhnlichen Verfahren löste er dabei eine kleine Revolution aus. In vielen amerikanischen Kunstakademien wurde in der Folge das Studium der Papiergestaltung eingeführt, «viele Künstler/innen waren vom neuen Medium infiziert», wie Rauschenberg berichtete. Für ihn bedeutete es lediglich den Einstieg in eine neue Kunstform und den Anfang des Reisens in fernöstliche Kulturen. 1975 realisierte er seine Ideen und Konzepte in der von Gandhi gegründeten Papiermühle im Gandhi-Ashram in Ahmedabad, Indien. Wissend um die Komplexität der Umsetzung seines Gestaltungswillens, folgte er der Einladung nur unter der Bedingung der Zusammenarbeit mit *Gemini*. Über seine Ankunft schrieb er: «Der Ort entspricht meinen schönsten Kindheitsfantasien, ich arbeite in einem Gartenparadies, Affen klettern auf den Bäumen, Pfauen quietschen, Wasserbüffel beobachten mich!» Zwei Monate dauerte die Umsetzung zweier Werkgruppen aus Papierpulpe, Bambus und textilen Materialien wie beispielsweise feinster Seide von Saris. Er kreierte die Prototypen, und eine stattliche Zahl von Arbeitern war mit der Umsetzung beschäftigt. Ahmedabad war im Fieber neuer Ideen der Papierverarbeitung, und diese Energie bewirkte, dass später zum Beispiel Frank Stella und Keith Sonnier den Einladungen nach Indien folgten.

1982 fand Rauschenberg in der Volksrepublik China neue Impulse für seine Werke, in einer traditionsreichen, 1500 Jahre alten Papiermühle in Anhui. In kurzen vierzehn Tagen kreierte er zusammen mit den Arbeitern der Papiermühle 491 Unikate. Er bediente sich dazu des kostbaren «chinesischen Nationalschatzes», des transparenten, feinen Xuan-Papiers. In den Collagen mit Prägedruck und Kalligrafien setzte er sein Bedürfnis um, losgelöst von einer vorgefassten Meinung Projekte zu realisieren und den Einfluss des Ortes vollkommen zu integrieren.

David Hockney, *A Large Diver (Paper Pool 27)*, 1978. Gefärbte, geschöpfte, gegossene und gepresste Papierpulpe. 183 x 434 cm. © David Hockney.

David Hockney, Großbritannien

Ohne die Substanz Wasser kein Papier! Diesen Grundsatz hat David Hockney im sprichwörtlichen Sinne umgesetzt. Mit seiner Werkgruppe «Paper Pools» gehörte er 1978 zu den Pionieren, die wirklichkeitsnahe Bilder durch Applizieren von dünnflüssiger, gefärbter Pulpe auf die geschöpften, noch nassen Papierbogen realisiert hat. Wasser im doppelten Sinne: als Bildinhalt in Form von Schwimmbädern und als Materie in Form von Papierpulpe. Dem Element Wasser wendete er bereits seit 1964 eine besondere Aufmerksamkeit zu. Dies drückt sich auch in seiner Zuneigung zu Wassermotiven anderer Künstler wie Monets monumentalen Seerosen aus.

Der passionierte Zeichner und Maler war schon früh fasziniert von den Gestaltungsmöglichkeiten der Druckgrafik, insbesondere der Radierung. Dort entdeckte er die differenzierten Eigenschaften und Qualitäten des Papiers und wurde neugierig auf die Verfahren der Papierproduktion. Innovation, Enthusiasmus und die Faszination, die von den neuen Methoden ausging, waren Triebfeder seines künstlerischen Schaffens.

Der Engländer David Hockney, geboren 1937, plante im August 1978, für zwei Jahre nach Los Angeles zu reisen, mit einem Stopp in New York. Motiviert durch den innovativen Lithographen Kenneth Tyler, den Inhaber von *Tyler Graphics Ltd* bei Mount Kisco im Staat New York[17], ließ er sich für drei Tage auf ein gestalterisches Experiment ein. Tyler, der aus dem Bedürfnis heraus, ungewöhnliche Papierfor-

mate, -formen und -strukturen zu erarbeiten, mit Papierpulpe experimentierte[18], fesselte Hockney mit den neuen Elementen des Gestaltens. Bedingt durch die Einschränkungen, welche das geschöpfte Papierformat mit sich bringt, war er gezwungen, ungewohnte Wege zu beschreiten. Aus den drei Tagen wurden 45 Tage der gemeinsamen Arbeit, erst dann reiste Hockney weiter nach Los Angeles.

Die Technik, welche ihm die Umsetzung komplett neuer Konzepte eröffnete, begeisterte ihn. Wenn er nicht in den Arbeitsprozess eingebunden war, hielt er die Stimmung, die Werkzeuge und die Menschen im Atelier *Tyler* in Skizzen fest, die er mit Schilfrohr zeichnete. Polaroid-Fotostudien zu verschiedenen Tages- und Nachtzeiten von Tylers Swimmingpool in Aufsicht, Untersicht und Durchsicht wurden die Ausgangssituation für die «Paper Pools»-Serie. Tyler und Hockney erfanden und entwickelten gemeinsam neue Verfahren, die Hockney nötigten, in ungewöhnlichen Denkstrukturen zu planen und sich der Limitation des Formates durch das Schöpfsieb bewusst zu werden. Dünnflüssige gefärbte Pulpe wurde auf den zuvor geschöpften, noch nassen Papierbogen gegossen. Um klare Konturen zu erzielen oder das Ausfließen der Pulpe zu verhindern, wurden Schablonen und Metallbänder eingesetzt. Durch Eingießen unterschiedlich gefärbter Pulpe in die einzelnen Segmente konnten auch unerwünschte Farbmischungen verhindert werden. Die verschiedenen Schichten wurden durch das Pressen fest miteinander verbunden, nachdem die Schablonen entfernt worden waren.

Die Anwendung von Metallschablonen begünstigte die Idee der Edition. Diese Methode entspricht einem grafischen Prozess, der unverändert wiederholt ausgeführt werden kann oder bei dem auf jedem Blatt bewusste Abweichungen in Form und Farbe erzielt werden können. Unter anderem entstand zu dieser Zeit die «Sunflower»-Serie in einer Auflage von zehn Exemplaren. Unerwünschte, harte Farbübergänge wurden durch die Manipulation mit den Fingern zu weicheren, fließenderen Übergängen verformt. Auf ähnliche Weise wurde die Oberfläche strukturiert. Hockney erlebte mit diesen neuen gestalterischen Mitteln die ideale Symbiose von Materie, formaler Gestaltung und Farbkomposition. Doch Hockney, der im Jahr zuvor in sehr großen Formaten für das Theater gemalt hatte, sehnte sich danach, auch die «Paper Pools» in neuen Dimensionen zu gestalten. Die vorhandenen Bütten und Schöpfsiebe von Tyler ließen nur ein Format von maximal 73 × 61 cm zu, neue anzufertigen war zu kostspielig. So richtete er seinen Arbeitsplatz draußen im Garten ein. Der freie Raum ermöglichte es ihm, mehrere Papierbogen dicht nebeneinander zu platzieren, um anschließend nahtlos mit Schöpfkellen oder einem *Kitchen Baster*[3] Spuren und Formen auf die nassen Papierbogen zu applizieren. So entstand zum Beispiel das Bild «A Large Diver» in einem Format von 183 × 434 cm.

Mit großer Dynamik entwickelten sich Synergien zwischen Tyler und Hockney. Für Hockney kam zur richtigen Zeit eine neue Komponente in sein Leben. Seine Malerei erlebte er als zu düster, zu einengend, zu dicht. Im neuen Medium musste er seinen gewohnten Weg verlassen, für seinen künstlerischen Ausdruck eine neue Orientierung finden, und genau das beflügelte ihn.

Oben: Winifred Lutz, Pigmentiertes und laminiertes Abacapapier (Bananenblattfasern), Abgüsse verschiedener Formen mit Abacafasern, im *sumi*- Verfahren gestaltetes Flachspapier und ergänzende Holzelemente. Ausschnitt aus der Retrospektive 1997, *Moore College of Art, Levy Gallery*, Philadelphia, Pennsylvania.

Seite 187: Winifred Lutz und Paul Wong arbeiten am Projekt *stillness* in der *Dieu Donné Papermill*, New York, USA.

Winifred Lutz, USA

Große Aufmerksamkeit schenkt Winifred Lutz dem fernöstlichen Lebensstil und der japanischen Gartenarchitektur, die ihre konsequente Gestaltungsweise beeinflussen. Doch sie bedient sich nicht der leichten Papierflächen Asiens, vielmehr ist sie seit den späten 60er-Jahren eine Meisterin der handwerklichen Auseinandersetzung mit ganz unterschiedlichen Werkstoffen. Durch die Werke von Douglass Morse Howell, der im Jahre 1950 seine Papiere plastisch zu formen begann, kennt sie alle Tücken und Vorteile der Materialität bei der Anwendung verschiedener Rohfasern und deren Verarbeitung. Sie operiert kunstvoll mit dem Schrumpfungs- und Verdichtungsprozess des Werkstoffes, um daraus gigantische, hart wirkende oder lichtdurchlässige leichte Hohlkörper zu konstruieren. Dabei bevorzugt sind Leinen- und Flachsfasern, die bei differenzierter Verarbeitung und Anwendung eine optimale Zug- und Spannkraft entwickeln, die im Trocknungsprozess zum Ausdruck kommen.

Die gestalterische und konzeptuelle Auseinandersetzung im Umgang mit Werkstoffen führt zu reinen, klaren Formen. Einer Chemikerin gleich, führt die Künstlerin in ihrem Atelier detaillierte Listen und Tabellen, um Flächenmaße, Papierstärke, Papiertextur, Zeit des Mahlprozesses im Holländer oder die Luftfeuchtigkeit während des Trocknungsprozesses präzise zu erforschen und auf das Endprodukt bezogen zu kalkulieren. Jede Faser hat ihre Eigenschaften und kann entsprechend bewusst eingesetzt werden. Dabei spielen drei Hauptfaktoren eine wesentliche Rolle:

1. Die Art des Rohstoffes, seine Qualität und Reinheit sowie der Zustand der Fasern, die unverarbeitet, bereits gesponnen oder schon gewoben sein können.

2. Die Dauer und die Vorgehensweise beim Mahlprozess im Holländer; diese beiden Faktoren sind äußerst wichtig, da im Mahlprozess die Möglichkeit liegt, ein gestalterisches Ziel bewusst zu steuern, indem zum Beispiel ein maximaler Schrumpfungsprozess erzielt wird.

3. Der Trocknungsprozess; zu schnelles Trocknen fördert Risse in den fixierten Papierflächen, zu lose gespannte Papiere führen zu wellenartigen Flächen, zu starke Papiere verlieren ihre zum Teil gewünschte Transparenz oder bewirken eine nicht erwünschte Oberflächentextur.

Nach ausgetüftelten Regeln konzipiert Winifred Lutz die Grundformen für ihre flächen- und volumenmäßig leichten, papierenen Werke. Minutiös kalkulierte Formen werden aus Baumwollgewebe zugeschnitten, zusammengenäht und über einen entsprechend geformten dreidimensionalen Raster aus laminiertem Holz oder Kunststoff gespannt. Zur Befestigung wird das Tuch an den Nahtstellen an der Unterlage fixiert. Für eher organische Formen wird ein Behältnis genäht und mit Sand gefüllt, den man nach dem Applizieren und Trocknen der Pulpe wieder ausfließen lässt und so zusammen mit dem Tuch entfernt. Das Applizieren der Pulpe erfolgt mit handgeschöpften oder gegossenen feuchten Papierbogen, oder durch Sprühen von Pulpe mit einem vor rund zwanzig Jahren in den USA entwickelten Gerät.[20] Damit das Werk gelingt, muss auch der Trocknungsprozess gesteuert werden.

Um ihre Ideen mittels Pulpe im Spannungsfeld der dreidimensionalen Formen realisieren zu können, entwickelt Winifred Lutz kontinuierlich neue Verfahren. Neben der Materie und Formgestaltung spielt Licht in all ihren Werken eine wesentliche Rolle, es lässt ihre Papierskulpturen gläsern leuchten, lederartig glatt oder metallen hart glänzen.

Die Künstlerin, 1942 in Brooklyn, New York, geboren, gestaltet in ihrem Atelier in Philadelphia und kooperiert für größere Arbeiten mit dem Atelier *Dieu Donné* in Manhattan, New York. Ihre markanten Installationen reagieren auf räumliche Situationen und kreieren neue Raumansichten. Sie beschäftigt sich mit einzelnen Naturobjekten und deren verschiedenen Erscheinungsformen wie auch mit ihrer persönlichen Umwelt. Sichtweisen des Raumes und dessen Veränderung durch Zeiteinflüsse sind Reflektionen, die in ihrem Skulpturen-Vokabular der natürlichen «Dinge» in oft provokative Konstruktionen transferiert werden. In ihren Installationen im Innen- und Außenraum manifestiert sich ein hoher Grad an Dramaturgie – der Betrachter des Werkes, seine Neugier und Vertiefung mit der Thematik, sorgt gleichsam für den Erfolg des künstlerischen Prozesses.

Die Arbeiten von Winifred Lutz artikulieren den Zusammenhang zwischen der äußeren Sinneswahrnehmung und den inneren Konzepten der Menschen und illustrieren die Schnittstellen dieser beiden Pole. Insofern erforscht die Künstlerin in ihren abstrakten Werken das spannungsgeladene Feld zwischen der «Geometrie» der Natur und den Projektionen der Menschen.

Karen Stahlecker, *Letzter Bestand*, 1992. Handgeschöpftes Kozo-Papier, *mizutamashi*-Verfahren. 4,65 x 10,9 x 7,9 m.

Karen Stahlecker, USA

Die Künstlerin Karen Stahlecker ist eine moderne Nomadin. Die Suche nach ihren biografischen Wurzeln in Polen und die Neugier nach Orten, wo sie in ihrer Kreativität neuen Herausforderungen nachgehen kann, lassen sie jeweils für eine unbestimmte Zeit verweilen und dann wieder weiterziehen.

Von Chicago zog sie in die Abgeschiedenheit des Nordens nach Anchorage, Alaska, in eine Grenzlandschaft, in der die Wildnis tief, einschüchternd, aber auch von großer Kraft und voller Anregungen ist. Ökologische Aspekte wie die weltweite Zerstörung der Natur beeinflussten dort ihr Schaffen. Fünf Jahre arbeitete sie in dieser geografischen Weite – gemäß ihren Worten «unter dem sternenklarsten Himmel» – in den endlos langen Winternächten, bis sie wieder aufbrach, um in mehreren südlichen Staaten der USA etappenweise jeweils ein «mobiles» Atelier einzurichten. Anhand vieler Fragen erprobt sie verschiedene Inhalte, um eine neue Orientierung, eine neue Gültigkeit für ihr Schaffen zu finden.

In vielen ihrer Werke verschreibt sich Karen Stahlecker der japanischen Washi-Tradition *nagashizuki*, die sie ihren spezifischen Gestaltungsideen entsprechend in zwei- und dreidimensionalen Ansätzen umsetzt und, entgegen der japanischen Schwarz-Weiß-Farbtradition, in pastellenen Farbtönen Harmonien erwirkt. Sie entlehnt nicht nur das typisch japanische Verfahren, sie bedient sich auch der japanischen Maulbeerstrauchfaser Kozo. Diese Pflanze, die sie jeweils auf kleinen Plantagen eigenhändig züchtet, erntet und in einem sehr aufwändigen Prozess verarbeitet, ist ihr bevorzugter Werkstoff. Aber auch andere Rohstoffe aus der jeweiligen Vegetation verlocken sie zu kontinuierlichem Experimentieren, in Alaska waren dies vor allem die Birken- und Weidenschösslinge. Im Zusammenspiel zwischen Natur und menschlichem Bemühen eröffnet sich ein weites Feld von Bedeutungen, die sich auf die Vergangenheit und die Zukunft beziehen. Sie forscht und identifiziert sich dabei voll und ganz mit dem Ursprung und der Herkunft, dem Wesen und dem Ausdruck der Dinge, die durch ihre künstlerische Arbeit entstehen.

In einem Gedicht schreibt die Künstlerin über ihre Arbeit: «Wirbelstürme und Träumereien. Im Leben die Venen, der Flaum eines Baumes, ein Blutstrom, ein Fluss des Lebens. Im Tod, trocken und zerknittert, ein Stück Rinde, wartend. Transformiert durch Wasser und Feuer, zerquetscht und gezähmt durch Hände, Natur und Energie. In der Bütte wolkenartig suspendiert, geformt wie eine neue, feuchte, fragile Haut. Beinahe unsichtbar, verwundbar. Plötzlich transparent, plötzlich delikat und stark. Tot, doch sehr lebendig, wie Papier. Zyklen, Räume wie ein Heiligtum. Traum und Wirklichkeit. Erinnern um zu erinnern».[21]

In der Installation «Letzter Bestand» verschlüsselt sie ihr symbolisches Werk hinter den vier Elementen Wasser, Feuer, Luft und Erde unter dem Aspekt Zeit. Die Leichtigkeit des Baumes, die Transparenz der Blätter oder die Fragilität des Stammes werden Sinnbild allen Lebens auf eine beschränkte Zeit. Das Thema ist das Werden und Vergehen, das sie in Alaska besonders krass erlebt. So zum Beispiel auch die Rückkehr der Sonne, die sich über ein halbes Jahr hinter dem Horizont verbirgt, um dann in ihrer höchsten Präsenz praktisch 24 Stunden am Tag anwesend zu sein.

Zum aktuellen Umweltverhalten sagt Karen Stahlecker: «Das wirkliche Leben ist niemals ‹schwarz und weiß›, sondern hat eher viele Grauschattierungen. Für mich bedeutet das, dass wir den Luxus der Zeit und der Wahl haben. Die Zeit läuft jedoch aus, und unsere tatsächlichen Möglichkeiten zu wählen mögen geringer sein, als wir denken oder wissen. Ich glaube, dass vor uns manche harte Wahl und viele wichtige Entscheidungen liegen, die zu großen Veränderungen in unserer Haltung, unserer Lebensart und unseren Mitteln führen müssen. Es kann vielleicht schon zu spät sein.»[22]

Solche Gedanken gestaltet sie in ihren Arbeiten wie zum Beispiel in «Letzter Bestand». Die neunzehn Baumelemente von einer Höhe zwischen 3,75 und 4,35 m bedingen einige Tausend großformatige Papierbogen, geschöpft nach dem Prinzip des japanischen *mizutamashi*-Verfahrens[23] und teilweise gefärbt mit schwarzen Pigmenten oder Sumi-Tusche. Für die Stämme und Äste wurde das Papier aus Baumwoll- und Sisalfasern mit Reisstärke und Harzen versteift. Die Installation wurde entsprechend dem Raumvolumen von 4,65 m Höhe, 10,9 m Länge und 7,9 m Breite im Leopold-Hoesch-Museum in Düren konzipiert. Aus Alaska wurden die Bogen in Form eines großen Papierstapels nach Deutschland transportiert und im Vorfeld der 4. Internationalen Biennale der Papierkunst 1992 vor Ort zusammengebaut. Karen Stahlecker, geboren 1954 in Chicago, lebt zur Zeit im Staat Illinois, USA.

Oben: Andreas von Weizsäcker, *Depot-Szene, 17:00*, Skulpturensammlung Museum Kloster Unser Lieben Frauen, Magdeburg, 1996. Abformung der Originale, pigmentiertes Büttenpapier. 500 x 60 x 42 cm.

Rechts: *Hangover*, 1991, Hochbrücke Raschplatz, Hannover. Abformung der Originale, Büttenpapier, Aluminium, Polyester, Gaze. Dreiteilig je 440 x 156 x 170 cm.

Andreas von Weizsäcker, Deutschland

Zu den Motiven und Themen des Künstlers Andreas von Weizsäcker gehören Objekte in realen Zusammenhängen, die er mit Papier präzise abformt und dadurch von ihren eigentlichen Funktionen befreit. Er formt plastische Körper, indem er mit Feuchtigkeit durchdrungenes Büttenpapier über und an eine Positiv-Form mit Einbuchtungen und Erhebungen presst und anschließend die so entstandene Nachbildung trocknen lässt. Auf diese Weise visualisiert er nicht nur Spuren der Vergangenheit, er evoziert damit gleichzeitig eine Simultaneität – das Phänomen der doppelten Anwesenheit der Dinge. In der Abformung erhalten die Darstellungen eine neue Sinnlichkeit und dadurch Sinnhaftigkeit.

Andreas von Weizsäcker bedient sich nicht des gewöhnlichen Abdruckverfahrens der früheren Traditionen, das heißt, er presst die durchfeuchteten Papierbogen nicht in die Form, sondern er umhüllt die Wölbungen dreidimensionaler Objekte mit einer zweiten Haut und nimmt das papierene, leichte Volumen nach dem Trocknen wieder ab. «Die ‹Hülle› wird als sensible Haut begriffen; Erlebnisse und Erfahrungen werden konserviert. Sein Werk handelt von Verantwortung und Bewusstheit – die eigene und die der Gesellschaft. Die ‹Humanitas›, die sich wie ein roter Faden durch das Gesamtwerk zieht, wird mit der Erinnerung verknüpft. Wiedergegeben sind Zeichen des Zwischenmenschlichen: im bildreichen und wortlosen Terrain des Gedächtnisses.»[24]

Die Magie des Abformens und das Zusammentreffen der Originale mit ihren hüllenartigen Abformungen war bereits im Mittelalter ein Thema. So findet sich in einer Studie über das Florentinische Bürgertum folgende Aussage: «In der Florentiner Servitenkirche SS. Annunziata waren im Jahre 1630 600 lebensgroße Votivstatuen aus Wachs, dazu 22 000 Votivfiguren aus Papiermaché zu sehen. Denn die Kirche hatte seit dem 15. Jahrhundert an die Mächtigen der Stadt und an vornehme Fremde das Privileg verliehen, zu Lebzeiten die eigene Figur in lebensgroßer Nachbildung aufstellen zu dürfen. Wegen der Überfüllung trat schon bald ein derartiger Platzmangel für die lebendig anwesenden Besucher ein, dass die Papiernachbildungen an Stricken im Gebälk aufgehängt wurden.»[25]

Schon in seinen früheren Arbeiten aus Holz, Stein und Metall und bei der Anwendung verschiedener Verfahren zeigte der Künstler eine große Sensibilität für die Präsenz der Geschichte in der Gegenwart. In Archiven und Depots fand er Fragmente der Vergangenheit, die er durch Abformungen nach gezielter Konzeption in neuen Zusammenhängen darstellte, so zum Beispiel den Zusammenbruch des Ostblocks in der Installation «Gezeiten».

Die Wirklichkeit auf den Kopf stellen oder das gewohnte Alltägliche nicht unbesehen hinnehmen wollen – dies manifestiert sich in den Arbeitszyklen «Hangover». Eingeschliffene Sehgewohnheiten werden aufgebrochen, der neue visuelle Eindruck bewirkt eine Fülle von Assoziationen, die neben Satire auch eine durchaus tiefere Bedeutung haben. Andreas von Weizsäcker gibt den Formen ihre Form, er greift dabei auch Bildelemente der Zwei-Körper-Lehre auf.[26] In der surrealen Installation der originalgetreuen Autoskulpturen *upside down* unter der Autobahnbrücke werden die Gesetze der Schwerkraft auf den Kopf gestellt, und gleichzeitig wird die tiefe Ambivalenz gegenüber der autogerechten Stadt ausgedrückt. Das Auto, das die Gesellschaft in der allgegenwärtigen Mobilisierung und Modernisierung beherrscht, präsentiert sich in doppelter Erscheinung. In der entsprechenden «Hangover»-Installation in Hannover, die nach dreizehn Jahren noch immer präsent ist, vollzieht sich eine Dialektik, die zwischen achtlosem Alltag und bewusst machender Kunst gesehen werden kann, auch spiegelbildlich. Die Straße ist dabei die Achse der Spiegelung.[27]

Andreas von Weizsäcker, geboren 1956 in Essen, lebt und arbeitet in München, wo er auch Professor an der Akademie der Bildenden Künste ist. An der Dürener Biennale PaperArt 8 im Jahre 2003 komponierte er mit Elementen von Türrahmen und Fensterbänken von Wirtschaftsgebäuden und Scheunen, die überwiegend dem Verfall preisgegeben waren, einen rechtwinklig angeordneten Raum und konstituierte damit einen Innen- und Außenraum innerhalb des Leopold-Hoesch-Museums. Er beschränkte sich auf Motive fiktionaler Zwischenräume und setzte dadurch Spuren, die das Bewusstsein für Details schärfen.[28] Die einzelnen Elemente hatte der Künstler aus geschredderten D-Mark-Geldscheinen abgeformt, nachdem diese durch den Euro ersetzt worden waren.

Dorothea Reese-Heim, *Verzeichnis/Index*, 2001. Buchblöcke in Paraffin. 31 x 31 x 5 cm (beide Buchblöcke).

Seite 193: *Kalligraphie des Kohlkopfes I*, aus der Serie der Briefe, 2000. Montage von Gewebeschnitten auf handgeschöpftem Papier aus Zellulose und Kozo (Ausschnitt). 56 x 40 cm.

Dorothea Reese-Heim, Deutschland

Das Buch der Künstlerin aus dem Jahre 2002 mit dem Titel «Unnütze Bücher» überrascht auf den ersten Augenblick, verschreibt sich doch Dorothea Reese-Heim den bildenden Künsten jeweils mit einem hohen philosophischen Anspruch. Unter «unnützen Büchern» versteht die Künstlerin Bücher, die zum Teil über Jahrzehnte ungenutzt in den Regalen stehen. Solche Bücher sind das Ausgangsmaterial für ihre Buchobjekte, welche nach der Umgestaltung im wörtlichen Sinne nicht mehr lesbar sind. Die Seiten können nicht mehr umgeblättert werden und erfordern somit eine freie, individuelle Interpretation des Betrachters.

Für die künstlerische Auseinandersetzung in ihren Installationen verwendet sie oft funktionelle Gegenstände wie «ready mades» als Werkstoffe, die zum Teil in raumumfassenden Konzepten realisiert werden. Viele ihrer Bücher bleiben verschlossen und entheben sich dadurch der unmittelbaren Welt des Textes. Umso mehr vermitteln sie die sinnlich und sensorisch erfahrbaren Werte. Gut 550 Jahre nach der Erfindung des Buchdrucks durch Gutenberg sind ihre Buchobjekte nach wie vor «Gefäße des Geistigen», die im mehrdimensionalen Kontext neue Formen der Wahrnehmung finden.

Symbolhaftes prägt die Buchobjekte von Dorothea Reese-Heim, zum Beispiel die «Lesemaschinen», einen zerschnittenen Buchblock, dessen Lesbarkeit bei sorgfältigem Analysieren vollkommen gewährleistet ist, oder den «Schnitt durch das Gedächtnis der Worte – offenes Puzzle», kompakt verklebte Buchseiten ansonsten vollkommener Bücher. Hier werden Bücher durch radikale Schnitte zu einem Puzzle umfunktioniert und so nicht nur einer neuen Herausforderung zugeführt, sondern gleichzeitig mit einem haptischen Wert versehen. Beides sind Qualitäten, die neue Assoziationen und Gedankensprünge hervorrufen können. So auch der «Buchkoffer – Transportables Wissen», der ein Volumen an schwerem Gedankengut beinhaltet, dessen Worte durch die Umhüllung der einzelnen, aufgeklappten Bücher mit Maulbeerstrauchfasern jedoch für immer unter Verschluss bleiben.[29]

«Bücher sind mehr als ein Medium, das den Worten eine Hülle bietet. Bücher geben dem gesamten Sensorium zu tun, beschäftigen nicht nur den Augensinn und wollen tastend erkundet werden, sondern sind beim Blättern zu hören und verströmen einen eigenen Geruch. Wenigstens der Bücherwurm findet sie auch essbar. Das Buch selbst ist ein Körper, in dessen drei Dimensionen das Geistige Form gefasst hat. Geöffnet kann es jedoch gerade mal zwei seiner vielen Seiten zur Schau tragen. Mit der Zeitlichkeit kommt noch die vierte Dimension hinzu. Was gerade *ist* und damit Gegenwart, wird umgeschlagen und so Vergangenheit. Was folgt – wer weiß es?»[30]

Dorothea Reese-Heim gestaltet mit Produkten, die vielleicht gestern noch aktuell waren und heute vom Zeitgeist bereits überholt sind. Diese Produkte bilden Elemente ihrer Objekte, und zusätzlich entwickelt sie exakt den Werkstoff, der sich für die gewünschte Anwendung am besten eignet. Wenn nötig, setzt sie sogar «Atom um Atom» neu zusammen. Dadurch entstehen neuartige Faser- und Materialgruppen, die eine Form-, Farben- und Oberflächenvielfalt aufweisen. Sie bergen unentdeckte Eigenarten für künstlerische Artikulationsmöglichkeiten in anspruchsvollen Dimensionen. Diesen ist die Künstlerin, die zuerst im Textilen, nachfolgend im Papier und später in der Anwendung industriell gefertigter Werkstoffe die Basis ihrer künstlerischen Sprache fand, verbunden. So bilden beispielsweise armierte, über Fliegengitter gegossene Papierhäute den Kern eines Raumkörpers, einer Installation, oder transparente Papierskulpturen formen sich zu Gruppen. Essenzen der künstlerischen Voraussetzung, der individuellen Umsetzung.[31]

Auch in ihrem Zyklus «Serie der Matrix» wurde das Medium Papier von seiner jahrtausendealten Bindung an die Inhaltsträger Schrift und Bild befreit und in neue Inhalte überführt. Materialität und Form werden selbst zur Botschaft. Ein Kaleidoskop des technischen und künstlerischen Zusammenspiels der Werkstoffe Papier, Paraffin und Wachs.

Das System der Formfolge wird im Werk «Verzeichnis» in einem rechtwinkligen Schema dargelegt. Die Matrix als Gussform oder Stammmutter, als Begrenzung der einzelnen Elemente, in der die vielleicht veralteten und bedeutungslos gewordenen Buchfragmente ihre neue Ordnung finden. Durch diesen gezielten Eingriff werden die Buchfragmente «eingefroren», auf ewig bleibt der Informationsträger versiegelt und verschlossen.

Dorothea Reese-Heim, geboren 1943 in Sindelfingen, Deutschland, ist Professorin an der Universität Paderborn. Im Sommer 2004 wurde sie für ihr Werk mit dem Verdienstorden der Bundesrepublik Deutschland ausgezeichnet. In ihrem Münchner Atelier führen künstlerische Prozesse zu Konzepten mit verschiedenen Werkstoffen, die auch Umsetzungen von Eindrücken, die sie Meldungen der Tagespresse entnimmt, beinhalten. In einem individualisierten Verfahren der Abstraktion und mit gezielt gewählten Werkstoffen einer bestimmten Beschaffenheit fügt sie Botschaften in neue Zusammenhänge.

Lange vor der Zuwendung zum Buchobjekt erforschte die Künstlerin unbekannte Territorien; sie spricht mit einem Rohstoff neue oder durch den Zeitgeist verdrängte Sinne an. Als Weberin war sie früher vor allem Garn und Faden zugewandt, deren Ursprung in pflanzlichen Samen, tierischen Haaren oder im Extrakt der Seidenraupe zu finden ist. Im Jahre 1992 installierte sie das Langzeitprojekt «Erdzeichen» vor dem Leopold-Hoesch-Museum in Düren. Mit Hilfe von Flachssamen und Pulpe aus Flachsfasern realisierte sie einen künstlichen Eingriff an der Stelle, wo die einstigen Trümmer des Stadttheaters unter der Erde liegen. Wochen nach der Aussaat gediehen die Samen zu blauen Blüten, außer an den mit Pulpe verdichteten Erdstellen, deren Formen sich am einstigen Grundriss des Theaters orientierten. Der Ausdruck eines ganzheitlichen Projektes in einer umfassenden Darstellungsform. Ein Paradiesgarten, ein Mahnmal, aber auch die Ernte des Rohstoffes, der für die Herstellung von Papier oder Textilien verwendet werden kann.

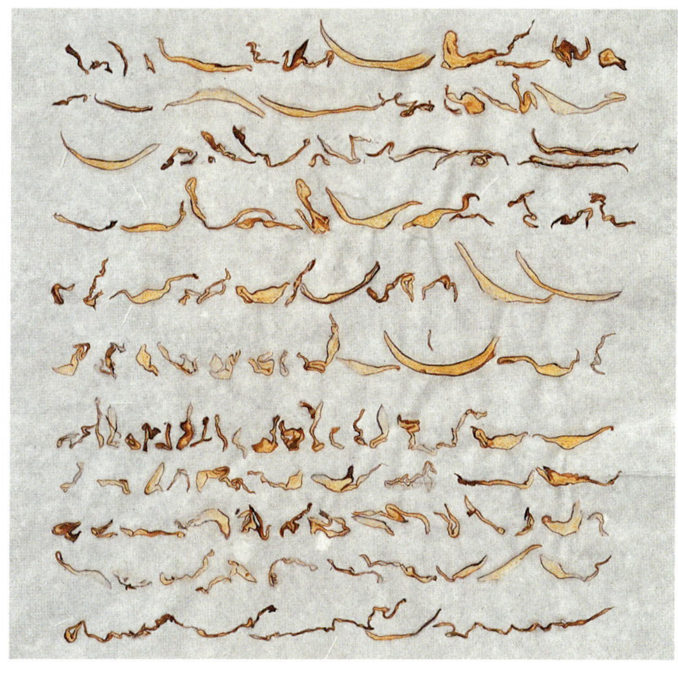

Oben: Reiko Nireki, *Where the Soul is*, 1997. Geformtes Papiermaché aus recyceltem Kozo-Papier über Bambusarmierung. Höhe: 100 bis 250 cm. Saoacho-Ausstellungshalle, Tokio.

Rechts: Bambusstäbe dienen als Armierung der Papiergefäße. Atelier Shizuoka, Japan.

Reiko Nireki, Japan

Die japanische Bildhauerin hat den Werkstoff Tonerde mit dem Werkstoff Pulpe ersetzt, und das Kreieren und Gestalten von menschlichen Figuren auf körpergroße Gefäßformen verlagert. Die Metamorphose des menschlichen Körpers, der nur ein Gefäß für die Seele ist und nach deren Tod keine Bedeutung mehr hat, setzte sie in Beziehung zur Natur, denn die Substanz des menschlichen Körpers ist ein Naturprodukt, und ebenso entstammen Tonerde und Papierfasern Elementen der Natur. «Bereits in meinen frühen, zum Teil lebensgroßen Skulpturen von Menschen entwickelte ich das Gefühl, mit diesen Körpern nur leere Hüllen, unbeseelte Kreaturen auf Papier zu bringen.»[32]

Die Vorteile ihres ursprünglichen Werkstoffes Ton, der zu filigranen Ornamenten verarbeitet werden kann, erwiesen sich für sie als nachteilig, denn die Tonerde verführte sie zu einer minutiösen, dekorativen Verarbeitung der Gefäße. Dies stand im Widerspruch zu den klaren Formen, welche die Künstlerin anstrebte. Amorphe Formen, wie sie aus der Jomon-Kultur (etwa 10 000 bis 200 v. Chr.) bekannt sind, illustrieren ihre Grundidee. Durch die Kombination von einfachsten Verfahren und der Verwendung von Pulpe wurde sie diesem Anspruch gerecht. Zudem erlebt sie im Recycling von Papier ein Bewahren von Spuren, die somit über ihre effektive Zeit hinausweisen.

Spuren lassen sich nicht nur symbolisch, sondern auch bezüglich des Verfahrens zurückverfolgen. In China wurde Papier schon früh für die Konstruktion von Alltagsgegenständen und Skulpturen eingesetzt, da es ein kostengünstigeres Material war als zum Beispiel Metall.[33] Reiko Nireki greift zurück auf das traditionsreiche Verfahren des Papiermaché, um diesem neue Gestaltungsformen und Ausdrucksweisen zu entlocken.

Das Thema der Dekonstruktion der Dinge wurde bei einem Theaterprojekt in Berlin zum Motto für die Beschaffung des Werkstoffes. Die Künstlerin zerlegte die Pappe von 5000 Eierkartons in kleine Segmente und knetete daraus die Papiermasse für die Konstruktion der «Haut» ihrer Gefäßskulpturen. Die Formen überragten die Schauspieler des Theaterstücks *Crowd I* im Jahre 1995, und das Thema wurde zum Leitbild der Künstlerin. Später entstanden Installationen mit dem Titel «Where the Soul is». Anstelle der Menschen, die sich zu den «Gefäßen» inszenieren, verwendete Reiko Nireki abstrahierte Zeichnungen von Körpern, die das Wesen der Menschen in Beziehung zu den skulpturalen Gefäßen stellten. Oder handelte es sich um eine Annäherung oder eine Begegnung zwischen zwei Gruppen von Menschen?

Reiko Nireki, geboren 1958 in der Shizuoka-Präfektur, hat sich nach einem Studium an der Berliner Kunstakademie und Aufenthalten in Helsinki und Indien wieder in Japan niedergelassen. Sie lebt heute in Oegun in der Präfektur Tokushima, ganz in der Nähe der *Awagami Factory*, der traditionsreichen Papiermanufaktur der Familie Fujimori, die seit dem späten 18. Jahrhundert Washi von Hand und inzwischen – in der achten Generation – auch mit modernen technischen Mitteln auf dem Rundsieb herstellt. Der Ort, das Vorhandensein des Rohstoffes, inspirierte sie, die historische Tradition des Papierschöpfens nach anderen Prinzipien anzuwenden. Aus den Restfasern der modernisierten Produktion formt sie ihre amorphen Gefäße mit dem Werkstoff, der ihre künstlerische Ausdrucksweise unterstützt. Ganz im Gegensatz zu vielen japanischen Künstlerinnen und Künstlern, welche die Prinzipien von Licht und Transparenz in ihren Werken umsetzen, schafft Reiko Nireki dickwandige Formen. Über Armierungsraster aus Bambus modelliert sie Papierfasern in kompakten, an Urformen erinnernden Schichten, deren Stabilität architektonischen Elementen entspricht. Trotzdem sollen die Schichten nach einem Zitat der Künstlerin nicht Jahrhunderte überleben: «Ich möchte die Skulpturen in der freien Natur inszenieren, wo sie sich unter den Einflüssen der Elemente zu Erde auflösen.»[34]

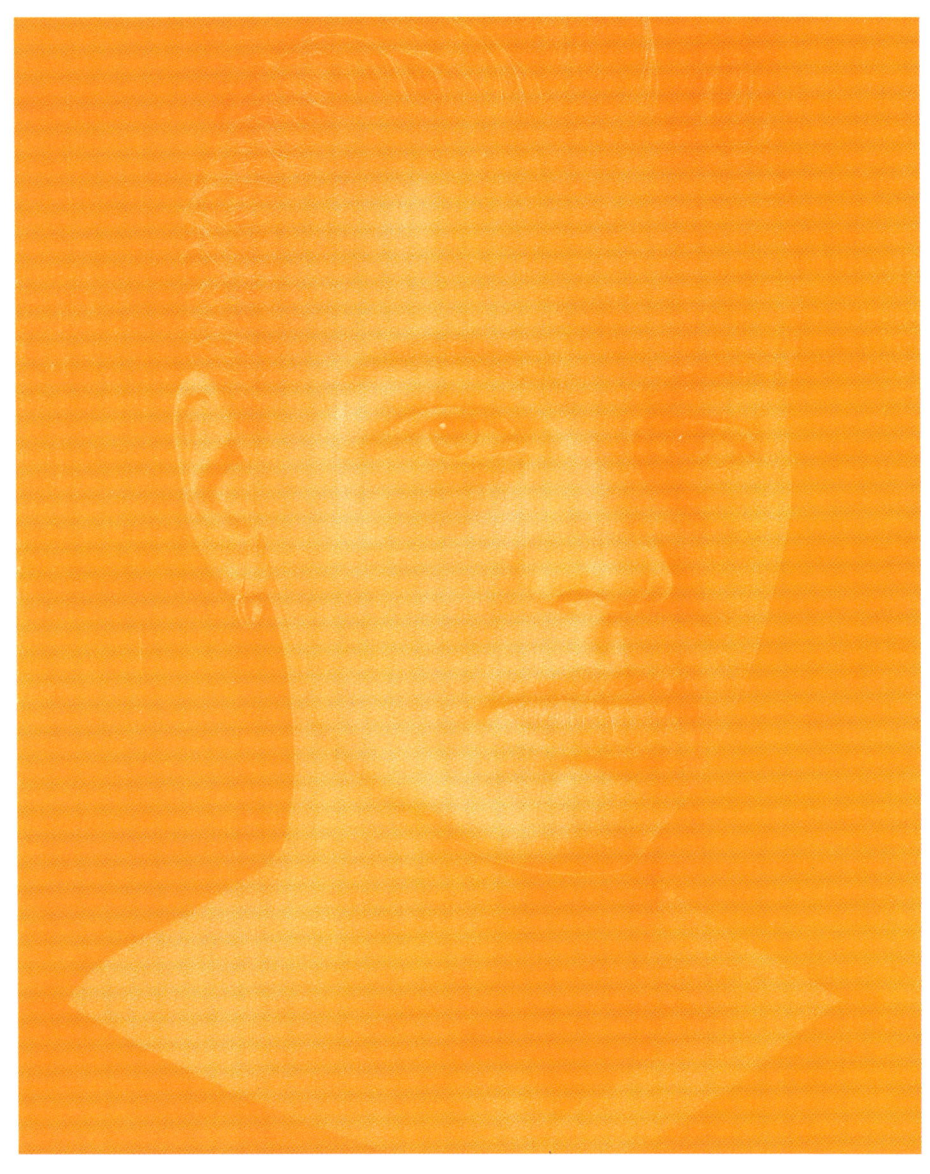

Franz Gertsch,
Natascha IV, 1987–1988.
Auflage: 1/18. Holzschnitt
auf Maulbeerstrauchpapier.
232,5 x 182 cm.

Seite 197: Franz Gertsch,
der Drucker Nik Hausmann
und Maria Gertsch-Meer
heben im Berner Atelier das
frisch bedruckte Papier ab.

Franz Gertsch, Schweiz

Begegnung zweier Welten am rechten Aareufer mitten in Bern. Die Raumatmosphäre des Ateliers erinnert leise an die Stimmung in einem japanischen Tempel. In der Stille werden die minutiös ins Holz «gestichelten» Bilder des renommierten Schweizer Künstlers Franz Gertsch, geboren 1930 in Möriken im Kanton Bern, auf hochwertiges, handgeschöpftes Japanpapier gedruckt. Präzise werden die mineralischen Pigmente zu differenzierten Farbtönen gemischt. Das Team von sechs Personen wird geführt vom Künstler Franz Gertsch, dem Drucker Nik Hausmann[35], mit dem Gertsch seit vielen Jahren zusammenarbeitet, und von Maria Gertsch-Meer, die ihrem Mann seit über vierzig Jahren aktiv zur Seite steht und mit viel Begeisterung sein Schaffen begleitet. Sie übernimmt eine wichtige Rolle und weiß Synergien auszuloten und zu nutzen.

In der differenzierten Anwendung der Farbtöne und beim Druck mit einer, zwei oder maximal drei äußerst detailliert bearbeiteten Druckplatten entstehen «Gesichter wie Landschaften oder Landschaftsausschnitte, die so viel aussagen können wie Erhebungen und Vertiefungen eines Gesichtszuges».[36] Es sind spannende Bildfelder, deren subtiler Abdruck nur gelingt, wenn die Oberfläche des Papiers glatt ist und die Stärke des Papierbogens sehr regelmäßig.

Der Abdruck auf Washi, handgeschöpftes Japanpapier, erfüllt die Vorstellungen des Künstlers von der qualitativen Differenziertheit der Struktur, Glätte der Oberfläche und Saugfähigkeit des Papiers. Die in der westlichen Tradition hergestellten Kunstdruckpapiere waren zu porös, zu grobkörnig für die feinen Strukturen der Holzschnitte. Washi wird gesättigt und durchdrungen von Mineralfarben, die mittels einer Linse[37] von etwa 10 cm Durchmesser kraftvoll ins Papier eingearbeitet werden. Zuvor wird die Farbe in einem aufwändigen Verfahren auf die Druckplatte gewalzt, das Papier sorgfältig aufgelegt und von der Rückseite in kreisenden Bewegungen ins Papier eingerieben, auf den Bildträger übertragen.

Gertschs Holzschnitte in Birnbaum-, zur Zeit eher in Lindenholz, sind Umsetzungen, die von Fotovorlagen ausgehen, die als Lichtzeichnung mittels Diaprojektor auf die Holzfläche projiziert werden. Strahlenförmig wird die Bildfläche von der Mitte aus hin zu den vier Randpartien minutiös erobert. Die millimetergroßen Punkte, die mit dem Hohleisen präzise herausgeschnitten werden, liegen dicht nebeneinander, wie Pinselstriche. Zusammen mit der Wirkung der fein ausbalancierten Farben erzeugen sie eine unglaubliche Perfektion in der Wirklichkeitsdarstellung. Jeder Abdruck eine Monotypie, komponiert in einem anderen Farbraum. Bei Monumentalarbeiten entstehen in der Regel sieben, bei kleineren Werken bis zu dreißig Abzüge.

Japanpapier ist in Europa erhältlich, weshalb sein Gebrauch bei uns nichts Außergewöhnliches darstellt. Nur beim Betrachten des Formates wird klar, dass hier Künstler und Papier nicht per Zufall zusammengefunden haben – ein Standardformat des handgeschöpften Japanpapiers Washi kann bis zu 80 × 160 cm betragen.

Franz Gertsch reiste 1987 zum ersten Mal nach Japan, der japanischen Philosophie hatte er sich allerdings schon lange vorher verschrieben. Sein Künstlerkollege Balthasar Burkhard[38], der damals in Japan war, lockte ihn ins Land des Fudschijama und des Bogenschießens. Burkhard kannte den Wunsch seines Freundes nach sehr großen Papierformaten und hatte den idealen Papiermacher für Gertsch gefunden. Als einer von wenigen im Land produzierte Iwano Heizaburo überdimensionierte, handgeschöpfte Papiere aus dem weißen Rindenbast des Maulbeerstrauches. Bereits sein Großvater hatte für den kaiserlichen Hof in Tokio und für die Shojis des goldenen Pavillons in Kioto ungewöhnlich große Formate hergestellt.

Seither kehren Maria und Franz Gertsch immer wieder nach Japan zurück, denn es entwickelte sich eine freundschaftliche Zusammenarbeit zwischen Künstler und Papiermacher, und auch die Supervision des in Japan gefertigten Washi gehört zu diesen Besuchen. Anschließend an das Format 134 × 185 cm folgten Bogen von 276 × 217 cm und zur Zeit Monumentalformate von 380 × 276 cm. Um ein solches Format zu schöpfen, braucht es mindestens sechs Personen. Das Schöpfsieb *suketa* aus Bambusstäbchen und der entsprechende Holzrahmen werden wie die Bütte, welche größer sein muss als das *suketa*, als Sonderanfertigung hergestellt. Die Befestigung des Schöpfsiebes in der Mitte auf zwei sich gegenüberliegenden Seiten sorgt dafür, dass das Sieb in schnellen, rhythmischen Bewegungen, einer Schaukel ähnlich, die in der Bütte suspendierten Maulbeerstrauchfasern aufnehmen kann. Durch diesen mehrfach wiederholten Ablauf werden die der Bütte entnommenen Fasern geschichtet und verkreuzt. Ein großartiges Szenario, das nur unter größter Konzentration der Papiermacher zu einem qualitativ hoch stehenden Produkt führen kann. Die auf dünne Baumwolltücher gegautschten und gepressten Papierflächen werden einzeln im noch feuchten Zustand auf eine Holzplatte übertragen und mit einer Bürste festgedrückt.

Aufeinander geschichtet und geschützt in einer massiven Holzbox, finden sie den Weg vom Orient in den Okzident. Papier aus seidig glänzenden Maulbeerstrauchfasern, durch das Trocknen auf den Holzplatten in einem Heißluftraum vollkommen glatt auf der einen, leicht porös auf der anderen Seite. Jeder Bogen ist nicht nur aus materieller, sondern auch aus handwerklicher Sicht eine Kostbarkeit. Kaum ein anderer Künstler der westlichen Welt hat sich der Synthese von Washi und dem aus China stammenden Holzschnitt so konsequent verschrieben wie Franz Gertsch. Er hat in einem traditionellen Medium neue Dimensionen erschlossen.

Therese Weber, *Fragmentarische Sicht in Persien*, 2003. Linke Bildseite: Gegossene Pulpe, Baumwoll- und Abacafasern. Rechte Bildseite: Fotografie, Ektachrome. 170 x 140 cm.

Therese Weber, Schweiz

Papier – ein vielschichtiges Vokabular mit mehrdimensionalen Konstruktions- und Gestaltungselementen.

Papier kann flüssig sein wie Farbe, grafisch wie eine Zeichnung und es kann bestimmte, definierte Formen, Strukturen und Texturen annehmen. Als natürliches Medium kann es Facetten sichtbar machen und unerschöpflich neue Aspekte der Betrachtung und der Beurteilung hervorbringen. Der Vorzug der Pulpe gegenüber anderen Materialien liegt auch darin, ein Werk in seiner ganzen Komplexität unabhängig von fixierten Normen und Modulen zu gestalten und dabei für sämtliche zwei- und dreidimensionale Konstruktionen frei zu sein, wobei das Endergebnis in einem mit Inhalt versehenen Bild oder Objekt in Erscheinung tritt. Eine Art Metamorphose von der pflanzlichen Faser zum Geschichtsträger.

In diesem Maß an individueller Gestaltungsfreiheit, die zyklisch oder antizyklisch zum Ausdruck kommen kann, bewegt sich der motivierende Gedanke und die handelnde Auseinandersetzung, wobei es kaum mehr etwas in der Geschichte noch nicht Verwurzeltes zu erfinden, aber sehr vieles zu entdecken gibt. Balancierend auf interkulturellen Horizonten entwickeln sich in diesem Prozess Spuren einer individuellen Sprache durch die komplementären Aktionen von Suchen und Finden, Forschen und Vernetzen wie auch Erproben und Umsetzen.

«Stationen und Ausgangspunkte entdecken, um neue Bestimmungsorte in Zeit und Raum zu erfassen. Sichtspuren und Gedankengefäße, Fragmente als Information für Kompositionen und Auseinandersetzung mit Formen, Zeichen und Rhythmen. Elemente und Substanzen zur Weiterentwicklung von Konzepten. Neuordnungen der Wahrnehmungen, Protokolle der Gegenwart und doch nicht bloße Abbilder der Erinnerung.»[39]

Die Kunsthistorikerin Hanne Weskott meinte vor einigen Jahren: «Therese Webers Konzepte liegen in der Aneignung von Ikonographie, wie auch in der Aneignung von Prozess, Verfahren und Material, und diese werden in einem neuen und unerwarteten Kontext zusammengebracht. Sie setzt ihre Mittel sehr bewusst ein – alles andere würde ihrem Naturell auch widersprechen –, nutzt aber den Zufall gekonnt aus. Das heißt, eine zufällig gefundene Farbe, ein Farbverlauf oder eine Form werden zwar in die künstlerische Gestaltung miteinbezogen, letztendlich aber doch immer der Verstandeskontrolle unterworfen. In Therese Webers Bildern gibt es in der Endredaktion, um einen Begriff aus dem Metier des Schriftstellers zu verwenden, nichts, was nicht von ihr beurteilt und für gut befunden worden wäre.»[40]

Vor zwanzig Jahren hat die Neugier auf Washi der Künstlerin den Zugang zum asiatischen Kulturraum eröffnet. Vor Ort konnte sie Einblick gewinnen in den kulturell und philosophisch bedingten «anderen» Zugang der japanischen Bevölkerung zu diesem Medium, wie auch in das komplexe Verständnis asiatischer Kunst und Kultur. Das Leben in Japan, die verschiedenen Erfahrungs- und Wahrnehmungsebenen, führte zur Achtsamkeit bei der eigenen Überschwänglichkeit, zur Reduktion der Bildelemente. Dazu schreibt Sasha Grishin: «Die Tyrannei des Ortes ist oft der Prüfstein zur Realität, welche Therese Webers Werken einen besonderen Ort des Schaffens verleiht und ihnen den Zusammenhalt einer längeren Sequenz verschafft. Die Tagebuchaufzeichnungen ihrer Forschungsreisen enthalten Informationen sowohl aus ihrer einzigartigen Erfahrung als auch aus den spezifischen Charakteristika des bereisten Landes. In ihrem Werk ist ein beständiger Diskurs, der die Zeit, den Raum und die Begegnung mit dem Material betrifft. Obwohl ihre Begegnung mit dem Material, wie bei einem abstrakt expressionistischen Maler, eher in den tiefen Strom des Unbewussten hinabreicht als dass sie ein Erinnern oder Spiegeln der gesehenen Welt wäre, stellt der Prozess des Arbeitens mit der Pulpe, bedingt durch das Verfahren, oft ein mehr wohlüberlegtes Vorgehen dar, als es bei der Malerei sonst der Fall ist, und es findet eine bewusste Vermischung von Denken, Wissen und Emotionen statt.»[41]

Das Werk *Abbild einer Zeitsequenz* entstand im Jahre 2002 als Kunst-am-Bau-Projekt. Gegossene Pulpe, Baumwoll- und Maulbeerstrauchfasern. 360 x 360 cm. Mit Hilfe einer rollbaren Brücke kann die ganze Bildfläche bearbeitet werden.

Die ursprüngliche, in Asien noch erhaltene Papiergusstechnik erlaubt die Darstellung grafischer Elemente durch die Einwirkung auf die nasse Pulpe, wie sie im Werk «Abbild einer Zeitsequenz» sichtbar werden. Die Grenzen zwischen Bild, Assemblage und Objekt zerfließen, sie sind im übertragenen Sinne eine Einschreibung in eine fremde künstlerische Tradition und Aneignung derselben. Sie zeichnen eine Brücke von den Archetypen der Vergangenheit zur Gegenwart, zu Visionen der Zukunft. Der Ausgangspunkt für diese Theorie des Gestaltens liegt in der philosophischen Lehre des nichtfigurativen Expressionismus. Die Bildoberfläche wird wie eine Arena behandelt, ein ständiger Prozess der Herausforderung des Gewöhnlichen, aber auch des Unvorhersagbaren. Dabei spielen die aus verschiedenen Kulturen entlehnten Verfahren im Umgang mit der Pulpe eine wichtige, wenn auch nicht übergeordnete Rolle. Sie manifestieren sich vor allem im Ausdruck der Bildsprache. «In Webers früh gefundener, bemerkenswerter, meist farbintensiver gestisch abstrakter Bildsprache ist eine Entwicklung am immer freieren Umgang mit bildnerischen Mitteln und Inhalten abzulesen, wobei Einflüsse der wechselnden Aufenthaltsorte in Farbpalette und Bildstrukturen feststellbar sind.»[42]

Erfahrungen aus fremden Kontinenten laden ein zu Gegenüberstellungen. In dieser Auseinandersetzung entstehen seit dem Jahr 2001 auch die Doppelbilder, wie sie im Werk «Fragmentarische Sicht in Persien» sichtbar sind. Die Grenzen zwischen effektivem Abbild, dem der Primärwirklichkeit, und dem der Reise zu den geografischen Ursprüngen des Kunstwerks fließen ineinander. Das Eintauchen in Details und Fragmente ungewohnter Kulturen, das Arbeiten aus dem Augenblick und zugleich aus dem Geiste uralter Tradition bringen eine mehrfache Erfahrung von Zeit und Geschichte mit sich. «In diesem Sinne definiert sie drei Arten von Gegenwart, die in ihre Bildobjekte einfließen: Die eine heißt Gestern, die andere Heute, und Morgen heißt die dritte. Sie alle messen sich in ungleichen Zeitabständen an der Wirklichkeit. Es gibt keine aufwändigen Inszenierungen oder digitale Manipulierung in den Fotografien, es ist vielmehr das Prinzip des Zusammenwirkens von strukturellen Grundkonstanten, Impressionen und dem Begegnungsfeld am Ort des Seins, das sich in einem Bild manifestiert. Das Vermitteln der Primärwirklichkeit als Orientierung ist gleichzeitig eine Chiffre der Zeitlosigkeit, die das Vergängliche transitorisch erfahrbar macht. So kann es sein, dass sich die Bilder unserem Auge entziehen, um sich auf unmerkliche Weise in eine andere, hinter unserer Sehweise liegende Szene zu bewegen, den Übergang zu anderen Welten.»[43]

Therese Weber, geboren 1953 in Breitenbach, ist Dozentin an der hpsa bb in Liestal/Basel, Abteilung Bildnerisches- und Technisches Gestalten. In ihrem Atelier in Arlesheim/Basel werden künstlerische Konzepte umgesetzt und Forschungsprojekte entwickelt.

Zur Gestaltung mit dem Medium Pulpe fand Therese Weber im Jahre 1981 in den USA. In der Künstlerszene Kaliforniens herrschte eine mitreißende Aufbruchstimmung, eine spezifische Spannung, die in eine neue künstlerische Zukunft führte. Durch die Begegnung mit den Künstlern von *Gemini* in Los Angeles, Nance O'Banion sowie Donald S. Farnsworth in San Francisco, begann ein neues Alphabet der Bildsprache. Die unerschöpflichen Komponenten des Papierismus entwickelten sich zu einem Netzwerk des Lebens zwischen Kultur, Geschichte und Kommunikation.

Den Skizzen einer Landkarte ähnlich werden gestalterische und geografische Grenzen durch Zeit und Raum überschritten. So verlagerte Therese Weber jeweils ihre mehrdimensionalen und gestalterischen Tätigkeiten für eine begrenzte Zeit in einen anderen Kulturraum wie zum Beispiel nach Japan oder Australien. Weitere Prozesse fügen sich zu einem Geflecht mit offenem Ausgang.

VIII

Anhang

Anmerkungen

Kapitel II

1 Siehe auch das Kapitel *Die Erfindung des Papiers in China.*

2 Gemäß Hassan Ragab soll bereits um 4000 v. Chr. Papyrus hergestellt worden sein. Vgl. *Papyrus Hand Sheet Making Starts Again in Egypt.* In: *Paper Congress 1980*, Boston, USA.

3 Die Hieroglyphenschrift entstand als Zeremonialschrift der Pharaonen. *Hieros* bedeutet «heilig» und *glyphein* «einschneiden». Die Formen wurden vor allem für Monumentalinschriften in Stein gemeißelt.

4 Wichtige Papyrusdokumente sind unter anderem erhalten in der Papyrussammlung des Ägyptischen Museums Berlin, in der Universitätsbibliothek Leipzig, in der Nationalbibliothek Wien und im Institut für Papyrologie in Trier.

5 *Papierzeitung* Nr. 72, 1930.

6 Marion Janzin und Joachim Güntner, *Das Buch vom Buch*, S. 35.

7 Verschiedene Künstler/innen gestalten zwei- und dreidimensionale Flächen aus in Scheiben oder Streifen geschnittenen pflanzlichen Materialien wie Rote Beete, Karotte, Lauch oder Zwiebel.

8 Beim Gerben werden gesalzene und getrocknete Tierhäute nach einem alkalischen Äscherbad in ein pflanzliches oder in ein Chrom-Gerbbad eingelegt und anschließend gewalkt.

9 Diese Form der Wiederverwendung eines Schriftträgers heißt Palimpsest; die grieschische Vorsilbe *palin*, mit Lippenlaut *palim*, bedeutet «zurück, wiederum, neuerlich».

10 Das traditionelle indische Langbuch war ein Vorläufer des tibetischen Buches.

11 Sanskrit ist eine altindische Sprache, die sich in mehreren Schrifttypen niederschreiben lässt.

12 Innerasiatische Sandwüste im Tarimbecken, China. Die Fläche beträgt 327 400 km².

13 Die Inselgruppen Polynesiens reichen von Neuseeland im Südwesten bis zu den Osterinseln im Osten (Chile) und bis nach Hawaii im Norden (USA).

14 Ling Man-Li Mary, *Bark-cloth in Taiwan and the circum-Pacific Areas*, S. 253f.

15 Vgl. auch die Vorbereitung von Bastfasern in Japan im Kapitel *Washi, hochwertiges Kulturgut aus Japan.*

16 Es könnte sich dabei eventuell aber auch um Kamiko handeln; siehe das Kapitel *Kamiko, die Körperhülle aus Papier.*

17 *Huun* bedeutete in der Sprache der Maya «Papier».

18 Polynesische Steinklopfer haben in der Regel rundum eine Halterung, die mit einem Griff verbunden ist. An Steinklopfern in Mittelamerika finden sich seitlich noch immer Rillen, obwohl der Stein ohne Griff gehalten wird.

19 *Codex Mendoza*, das Einkommensbuch, das der Vizekönig von Neuspanien, Don Antonio de Mendoza, im Jahre 1535 nach Madrid brachte.

20 Siehe das Kapitel *Washi, Hochwertiges Kulturgut aus Japan.*

21 Siehe das Kapitel *Vielfältige Papier- und Goldblattkultur in Myanmar.*

22 Nach Dard Hunter, *Papermaking. The History and Technique of an Ancient Craft*, S. 24. Der Autor des erwähnten Buches heißt Sung Ying-hsing, das Buch heißt *T'ien-kung k'ai wu.*

23 Siehe den Beitrag von Fred Siegenthaler in: *Tong Tsau Tsu, Chinesisches Reispapier*, Neujahrsmitteilung der Papierabteilung der Sandoz AG, Basel 1998.

24 Siehe das Kapitel *Geisterpapiere im Fernen Osten.*

25 Nach Joseph Needham und Tsien Tsuen-Hsuin, *Science and civilisation in China*, Bd. 5: *Chemistry and chemical technology*, Teil 1: *Paper and printing*, S. 123.

26 «Reservieren» bedeutet das Freihalten oder Aussparen von Flächen oder Linien durch Auftragen eines Materials, in diesem Fall von flüssigem Wachs, das in das Basismaterial Papier oder Stoff eindringt. An den nicht behandelten Stellen behält das Papier oder der Stoff im Färbeprozess die ursprüngliche Farbe. Das Auftragen von Wachs und der Färbeprozess können mehrere Male wiederholt werden. Nach der letzten Färbung wird das Wachs entfernt.

27 Mechanisch induzierte Verschiebung der Haare einer Haarmatte oder eines Haargewebes unter Einwirkung von Feuchtigkeit und Wärme.

28 Nebenvalenzen sind zwischenmolekulare Kräfte mit Bindungsenergien, die den Zusammenhalt von Molekülen bewirken.

29 Die Exponate sind in der Eremitage in St. Petersburg ausgestellt.

30 *Haare: Obsession und Kunst.* Ausstellung im Museum Bellerive in Zürich.

31 Melissa Chiu, *Orientations*, S. 100ff.

Kapitel III

1 Joseph Needham und Tsien Tsuen-Hsuin, *Science and civilisation in China*, Bd. 5: *Chemistry and chemical technology*, Teil 1: *Paper and printing*, S. 47ff, 53, 59ff.

2 Gefäß für die Suspension der Fasern zur Papierpulpe.

3 Siehe auch das Kapitel *Lebendige Papiertraditionen in China.*

4 Wahrscheinlich wurden die Bambusbrettchen mit einem Seidenband umwickelt, da gemäß der Interpretation des Textes im *Hou Han Shu* der Beschreibstoff aus Bambusplättchen und nicht aus Seidengeweben bestand. Siehe Peter F. Tschudin, *Grundzüge der Papiergeschichte*, S. 76f.

5 Möglicherweise handelt es sich dabei um die erste Verwendung von Rindenbastfasern als Rohstoff für Papier.

6 Siehe auch www.awagami.or.jp

7 Koreanisch *Damjing*, japanisch *Doncho* oder *Dokyo* (579–631 n. Chr.).

8 Vermutlich Papier aus Maulbeerstrauchfasern.

9 1455 vollendete Gutenberg den erstmaligen Druck der Bibel mit beweglichen Lettern.

10 Von der Rotangpalme, ihr Holzzelluloseanteil ist auch bekannt als Peddigrohr.

11 Koryo war auch der Name des koreanischen Staates während der Koryo-Dynastie.

12 Die Bezeichnung bezieht sich auf die Herstellung der Pulpe, die durch Klopfen der weißen Maulbeerstrauchfasern hergestellt wird.

Seite 202:
Ohne Wissen können wir nicht denken, 1992.
Geschöpfte und gegossene Pulpe, Baumwoll- und Abacafasern, Collage, Ölkreide. 210 x 950 cm.

13 In Japan wird diese Substanz *neri* genannt und sie wird aus der *tororo-aoi*-Wurzel gewonnen.

14 Die Bezeichnung stammt vom koreanischen Meister Kim Yeong-Yon.

15 Diese Anordnung steht im Zusammenhang mit der Handhabung des Siebes beim Schöpfen.

16 Dieser Effekt, bekannt unter den Begriffen «gerippt», französisch «vergé», englisch «laid», entsteht bei allen Papieren, die mit Sieben aus Bambus, Gras oder Metallstäbchen hergestellt werden.

17 Das westliche Schöpfsieb, das bei der *tamezuki*-Methode (einmaliges Eintauchen des Siebes) eingesetzt wird, eignet sich für die Befestigung des Wasserzeichens, da die Siebpartie auf dem unteren Holzrahmen befestigt ist. Siehe auch das Kapitel *Grenzen zwischen Sichtbarem und Unsichtbaren: Wasserzeichen.*

18 Der Zusatz von *Hibiscus manihot* sowie die langfaserigen Maulbeerstrauchfasern ermöglichen das Trennen der aufeinander gepressten Papiere während sie noch feucht sind.

19 Dard Hunter erforschte während über vierzig Jahren Geschichte und Technik des Papiers auf der ganzen Welt. Als Reisender sammelte er überall Objekte, Werkzeuge und Papiere. Er hinerließ eine reiche Fotodokumentation mit Bildern aus verschiedenen Kulturen. Zudem ist er Autor von über einem Dutzend Bücher zum Thema Papier.

20 Siehe auch die beiden Kapitel über Wahsi in diesem Buch.

21 Siehe auch das Kapitel *Shoji und Fushuma, Papierwände in Asien.*

22 In koreanischen Häusern werden keine Schuhe getragen.

23 Das *ondol*-System stammt aus der Zeit der Bronzekultur (etwa 1000 v. Chr. – 300 v. Chr.).

24 Die Mandschu lebten nördlich von Korea; sie stürzten die chinesische Ming-Dynastie und gründeten die Qing-Dynastie (1644–1912). Den chinesischen Untertanen zwangen sie ihre typische Haartracht, den Zopf, auf. Die Mandschu bevölkern heute Nordostchina und Südostsibirien.

25 Philippe Cornu, *Dictionnaire encyclopédique du bouddhisme*, S. 529.

26 Der Shoso-in-Tempel beherbergt eine große Sammlung alter Papiere aus China und Japan sowie historische Dokumente wie den *Kojiki* von 712, *Nihongi* von 720 und *Engihiki* von 927. Alle dokumentieren die Einführung, Entwicklung und Anwendung des Papiers in Japan.

27 Der Papiermaulbeerstrauch hatte in China die Bezeichnung *ku, chhu* oder *kou*. Wild wachsend ist er in allen Gegenden Chinas zu finden. In Dokumenten aus der Chung-Tsung-Periode (1637–1563 v. Chr.) und in Gedichten aus dem 9. und 8. Jahrhundert v. Chr. wird der Maulbeerstrauch beschrieben. Sein Rindenbast wird in China bis heute für Körperhüllen und Decken verwendet, dies vor allem in der Gegend Lop Nor.

28 Hauptstadt des japanischen Reiches ab 794 n. Chr. unter dem Namen Heiankyo. Bis 1868 blieb diese Stadt Sitz der Regierung und Mittelpunkt des kulturellen und religiösen Lebens. Sie beherbergt rund 1000 buddhistische Klöster und Schinto-Schreine.

29 Generelle Bezeichnung für den zähflüssigen Zusatz beim *nagashizuki*-Verfahren. Das Extrakt wird je nach Gegend aus verschiedenen Wurzeln gewonnen.

30 Persimone, Frucht aus der Gattung *Diospyros* der Familie *Ebenaceae*. Es gibt verschiedene Fruchtarten, Kaki oder asiatische Dattelpflaume genannt, die auch genießbar sind. Die japanische, grüne, nicht essbare Persimone, die man für *shibu* verwendet, wird über mehrere Monate fermentiert. Das Papier wird durch das Applizieren des Extraktes braun gefärbt.

31 Ein ungefähr 25 cm breites Taillenband, das über dem Kimono getragen und im Rücken mit einer Schlaufe geschlossen wird.

32 Siehe auch das Kapitel *Shifu, Papierstreifen für reißfeste Gewebe.*

33 Siehe auch das Kapitel *Washi, hochwertiges Kulturgut aus Japan.*

34 *Amorphophallus konjac*, nach K. Koch. Aus der Wurzel der Maniokpflanze (eine Kartoffelart mit der Bezeichnung «Teufelszunge») wird ein Stärkemehl produziert, das beim Aufkochen mit Wasser eine klebende Wirkung erzeugen kann. Bekannter unter dem handelsüblichen Namen *Tapioka.*

35 Soda ist Natriumcarbonat Na_2CO_3.

36 Weitere Informationen zu Myanmar im Kapitel *Vielfältige Papier- und Goldblattkultur in Myanmar.*

37 Der arabische Begriff *kaghad* ist persischer Abstammung und kommt von *kaghadh (kaghaz)*. Heute ist die geläufigere Bezeichnung für Papier *waraq*, mit der eigentlichen Bedeutung «Blatt».

38 Samarkand wurde 329 v. Chr. von Alexander dem Großen erobert, 712 von den Arabern und 1220 von Dschingis Khan. 1369 wurde Samarkand Sitz der Timuriden-Dynastie.

39 Die Ziriden waren vom 10. bis 12. Jahrhundert eine islamische Dynastie in Nordafrika, begründet durch den Statthalter Ziri. Das Gebiet entspricht dem heutigen Algerien.

40 Ein Ries, arabisch *rizmah*, ist ein Bündel Papier. Aus dem Arabischen gelangte der Begriff ins Alfranzösische *rayme*, ins Englische *ream* und ins Spanische *resma*. Ein Ries bezeichnet heute eine Einheit von 500 Bogen Papier.

41 al-Mu'izz ibn Badis im *Umdat al-kuttab*. Siehe Übersetzung von J. Karabacek, *Neue Quellen zur Papiergeschichte.* (Mitteilungen aus der Sammlung *Papyrus Erzherzog Rainer*, IV, Wien, 1888, S. 75–122, und M. Levey, *Chemical Technology in Medieval Arabic Bookmaking. Transactions of the American Philos. Society*, Bd. 52, Teil 4, 1962, S. 5–79.)

42 Diwan al-insa (Dokument aus der Kanzlei Ägyptens, 15. Jahrhundert). In: *L'Art du livre arabe*, S. 45.

43 *Khanbalic*-Papier ist generell die Bezeichnung für chinesisches Papier. *Khanbalic dadu* oder mongolisch *khanbalig* war in der mongolischen Yuan-Dynastie der Name für Beijing, die neue große Hauptstadt, die Kubilai Khan 1267 nordöstlich der alten Hauptstadt der Chin-Dynastie (1125–1234) namens Chungtu aufbaute.

44 Nadir Shah, geboren 1688, ermordet 1747, war über zehn Jahre lang kampfesfreudiger Herrscher von Persien und dehnte sein Reich bis nach Indien und zum Euphrat aus.

45 Die Nestorianer bilden eine selbständige christliche Kirche nach ostsyrischem Ritus.

46 Die Staaten Algerien, Marokko und Tunesien bilden den Maghreb.

47 Siehe Peter F. Tschudin, *Grundzüge der Papiergeschichte*, S. 90f.

48 ebda, S. 91f.

49 Die traditionelle Bezeichnung für den zu Faserbrei zermahlenen Zellstoff. In jüngerer Zeit auch *Pulpe* genannt, abgeleitet aus dem amerikanischen Begriff *pulp* (französisch *pâte*, italienisch *pasta*).

50 Aus Silvie Turner und Birgit Skiöld, *Handmade paper today*, S. 134.

51 Voltaire (1694–1778) wurde wegen einer irrtümlich ihm zugeschriebenen Satire über Louis XIV. für ein Jahr in der Bastille inhaftiert. Von 1726 bis 1729 lebte er in England im Exil, wo er auch die *Lettres philosophiques* schrieb. Da das französische Parlament diese Schrift verurteilte, musste er 1734 erneut Paris verlassen.

52 Aus Armin Renker, *Eine Papierfabrik vor hundert Jahren*, S. 57f.

53 Dies war die von Wasserrädern angetriebene Fourdrinier-Maschine.

54 Zur Herstellung von Zellstoff können verschiedene Rohstoffe verwendet werden. Holzschnitzel werden bis zur Ligninherauslösung nach dem NSSC-Verfahren (Neutral-Sulfit-Semi-Chemical) gekocht, die aufgeweichten Faserschnitzel werden danach in Scheibenzerfaserern zermahlen (defibriert). Anschließend werden Kochgut und Kochflüssigkeit getrennt, ausgewaschen und zu Zellstoffbrei zerfasert. Auf Langsiebmaschinen, ähnlich dem Prozess der Papierherstellung, wird der Zellstoff entwässert, getrocknet und in Formate geschnitten. Zu Ballen geformt gelangt der Halbzellstoff in die Papierfabrikation.

55 Blütenblätter werden in den Faserstoff gestreut. Durch das Herausheben des Schöpfsiebes liegen sie teilweise auf und zwischen den Faserschichten. Sie bleiben im Papierbogen sichtbar, ohne dass sie herausfallen.

56 *Livres Pfund*, eine französische Währungseinheit, die später durch den *Franc* abgelöst wurde. 40 000 Livres entsprechen rund 12 Kilogramm Gold, was zum jetzigen Zeitpunkt etwa 200 000 Schweizerfranken bzw. 135 000 Euro wären.

57 Siehe auch das Kapitel *Papierballone über dem Pazifik*.

58 Papier, das auf einem eng gewobenen Metallsieb als handgeschöpftes oder maschinell gefertigtes Papier produziert wird. Kennzeichnend ist die glatte Oberfläche ohne sichtbare Wasserzeichenspuren des Siebes, wie sie beim Vergé-Papier in Erscheinung treten.

59 Die Druckplatte oder der Druckstock für ein Hochdruckverfahren. Nach chemischer- oder fotomechanischer Vorbehandlung werden die nicht druckenden Flächen weggeätzt und dadurch tiefer gelegt. Das Bild oder die Schrift bleibt erhöht und ergibt den Abdruck.

60 Ernst Völker, *Der große Traum*, S. 19f.

61 Im Jahre 1840 waren rund hundert Papiermaschinen in Frankreich, fünfzig in Deutschland und 250 in England im Einsatz.

62 Fritz Blaser, *Papiermühlen in den Vierwaldstätten*. In: *Papiergeschichte*, 1.–4. Jahrgang, 1951–1954, S. 82f.

63 Alfred Schulte, *Der Transfer in Europa und die Einführung in Deutschland*. In: Günter Bayerl, *Die Papiermühle*, S. 77f.

64 Im Walkverfahren wird die Oberfläche von Wollgeweben unter Einwirkung von Feuchtigkeit und Hitze aufgeraut, wodurch eine filzartige Oberfläche entsteht.

65 Die Firma ist bis heute ein Familienunternehmen mit dem Namen *Papierfarbrik Zerkall, Renker & Söhne GmbH+Co KG*, Hürtgenwald-Zerkall.

66 *Dandy role* ist die englische Bezeichnung für die Vordruckwalze, die allgemein unter der französischen Bezeichnung *Egoutteur* bekannt ist. Siehe auch das Kapitel *Grenzen zwischen Sichtbarem und Unsichtbarem: Wasserzeichen*.

67 In Hamburg wurde 1766 die Windmühle Uhlenhorst erbaut; ihr Spitzenprodukt war das Zuckerhutpapier zum Einwickeln der Zuckerhüte.

68 Hadern gelten als Sekundärrohstoffe. Es wird unterschieden zwischen Sekundärrohstoffen (pflanzlichen Fasern, die bereits als Gewebe vorhanden waren) und Primärrohstoffen (pflanzlichen Fasern, die erstmalig in der Papiererzeugung verwendet werden). Die Wahl des Rohstoffs hat eine Auswirkung auf die Zubereitung des Faserstoffs.

69 Faulungsprozess zur effizienteren Auflösung der Fasern im Stampfwerk.

70 Der Holländer wurde erstmals beschrieben von Johann Joachim Becher in: *Närrische Weißheit und weise Narrheit*, Frankfurt 1680.

71 *Papermaking Art and Craft*, S. 44ff.

72 Die ehemalige Kolonie ist heute ein Teil von Philadelphia und somit nicht zu verwechseln mit dem amerikanischen Bundesstaat Pennsylvania. Germantown war ein Vorort von Philadelphia.

73 Die Mühle produzierte neben Papier auch Getreide und Öl. Sie war bis ins Jahr 1901 in Betrieb. In den letzten Jahren wurde vor allem Papier für die Tabakindustrie gefertigt. 1906 wurde das Gebäude abgerissen.

74 «Gesellschaft der Freunde», als puritanische religiöse Gegenbewegung zur Staatskirche im 17. Jahrhundert in England gegründet. Durch William Penn verbreitete sie sich in Nordamerika sehr erfolgreich. Ihre Ideale sind Frömmigkeit und Einfachheit.

75 Holzschnitzel werden durch Kochen in Natriumhydrogencarbonat (Ätznatron) aufgelöst. Die Zellulosefasern werden durch den Prozess in der alkalischen Kochlösung freigelegt.

76 Holz wird in Form von kleinen Holzschnitzeln in chemischen Substanzen gekocht (aufgeschlossen). Dadurch wird bei weitgehender Schonung der Zellulose das Lignin entfernt (Delignifizierung) und die Bindung zwischen den Fasern gelöst, sodass diese freigelegt werden ohne Reduzierung der Faserlänge. Als Resultat entsteht der ungebleichte Zellstoff, je nach Entfernungsgrad des Lignins als Voll- oder Halbzellstoff. Sulfatzellstoff entsteht durch Zugabe von Natriumsulfat/Natronlauge (die in der Regel zum Aufschließen der eher langfaserigen Koniferen eingesetzt werden). Sulfitzellstoff entsteht durch Beimischung von Kalziumbisulfit $Ca(HSO_3)_2$, das wegen seiner schlechten Umweltverträglichkeit durch das Magnesium-bisulvit-Verfahren ersetzt wurde. (Es wird für die eher kurzfaserigen Laubhölzer verwendet.) Sulfatzellstoffe werden eingesetzt, wenn das Papier eine bestimmte Festigkeit haben soll, zum Beispiel bei Kraftpapieren. Sulfitzellstoffe finden bei Druck- und Schreibpapieren oder transparenten Papieren wie Pergamin und Pergamentersatz Verwendung. Es lassen sich nur harz- und kieselsäurearme Hölzer aufschließen.

77 Wisso Weiss, *Zeittafel der Papiergeschichte*, S. 51.

78 Lumpen, die zu Fasergefügen zermahlen wurden, meistens durch den Kollergang. Dieser Begriff wird auch für industriell gefertigte Zelluloseplatten verwendet.

79 Dard Hunter, *Papermaking. The History and Technique of an Ancient Craft*, S. 382ff, 472, 482.

80 Peter F. Tschudin, *Ein unscheinbares Büchlein macht Papiergeschichte*, S. 5f.

81 Asbest ist ein feinfaseriges, feuerfestes Mineral mit krebsfördernder Wirkung. Siehe auch Daten zu Forschungsexperimenten von 1557 bis 1786 in: Peter F. Tschudin, *Ein unscheinbares Büchlein macht Papiergeschichte*, S. 6f.

82 Faserrohstoff, der mechanisch an einer Schleifmaschine aus geschältem Holz gewonnen wird. Die Faser wird dadurch sehr kurz und eignet sich nur für kurzlebige Erzeugnisse wie Zeitungspapier. Die hohe Opazität (Undurchsichtigkeit) ist jedoch eine willkommene Eigenschaft bei Druckerzeugnissen.

83 Peter F. Tschudin, *Ein unscheinbares Büchlein macht Papiergeschichte*, S. 5f.

84 Siehe Fußnote 76.

Kapitel IV

1 Joseph Needham und Tsien Tsuen-Hsuin, *Science and civilisation in China*, Bd. 5: *Chemistry and chemical technology*, Teil 1: *Paper and printing*, S. 149f.

2 Thomas Francis Carter, *The Invention of Printing in China and its Spread westward*, S. 33–38; Joseph Needham und Tsien Tsuen-Hsuin, *Science and civilisation in China*, Bd. 5: *Chemistry and chemical technology*, Teil 1: *Paper and printing*, S. 150; S. 336f.; Paul Pelliot, *Les débuts de l'imprimerie en Chine*, S. 28–33.

3 Roderick Whitfield, *Cave Temples of Mogao*, S. 128. Siehe auch: Joseph Needham und Tsien Tsuen-Hsuin, *Science and civilisation in China*, Bd. 5: *Chemistry and chemical technology*, Teil 1: *Paper and printing*, S. 151; Paul Pelliot, *Les débuts de l'imprimerie en Chine*, S. 47f.

4 Joseph Needham und Tsien Tsuen-Hsuin, *Science and civilisation in China*, Bd. 5: *Chemistry and chemical technology*, Teil 1: *Paper and printing*, S. 151; Paul Pelliot, *Les débuts de l'imprimerie en Chine*, S. 33f.

5 Liu Guojun und Zheng Rusi, *Die Geschichte des chinesischen Buches*, S. 86.

6 Joseph Needham und Tsien Tsuen-Hsuin, *Science and civilisation in China*, Bd. 5: *Chemistry and chemical technology*, Teil 1: *Paper and printing*, S. 156.

7 Thomas Francis Carter, *The Invention of Printing in China and its Spread westward*, S. 159ff.; Joseph Needham und Tsien Tsuen-Hsuin, *Science and civilisation in China*, Bd. 5: *Chemistry and chemical technology*, Teil 1: *Paper and printing*, S. 201ff.

8 *Drucktechnik und Seladon-Porzellan der Goryeo-Dynastie*, Abteilung im Volkskundemuseum von Korea. www.nfm.go.kr

9 Harald Haarmann, *Universalgeschichte der Schrift*, S. 358ff.

10 Zitat des Historikers Kenneth S. Latourette, in: *Encyclopedia Britannica*, Bd. 19, S. 24.

11 Lucy R. Lippard, *Overlay: Contemporary Art and the Art of Prehistory*, S. 12.

12 Christoph Baumer, *Die Südliche Seidenstraße*, S. 17.

13 Fred Siegenthaler, *Reisstroh-Papier für Geistergeld*, S. 1–3.

14 Joseph Needham und Tsien Tsuen-Hsuin, *Science and civilisation in China*, Bd. 5: *Chemistry and chemical technology*, Teil 1: *Paper and printing*, S. 103.

15 ebda., S. 104.

16 Siehe auch das Kapitel *Lebendige Papiertraditionen in China*.

17 Siehe auch das Kapitel *Echtes Reisstrohpapier in Asien*.

18 Rotang-Papier besteht aus den Fasern der Rotang-Rohrpalme der Gattung *Calamus*.

19 Die Angaben stammen aus der Enzyklopädie *Bencao Kangmu*, deutsche Übersetzung von Georg Zimmermann, erweiterte Ausgabe von 1893, die von Peter F. Tschudin, Basler Papiermühle, Basel 1993, herausgegeben wurde.

20 Der Druckstock ist im Ethnographischen Museum Antwerpen archiviert.

21 Walther Heissig und Claudius C. Müller, *Die Mongolen*, S. 232.

22 Wisso Weiß, *Zeittafel der Papiergeschichte*, S. 550.

23 Ein Ort im Gebiet Amdo in Osttibet.

24 Bis zur Zeit der Kulturrevolution wurde das Papier mehrheitlich im Gussverfahren in verschiedenen Regionen hergestellt. Heute wird bereits gefärbtes, industriell gefertigtes Papier aus Chengdu, China, importiert.

25 Die vorbuddhistische Ur-Religion Tibets. Siehe Christoph Baumer, *Bön. Die lebendige Ur-Religion Tibets*, S. 31.

26 Robert Beer, *The Encyclopedia of Tibetan Symbols and Motifs*, S. 66ff.

27 Christoph Baumer, *Bön. Die lebendige Ur-Religion Tibets*, S. 30.

28 Eine Berggottheit, die sich beim gleichnamigen Berg in Osttibet aufhält.

29 Robert Beer, *The Encyclopedia of Tibetan Symbols and Motifs*, S. 78.

30 Siehe das Kapitel *Kamiko, die Körperhülle aus Papier*.

31 *Danshi* bedeutet wörtlich übersetzt «Sandelholzpapier». In der Nara-Periode (710–794) wurde es erstmals hergestellt. Das feste, elegante und strukturierte Kozo-Papier, auch *michinoikugami* genannt, war in der Heian-Zeit (794–1185) bei den Frauen sehr beliebt, um Gedichte darauf zu schreiben. Es wird noch heute als hochwertiges Verpackungs- und Zeremonialpapier verwendet. Der größte Bogen mit einem Format von 66,6 × 52,7 cm wurde in der Fukui-Präfektur hergestellt.

32 *Kami* bedeutet in der japanischen Sprache «Gottheit» und ist zugleich ein Ausdruck für Papier.

33 *Hanshi* ist ein spezielles Washi, ein leichtes Kozo-Papier für Kalligrafiearbeiten und Kassenbücher. *Hanshi* wird heute durch *mozo* oder *kairyo* ersetzt, Imitationen auf der Basis von Holzzellulose.

34 Marion Janzin und Joachim Güntner, *Das Buch vom Buch*, S. 108ff.

35 Buchdrucker in Mainz, Teilhaber und Geldgeber von Johannes Gutenberg. Nachdem Fust 1455 die Druckwerkstätte von Gutenberg übernommen hatte, gründete er eine eigene Druckerei. Mit den verbleibenden Materialien druckte er 1457 das erste Buch in drei Farben, den «Psalterium Moguntinum».

36 Albert Kapr, *Das Jahrhundert Gutenbergs*. In: Marion Janzin und Joachim Güntner, *Das Buch vom Buch*, S. 115.

37 Druckbuchstabe, ein vierkantiger, rechtwinkliger Metallkörper, dessen Kopf das erhaben ausgeführte Schriftbild trägt.

38 Zusammengegossene Buchstabenverbindungen, die ein Satzbild von vollendeter Harmonie mit gleich langen Zeilen und gleichmäßigen Abständen zwischen den Wörtern sowie den Zeilen ermöglichten.

39 «Wiegendrucke» werden die frühesten Erzeugnisse der Buchdruckerkunst genannt, die zwischen 1445 und 1500 entstanden. Sie werden auch als «Inkunabeln» bezeichnet und traten an die Stelle der älteren Handschriften.

40 Aus einem einmal gefalzten Bogen entstehen vier Buchseiten, in der Bruchkante wird das Buch gebunden, sie bildet den Buchrücken. *Folio* ist auch die Formatbezeichnung für Bücher mit einem Buchrücken in der Höhe zwischen 35 und 45 cm.

41 Werner Wunderlich, *Wir verdanken dem Bücherdruck und der Freiheit desselben undenkbar Gutes.* In: *Medienkultur im digitalen Wandel*, hrsg. von Sascha Spoun und Werner Wunderlich, S. 47ff.

42 Marion Janzin und Joachim Güntner, *Das Buch vom Buch*, S. 160 ff.

43 Seit dem 11. Jahrhundert auch ein Kauf, eine Bußstrafe zum Erlass der Sünden. Im späten Mittelalter wurden diese Bußgelder von der Kirche oft als Geldquelle missbraucht. Daran entzündete sich die Kritik der Reformatorem, die den Ablass verwarfen.

44 Dabei handelte es sich um eine Ausgleichssprache aus ostmitteldeutschen und ostoberdeutschen Elementen, in der lokale und regionale Sprachformen zunehmend an Bedeutung verloren. So wurde Luther zum Begründer einer gemeindeutschen Hochsprache, deren Wirkung durch seine Absicht gesteigert wurde, die deutsche Sprache neben die heiligen Sprachen des Mittelalters (Hebräisch, Griechisch, Latein) zu stellen und die Religion von der Muttersprache her zu erschließen.

45 Bei der Ächtung stand der Betroffene außerhalb des Gesetzes und konnte jederzeit straffrei getötet werden.

46 Von griechisch *katechein*, was «mündlich belehren» bedeutet. Das Lehrbuch für die Glaubensunterweisung in der evangelischen Kirche. 1529 entstand der kleine Katechismus von Luther, 1563 der große reformierte Heidelberger Katechismus und 1566 folgte in der römisch-katholischen Kirche der *Katechismus Romanus*. Bis ins 20. Jahrhundert blieb der Katechismus ein wichtiges Instrument der religiösen Unterweisung.

47 Werner Wunderlich, *Wir verdanken dem Bücherdruck und der Freiheit desselben undenkbar Gutes.* In: *Medienkultur im digitalen Wandel*, hrsg. von Sascha Spoun und Werner Wunderlich, S. 50ff.

48 Rund hundert Jahre später begann die Zellstoff- und Papierindustrie Prozessleitsysteme zu entwickeln; seither wurde die Funktionalität der Papierherstellung immer mehr der Technik überlassen.

49 Staat an der Nordostküste Südamerikas. Französisch Guyana ist ein Departement Frankreichs, das 1854–1938 eine Strafkolonie war.

50 *Handbook on the Art of Washi*, hrsg. von der All Japan Handmade Washi Association, S. 55.

Kapitel V

1 Olaf Leu, *Papier macht sinnlich*, S. 10.

2 Peter Gentenaar, *Timeless Paper*, S. 224.

3 Zitat von Yanagi Soetsu (1889–1961), einem japanischen Keramiker.

4 Hiroshige Ando (1797–1858), einer der letzten großen *ukiyo-e*-Maler und Holzschnittzeichner; seine meisterhaften Umsetzungen beeinflussten die französischen Impressionisten.

5 Siehe auch das Kapitel *Washi – Qualität, Ästhetik und Symbolkraft des Papiers in Japan.*

6 Siehe auch das Kapitel *Perfektion einer alten Tradition.*

7 Das Nationale Kulturerbe wird in Japan in zyklischer Restaurationsarbeit gepflegt. Als *National Treasure* registrierte Kunstschätze dürfen zudem nur in einem staatlichen Restaurierungszentrum bearbeitet werden, um Fehler zu vermeiden. Die 1790 gegründete kaiserliche Restaurationsabteilung in Kioto, ein Familienunternehmen in der achten Generation, genießt weltweite Anerkennung.

8 Mit dem pH-Wert bezeichnet man eine Potentialdifferenz (Galvani-Spannung), die in wässrigen Lösungen durch die Konzentration der freien Wasserstoffionen erzeugt wird. Die Ionenkonzentration wird in Gramm Ionen pro Liter ausgedrückt. Die Messung des pH-Wertes kann durch Indikatorstreifen oder Farbindikatoren erfolgen.

9 Zu *shibu* siehe auch das Kapitel *Kamiko, die Körperhülle aus Papier.*

10 Beim Abgautschen der Papierbogen wird eine Filz- oder Gewebezwischenlage verwendet, um das Zusammenkleben zu verhindern.

11 Siehe auch www.awagami.or.jp

12 Siehe auch das Kapitel *Papierflächen, mehr als Papier.*

13 Siehe auch das Kapitel *Grenzen zwischen Sichtbarem und Unsichtbarem: Wasserzeichen.*

14 Siehe auch das Kapitel *Vielfältige Papier- und Goldblattkultur in Myanmar.*

15 *Carrageen* ist bekannt unter dem Namen «Irisches Moos», ein Seegras aus der Gattung der roten Algen.

16 Siehe auch das Kapitel *Kamiko, die Körperhülle aus Papier.*

17 Zitat aus dem Historischen Museum in Xi'an, dem Ausgangspunkt der Seidenstraße in der Provinz Shaanxi.

18 Eine Rohrpalme aus der Gattung *Calamus* mit rund 200 Arten.

19 Möglicherweise diente das Weizenmehl zur Verstärkung und Veredlung des eher brüchigen Reisstrohpapiers.

20 Peter F. Tschudin im *Bencao Kangmu*, S. 12 und 38.

21 Christoph Baumer, *Die Südliche Seidenstraße*, S. 16f.

22 Verwendet werden vor allem die Fasern des schwarzen Maulbeerbaumes *Morus nigra* sowie des weißen Maulbeerbaumes *Morus alba*; sie ergeben eine bessere Papierqualität als die übrigen Maulbeerbaumarten.

23 Angaben aus einem Interview durch J. D. Carrard und W. Reichen, Dezember 2003.

24 Artikel von Elaine Koretsky in: *Hand Papermaking*, Winter 1995.

25 Dieter Portmann, *Deutscher Arbeitskreis für Papiergeschichte*, S. 74ff.

26 Siehe auch das Kapitel *Geisterpapiere im Fernen Osten.*

27 Durch das lange Lagern der Pflanzen im Wasser entstehen Pilze und Bakterien. Dadurch wird das Zellgefüge des Bambus gelockert, ohne dass die Fasern zerstört werden.

28 Der Saft ist vergleichbar mit dem Wurzelextrakt *neri*, welches für die japanischen Papiere verwendet wird. Siehe das Kapitel *Washi, hochwertiges Kulturgut aus Japan.*

29 Gekürzte Übersetzung aus der *Papierzeitung* Nr. 3, 1933, S. 42.

30 Siehe auch das Kapitel *Gebetstrommeln und Lungta-Papiere in Tibet.*

31 Marc Aurel Stein, *Ancient Khotan*, S. 549.

32 Ronald Kaulback, *Salween*, S. 234.

33 Joseph Needham und Tsien Tsuen-Hsuin, *Science and civilisation in China*, Bd. 5: *Chemistry and chemical technology*, Teil 1: *Paper and printing*, S. 357.

34 Christoph Baumer, *Die Südliche Seidenstraße*, S. 44, 83ff., 86ff.; Marc Aurel Stein, *Ancient Khotan*, S. 425ff., 549; dito, *Serindia*, S. 277ff., 467ff., 1279ff.

35 August Corrady, *Die chinesischen Handschriften und sonstigen Kleinfunde Sven Hedins in Loulan*, S. 76ff.
36 Marc Aurel Stein, *Ancient Khotan*, S. 134f., 425ff., 549ff.
37 Dard Hunter, *Papermaking. The History and Technique of an Ancient Craft*, S. 111f.
38 Die Papierproduktion in Gyantse, Zentraltibet, ist auch im Fotoarchiv des *Newark Museum* in New Jersey, USA, dokumentiert.
39 René Nebesky-Wojkowitz, *Schriftwesen, Papierherstellung und Buchdruck bei den Tibetern*, S. 61f.
40 Jane Farmer und Tom Leech, *Paper Road Newsletter*, 1998.
41 Gemäß Marc Aurel Stein, René Nebesky, R. O. Meisezahl, Peter Tschudin, E. Grönbold und Valrae Reynolds wurden in Tibet für die Papierherstellung sowohl verschiedene Gewächse aus der Familie *Thymelaeaceae* (Seidelbastfasern) wie auch aus der Familie *Moraceae* (Maulbeerstrauchfasern) verwendet. Einzig die *Stellera chamaejasme* wird von mehreren Autoren genauer beschrieben. Gemäß Liu Guojun und Zheng Rusi wurden neben den erwähnten Bastfasern auch Schilfrohr, Bambus, Stroh, Weizenhalme und Hanf verwendet. Die Autorin konnte einzig die Verwendung der *Stellera chamaejasme* und anderer Seidelbastgewächse beobachten.
42 How Man Wong, *From Manchuria to Tibet. A quarter century of exploration*, S. 121.
43 F. Kingdon Ward, *A Plant Hunter in Tibet*, S. 64.
44 Valrae Reynolds, *New Discoveries about a Set of Tibetan Manuscripts in the Newark Museum*, S. 67.
45 Zhang Wenbin (Hrsg.), *Dunhuang. A Centennial Commemoration of the Discovery of the Cave Library*, S. 162f.
46 Zu Dege siehe auch Christoph Baumer und Therese Weber, *Ost-Tibet*, S. 142–148.
47 *Kagaj* oder *kagaz* sind die moderneren Versionen der Begriffe *kagad* oder *kadgal*.
48 Dard Hunter, *Papermaking. The History and Technique of an Ancient Craft*, S. 475.
49 www.islamicvoice.com/december.2001
50 www.goodnewsindia.com
51 Peter F. Tschudin, *Grundzüge der Papiergeschichte*, S. 84.
52 ebda., S. 54.
53 Neeta Premchand, *Off the Deckle Edge*, S. 80.
54 Dard Hunter, *Papermaking. The History and Technique of an Ancient Craft*, S. 151.
55 *Khadi Gramoudyog* ist ein alter Hindu-Name, *khadi* bedeutet «handgewobenes Gewebe» und gleichzeitig auch ein traditionelles Bekleidungsstück für Männer, *gramo* bedeutet «Dorf» und *udyog* «Industrie».
56 Getreide- oder Reismehl und Wasser werden eine Stunde gekocht, bis sich eine leim- oder gummiartige Substanz bildet. In der westlichen Tradition werden Tier- oder Harzsubstanzen verwendet.
57 Die Stadt wurde 1727 durch den Maharadscha Jai Singh II (1693–1743) gegründet. Bis heute müssen zur Erhaltung der Tradition die Gebäude der Altstadt in roter Farbe angestrichen werden.
58 Neeta Premchand, *Off the Deckle Edge*, S. 80.
59 Dard Hunter, *Papermaking. The History and Technique of an Ancient Craft*, S. 193.
60 Gold enthält bei natürlichem Vorkommen neben Kupfer auch bis zu 40 Prozent Silber. Diese Metalle sind zusammen mit den enthaltenen Spurenelementen für den Farbton und die Bearbeitungsmöglichkeiten des Goldes entscheidend. Das goldene Metall lässt sich sehr gut bearbeiten und findet in Form von Massivgold, Goldblatt, Goldpulver oder Goldfaden Verwendung.
61 Helmut Brinker, *Sublime adornment. Kirikane in Chinese Buddhist Sculpture*. In: *Orientations*, Dezember 2003, S. 30.
62 Marc Aurel Stein, *Sand-buried ruins of Khotan*, S. 440f.
63 ebda., S. 440.
64 Helmut Brinker, *Sublime adornment. Kirikane in Chinese Buddhist Sculpture*. In: *Orientations*, Dezember 2003, S. 30–34. Lukas Nickel (Hrsg.), *Die Rückkehr des Buddha*. Museum Rietberg, Zürich 2001.
65 *Birma*, engl. *Burma*, Staat in Hinterindien von 676 552 km^2 Fläche und etwa 52 Millionen Einwohnern (im Jahre 2002). Der Name wurde nach 1988 unter General Saw Maung in «Union von Myanmar» geändert. Bis in die 1960er-Jahre blieben die Grenzen für Fremde verschlossen, danach durfte das Land jeweils nur für sieben Tage bereist werden. Erst seit 1994 werden auch Aufenthalte bis zu 28 Tagen zugelassen.
66 Elaine und Donna Koretsky, *The Goldbeaters of Mandalay*, S. 24.
67 Michael Clark und Joe Cummings, *Myanmar*, S. 271ff.
68 Aus *Tombak*, einer rotgelben Kupfer-Zink-Legierung mit bis zu 18 Prozent Zinkgehalt, kann auch unechtes «Blattgold» hergestellt werden.
69 *Thanakha* dient sowohl als Sonnenschutz wie auch als Verzierung der Gesichter von Frauen und Kindern. Die Paste aus Wasser und der pulverisierten Rinde des *That nat Icho*-Baumes, auch «Limona auchuma» genannt, wird in einfachen oder ornamentalen Formen auf Wangen und Stirn aufgetragen; sie verbreitet auch einen guten Duft.
70 Seit 1885 ist Rangun (heute Yangoon genannt) die Hauptstadt von Myanmar, das damals noch Burma hieß und zu diesem Zeitpunkt Teil der britischen Kolonie Indien wurde.
71 Früher waren die Siebe aus Baumwollgewebe.
72 Die Faserzubereitung wird im Kapitel *Washi, hochwertiges Kulturgut aus Japan* beschrieben, das Gussverfahren im Kapitel *Lebendige Papiertraditionen in China*.
73 Die Faserzubereitung und das Schöpfverfahren werden im Kapitel *Tang Yuan, das Dorf der Geisterpapiere* beschrieben.
74 Der Busch wächst außerdem im Süden Chinas.
75 Chao Ju-Kua, *Chu Fan Chih*. Auf Deutsch: *Auflistungen fremder Länder*.
76 Eine wichtige Quelle zur Papiermachertradition in Vietnam ist das Buch von Fred Siegenthaler *Vietnamese Hand Papermaking and Woodblock Printing*.
77 In Japan bekannt als «Gampi».
78 In Japan bekannt als «Mitsumata».
79 Dies ist der Hauptfaserrohstoff für nepalesisches Papier.
80 Die schleimartige Substanz wird je nach Flora der Gegend aus unterschiedlichen Pflanzen gewonnen. In Japan bekannt unter der Bezeichnung *neri*.
81 Die ersten Schöpf- oder Gussrahmen waren mit Baumwoll- oder Leinengewebe bespannt. Heute werden zum Teil auch Siebe aus gewobenen Polyethylenfasern (vollsynthetische Faserstoffe mit Polypropylenfasern) verwendet.

82 Jihei Kunisaki, *Kamisuki chohoki. A handy guide to papermaking*, S. 60.
83 Diese werden auch «Duplexpapiere» genannt. Bei ihrer Herstellung werden zwei Bogen aufeinander gegautscht und nach jedem Doppelbogen folgt eine Zwischenschicht aus Baumwolle. Auf diese Weise ist beim Pressen ein größerer Druck möglich, durch den sich die beiden Bogen besser verbinden.
84 Einige Länder sind in solchen Bereichen von der UNESCO, die sich für die Förderung von Wissenschaft, Kultur, Erziehung und internationale Zusammenarbeit einsetzt, unterstützt worden.

Kapitel VI

1 Joseph Needham und Tsien Tsuen-Hsuin, *Science and civilisation in China*, Bd. 5: *Chemistry and chemical technology*, Teil 1: *Paper and printing*, S. 96ff.
2 ebda., S. 96ff.
3 Seide war ein kostbares Gut und diente in Form von Garnknäueln und Stoffballen als Kapital. Die Seidenraupenzucht ist in China seit dem 3. Jahrtausend v. Chr. belegt.
4 Marco Polo, *The Book of Ser Marco Polo, the Venetian*, S. 423ff.
5 Joseph Needham und Tsien Tsuen-Hsuin, *Science and civilisation in China*, Bd. 5: *Chemistry and chemical technology*, Teil 1: *Paper and printing*, S. 96ff.
6 Die Alchemisten versuchten, natürliche Stoffe auf chemischem Wege in den qualitätslosen «schwarzen» Zustand der Urmaterie zu bringen, um ihnen dann auf künstlichem Wege die gewünschten Eigenschaften, meist von Edelmetallen, verleihen zu können. Dieser Prozess wurde «Fermentation» genannt; war er erfolgreich, so kam es zur «Transmutation».
7 Zwei Geldnoten dieser Art wurden 1965 in Shanyang, Shaanxi, entdeckt.
8 Die Verwendung des Seidenmaulbeerbaumes für die Papierherstellung wird sehr selten erwähnt. Er gehört wie viele andere Maulbeerbaum-Gattungen zur Familie *Moraceae*. In der Seidenraupenzucht dienten seine Blätter der Fütterung der Seidenspinner (Seidenraupen).
9 Marco Polo, *The Book of Ser Marco Polo, the Venetian*, S. 423ff.
10 Archiv des Schweizerischen Museums für Papier, Schrift und Druck, Basel.
11 Kiyofusa Narita, *A life of Ts'ai Lung and Japanese paper-making*, S. 88.
12 Needham Joseph und Tsien Tsuen-Hsuin, *Science and civilisation in China*, Bd. 5: *Chemistry and chemical technology*, Teil 1: *Paper and printing*, S. 99.
13 *Nazis wollen das britische Pfund ruinieren*. In: *Bonner Generalanzeiger*, 2. Februar 1984.
14 Chinesische Bezeichnung *tha*, *ku* oder *ku pu*. Mehr Informationen über Tapa im Kapitel *Tapa und Amate*.
15 Wahrscheinlich handelte es sich dabei um eine Art Patchwork-Gewänder, die aus kleinen Stoffstücken zusammengenäht waren. Diese waren Gaben der Bevölkerung an die Klöster, die nur durch Donationen, Opfergaben und die Erträge aus religiösen Veranstaltungen existieren konnten.
16 Der Kaiserpalast von Xi'an galt als «Verbotene Stadt», wie später ein Stadtteil von Beijing, weil gewöhnliche Leute nicht hinein durften.
17 Enzyklopädie *Taiping guangji* von Li Fang, herausgegeben 978 und dokumentiert in: *Aufzeichnungen des Unterscheidens vom Zweifelhaften*, Ausgabe 1960. Siehe auch Joseph Needham und Tsien Tsuen-Hsuin, *Science and civilisation in China*, Bd. 5: *Chemistry and chemical technology*, Teil 1: *Paper and printing*, S. 112.
18 Joseph Needham und Tsien Tsuen-Hsuin, *Science and civilisation in China*, Bd. 5: *Chemistry and chemical technology*, Teil 1: *Paper and printing*, S. 112.
19 Su Yijian, *Wen fang Si pu* (Studien über die vier Dinge zum Schreiben in einer Gelehrtenstube), verfasst 986 n. Chr., wiedergegeben in: *Bencao Kangmu*, S. 35.
20 Aus der Rinde des Weihrauchbaumes *Boswellia carteri* wird eine milchige Emulsion, *Gummi olibanum* genannt, gewonnen. Sie wird auch als Gummiharz bezeichnet.
21 Joseph Needham und Tsien Tsuen-Hsuin, *Science and civilisation in China*, Bd. 5: *Chemistry and chemical technology*, Teil 1: *Paper and printing*, S. 112.
22 Edo war auch Sitz der Schogune; 1868 wurde der Ort in Tokio umbenannt.
23 Kiyofusa Narita, *A life of Ts'ai Lung and Japanese paper-making*, S. 28f.
24 Persimone, aus der Gattung *Diospyros* der Familie *Ebenaceae*. Es gibt verschiedene Fruchtarten, die auch genießbar sind, beispielsweise die rötliche Kaki, auch asiatische Dattelpflaume genannt. Die nicht essbare grüne, japanische Persimone wird für *shibu* verwendet. Die Frucht wird über mehrere Monate fermentiert und anschließend abgefiltert.
25 *Konnyaku, Amorphophallus konjac*, nach K. Koch. Aus der Wurzel der Maniokpflanze (eine Kartoffelart mit der Bezeichnung «Teufelszunge») wird ein Stärkemehl produziert, das beim Aufkochen mit Wasser eine klebende Wirkung erzeugen kann. Das Produkt ist unter dem handelsüblichen Namen Tapioka bekannter.
26 Aus Unterlagen von Bong-Hee Yu zum IAPMA-Kongress in Jeonju, Südkorea, 2004.
27 *Perilla ocymoides* ist eine in Asien beheimatete, zu den Lippenblütlern gehörende Pflanze. Das Pflanzenöl wird auch zur Imprägnierung von Geweben verwendet.
28 Wisso Weiss, *Zeittafel der Papiergeschichte*, S. 550ff.
29 Therese Weber, *Washi, Vergangenheit und Gegenwart der japanischen Papiermacherkunst*, S. 37ff.
30 *Duntog Hong Kong LTD*, Hongkong. In: *Kalin di Duntog*, Band 3, 1992.
31 Siehe das vorherige Kapitel *Kamiko, die Körperhülle aus Papier*.
32 Joseph Needham und Tsien Tsuen-Hsuin, *Science and civilisation in China*, Bd. 5: *Chemistry and chemical technology*, Teil 1: *Paper and printing*, S. 336.
33 Shimura Asao, *Japanese Master Papermaker and Shifu Weaver*. In: IAPMA-Bulletin Sommer 2003/33.
34 Der Besuch der Autorin bei Sadako Sakurai fand im Juli 1994 statt.
35 Eine Art breiter Gürtel, der über dem Kimono mit einer großen Schleife im Rücken getragen wird.
36 Zusammenarbeit Therese Weber und Asao Shimura, Juli 1984.

37 Aus Korrespondenz mit Asao Shimura, Dezember 2003.
38 Christa de Carouge, *Habit – Habitat*, S. 166 ff.
39 Werner Blaser, *Kleid – Bau – Hülle*. In: Christa de Carouge, *Habit – Habitat*, S. 10.
40 www.kippo.or.jp/culture_e/washi/daily
41 Die Tatami-Bodenmatte wird nur in ganz wenigen Standardformaten hergestellt; jede Raumfläche definiert sich durch das Vielfache einer bestimmten Tatami-Matte.
42 Joseph Needham und Tsien Tsuen-Hsuin, *Science and civilisation in China*, Bd. 5: *Chemistry and chemical technology*, Teil 1: *Paper and printing*, S. 120.
43 ebda., S. 121 f.
44 ebda., S. 116 ff.
45 Ob der Begriff «Papiermaché» tatsächlich aus der Zusammensetzung der französischen Wörter *papier* und *maché* («gekaut») stammt, ist umstritten. Siehe Juliet Bawden, *Kreatives Gestalten*, S. 8.
46 Juliet Bawden, *Kreatives Gestalten*, S. 10–12.
47 Shinya Izumi, *Package Design in Japan*, S. 8 f.
48 *PaperArt* 4, Katalog zur Internationalen Biennale der Papierkunst, Düren, 1992, S. 102 f.
49 *NZZ am Sonntag* vom 15. September 2002, S. 81.
50 Zu Mies van der Rohe siehe Werner Blaser, *Tempel und Teehaus in Japan*, S. 39 ff.

Kapitel VII

1 Der Begriff «Papierismus» entstand erstmals im Rahmen des IAPMA-Kongresses im Jahre 1995 in Kopenhagen, der unter dem Motto «Paper Road, communication today» und «Paper Path, future communication» stand. *Papierismus* verbindet zwei Inhalte: Den Werkstoff Papier, der sich von seiner tradierten Funktion als bloßem Schriftträger befreit hat, und den Aspekt von Lehre, System, Richtung, Eigentümlichkeit, der in der Nachsilbe *-ismus* zum Ausdruck kommt.
2 Chinesische Tusche *sumi* wird aus Ruß von Kiefernholz, der mit Knochenleim gebunden ist, hergestellt. Diese Masse wird zu einer festen Substanz in Form von länglichen Stäben, genannt Reibetusche, gepresst und getrocknet. Diese steinharte Tusche wird in Verbindung mit Wasser am Reibstein zu flüssiger Tusche aufgelöst.
3 *Encyclopaedia Britannica*, Band 17, S. 667–691.
4 Siehe das Kapitel *Kamiko, die Körperhülle aus Papier*.
5 Kiyofusa Narita, *A Life of Ts'ai Lung and Japanese paper-making*, S. 80 f.
6 The Tokugawa Art Museum (Hrsg.), *Decorative Papers*, S. 114.
7 Kenneth Tyler, der Gründer von *Tyler Graphics*, führt seit rund zehn Jahren ein Atelier in Hongkong.
8 Dorothea Eimert, *Papier – Medium der Kunst im 20. Jahrhundert*. In: *PaperArt* 5, 1994, S. 8 f.
9 Die IAPMA, *International Association of Hand Papermakers and Paper Artists*, wurde anlässlich der ersten Internationalen Biennale der Papierkunst im Sommer 1986 im Leopold-Hoesch-Museum in Düren durch den Schweizer Fred Siegenthaler und den Ungaren Géza Mészaros gegründet. In der Folge fanden jedes oder jedes zweite Jahr ein internationaler Kongress und Ausstellungen statt. Der letzte Kongress fand 2004 in Jeonju, Südkorea, statt. Zweimal jährlich erscheint ein Bulletin. Zur Zeit gibt es weltweit rund 450 Mitglieder.
10 Interview: Therese Weber mit Joel Fisher im New Yorker Atelier, 1992.
11 Interview: Therese Weber mit Nance O'Banion im Atelier in Berkeley, San Francisco, 1986.
12 Interview: Therese Weber mit Ida Shoichi im Atelier in Kioto, 1992.
13 Aus einem Gespräch während der Ausstellung «Therese Weber, Michelle Héon», Galerie Trois Point, Montréal, 1993.
14 Dorothea Eimert, *Papier und Kommunikation*. In: *PaperArt* 8 2002/2003, S. 126 f.
15 Dorothea Eimert, *Turbulenzen in Papier*. In: *PaperArt* 8 2002/2003, S. 116 f.
16 ebda., S. 70 f.
17 Kenneth Tyler leitete zuvor das Druckatelier *Gemini* in Los Angeles. Zur Zeit führt er ein druckgrafisches Atelier in Hongkong.
18 In diesem neuen Kunstmedium realisierte Tyler unter anderem auch Werke mit Ellsworth Kelly, Kenneth Noland und Frank Stella.
19 Ein *Kitchen Baster* ist eine Art Pipette, mit der man flüssige Substanzen aufnehmen und wieder ausstoßen kann; in den USA ist dieses Küchenutensil beliebt zum Begießen des Turkeys während der Garzeit im Ofen.
20 Das Gerät ist die Weiterentwicklung einer Farbsprühanlage, die mit einem Kompressor betrieben wird. Das Funktionieren ist primär abhängig von der Kurzfaserigkeit, Feinheit und Fasersuspension der Pulpe. Das Verfahren hat den Vorteil, dass äußerst feine, auch großformatige Faserschichten ohne Schöpf- oder Gusssieb entstehen können. Elaine Koretsky, Carriage House Press, Brookline, Massachusetts, hat das Gerät entwickelt.
21 Karen Stahlecker, *Vortices and Reveries*, S. 2 (Übersetzung von Therese Weber).
22 Dorothea Eimert, *PaperArt* 4, 1992, S. 141.
23 Siehe das Kapitel *Washi, hochwertiges Kulturgut aus Japan*.
24 Thomas Hirsch, *Die Gegenwart der Wirklichkeit*. In: Andreas von Weizsäcker, *Omerta*, hrsg. von der Herbert-Weisenburger-Stiftung, S. 13.
25 Aby Warburg, *Bildniskunst und Florentinisches Bürgertum*. In: Hubertus Gassner, *Wenn Hüllen fallen*. In: Andreas von Weizsäcker, *Omerta*, hrsg. von der Herbert-Weisenburger-Stiftung, S. 33 f.
26 Hubertus Gassner, *Wenn Hüllen fallen*. In: Andreas von Weizsäcker, *Omerta*, hrsg. von der Herbert-Weisenburger-Stiftung, S. 23 ff. Die Zweikörperlehre wird vor allem im Zusammenhang mit der Anziehungskraft bei Himmelskörpern angewendet. Vereinfacht bedeutet dies, dass jeweils zwei Himmelskörper sich auf einem Kegelschnitt (Kreis, Ellipse, Parabel oder Hyperbel) um den sich im Brennpunkt befindenden anderen bewegen. Beide Körper bewegen sich außerdem um ihren gemeinsamen Massenmittelpunkt.
27 Raimund Stecker, *Den Formen ihre Form*. In: Andreas von Weizsäcker, *Omerta*, hrsg. von der Herbert-Weisenburger-Stiftung, S. 105.
28 Thomas Hirsch, *Soll und Haben*. In: *PaperArt* 8, *Turbulenzen in Papier*, S. 162 ff.
29 Dorothea Reese-Heim, *Papierkunst*, S. 15 ff.
30 Dorothea Reese-Heim und Karen Meetz, *Unnütze Bücher*, S. 7.
31 Karen Meetz, in: Dorothea Reese-Heim und Karen Meetz, *Haut & Volumen*, S. 15 f.

32 Zitat aus einem Interview, das die Autorin im Mai 2004 mit Reiko Nireki geführt hat.
33 Siehe auch das Kapitel *Papiermaché, eine Alternative zu Bronze, Stein und Holz*.
34 Reiko Nireki, *Description about my Sculpture Project «Where the Soul is»*.
35 Nik Hausmann betreibt ein lithografisches Atelier in Séprais / Montavon im Berner Jura.
36 *Franz Gertsch. Holzschnitte.* Ausstellungskatalog, S. 103f.
37 Die Linse ersetzt den in Japan traditionellen, mit Bambusblättern beschichteten Tampon.
38 Ein Berner Künstler mit dem Schwerpunkt großformatige Schwarzweiß-Fotografie.
39 Therese Weber in: *Bestimmungsorte Erde und Himmel*, Ausstellungskatalog, S. 28.
40 Dr. Hanne Weskott, Eröffnung der Ausstellung *Therese Weber*, West LB, Basel, 1999.
41 Dr. Sasha Grishin in: *Bestimmungsorte Erde und Himmel*, Ausstellungskatalog, S. 33.
42 Dr. Martin Kraft in: *Biografisches Lexikon der Schweizer Kunst*, S. 1105f.
43 Überarbeitetes Zitat von Arnulf Herbst aus «zeit, abstand, verlagerung» Katalog Therese Weber, S. 6.

Literaturverzeichnis

Bücher

Afshar, Iraj, *The use of paper in islamic manuscripts as documented in classical persian texts.* In: *The Codicology of Islamic Manuscripts, Proceedings of the second Confernce of Al-Furqan Islamic Heritage Foundation 1993.* Al-Furqan Islamic Heritage Foundation, London 1995

Balston, John N., *The elder James Whatman.* Whatman House, Maidstone 1992

Barrett, Timothy, *Japanese Papermaking.* John Weatherhill, New York und Tokio 1983

Baumer, Christoph und Therese Weber, *Ost-Tibet. Brücke zwischen Tibet und China.* Akademische Druck- und Verlagsanstalt, Graz 2002

Baumer, Christoph, *Die Südliche Seidenstraße. Inseln im Sandmeer.* Philipp von Zabern, Mainz am Rhein 2002

Baumer, Christoph, *Bön. Die lebendige Ur-Religion Tibets.* Akademische Druck- und Verlagsanstalt, Graz 1999

Bawden, Juliet, *Kreatives Gestalten mit Papiermaché.* Mosaik, München 1991

Bayerl, Günter, *Die Papiermühle.* Peter Lang, Frankfurt/Main 1987

Beer, Robert, *The Encyclopedia of Tibetan Symbols and Motifs.* Serindia, London 2000

Bencao Kangmu, die große Pharmakopöe des Li Shizhen. Hrsg. von Peter F. Tschudin. Erstdruck 1596, Übersetzung 1893 von G. Zimmermann, Neuauflage durch Sandoz Chemicals und Schweizerisches Papiermuseum, Basel 1993

Biasi, Pierre-Marc de und Karine Douplitzky, *La Saga du Papier.* Société nouvelle Adam Biro, Arte Editions, Paris 1999

Biografisches Lexikon der Schweizer Kunst. Hrsg. vom Schweizerischen Institut für Kunstwissenschaft SIK, Zürich und Lausanne. Verlag Neue Zürcher Zeitung, Zürich 1998

Blaser, Werner, *Tempel und Teehaus in Japan.* Birkhäuser, Basel 1988

Bloom, Jonathan M., *Paper before print.* Yale University Press, New Haven 2001

Briquet, Charles Moïse, *Le Papier Arabe au Moyen-Age et sa fabrication.* L'Union de la Papeterie, Bern 1888

Buisson, Dominique, *Japanische Papierkunst.* Terrail, Paris 1992

Carter, Thomas Francis, *The Invention of Printing in China and its Spread westward.* Columbia University Press, New York 1931

Carouge, Christa de, *Habit – Habitat.* Hrsg. von Werner Blaser und Lars Müller, Verlag Lars Müller, Baden 2000

Clark, Michael und Joe Cummings, *Myanmar.* Stefan Loose Verlag, Berlin 2001

Cornu, Philippe, *Dictionnaire encyclopédique du bouddhisme.* Editions du Seuil, Paris 2001

Conrady, August, *Die chinesischen Handschriften und sonstigen Kleinfunde Sven Hedins in Loulan.* Generalstabens Litografiska Anstalt, Stockholm 1920

Dawson, Sophie und Silvie Turner, *A Hand Papermaker's Sourcebook.* Estamp, London 1995

Decorative Papers. Ausstellungskatalog, hrsg. vom Tokugawa Art Museum, Nagoia, Japan. The Agency of Cultural Affairs, Japan 2001

Doizy, Marie-Ange und Pascal Fulacher, *Papiers et Moulins.* Editions Technorama, Paris 1989

Eimert, Dorothea (Hrsg.), *PaperArt 4. Papier und Natur,* Leopold-Hoesch-Museum Düren, Wienand, Köln 1992

Eimert, Dorothea (Hrsg.), *PaperArt 5. Geschichte der Papierkunst,* Leopold-Hoesch-Museum Düren, Wienand, Köln 1994

Eimert, Dorothea (Hrsg.), *PaperArt 6. Dekonstruktvistische Tendenzen.* Leopold-Hoesch-Museum Düren, Cantz, Stuttgart 1996/97

Eimert, Dorothea (Hrsg.), *PaperArt 8. Turbulenzen in Papier,* Leopold-Hoesch-Museum Düren, Wienand, Köln 2002/03

Encyclopaedia Britannica, Bde. 1–29, 15. Auflage. Encyclopaedia Britannica Inc., Chicago 1998

Fine, Ruth, *Gemini G. E. L.: Art and Collaboration. A history of the unique relations between artists and the Gemini workshop.* National Gallery of Art und Abbeville Press, New York/Los Angeles 1984

Fisher, Joel, *Zwischen zwei und drei Dimensionen.* Kunstmuseum Luzern, Luzern 1984

Franz Gertsch, Holzschnitte. Ausstellungskatalog, hrsg. von Michael Rainer Mason et al., Städtische Galerie im Lenbachhaus, München, Turske & Turske, Zürich 1991

Gentenaar, Peter und Pat Torley, *Timeless Paper.* Museum Rijswijk, Uitgeverij Compres BV 2002

Gentenaar, Peter und Pat Torley, *Water and Paper.* Museum Rijswijk, 2000

Guesdon, Marie-Geneviève und Annie Vernay-Nouri, *L'Art du livre arabe.* Bibliothèque Nationale de France, Paris 2001

Grishin, Sasha, *The shape of time and the tyranny of place.* In: *Weber Therese, Destination Earth and Sky,* Katalog, The Australian National University, Canberra 1996

Haare – Obsession und Kunst. Ausstellungskatalog, Edition Museum Bellerive, Zürich 2000

Handbook on the Art of Washi. Hrsg. von der All Japan Handmade Washi Association, Tokio 1991

Haarmann, Harald, *Universalgeschichte der Schrift.* Campus, Frankfurt/Main 1998

Heissig, Walther und Claudius C. Müller, *Die Mongolen.* Pinguin-Verlag, Innsbruck, und Umschau-Verlag, Frankfurt/Main 1989

Heller, Jules, *Paper-Making.* Watson-Guptill Publications, New York 1978

Herbst, Arnulf, *zeit abstand verlagerung.* In: *Therese Weber, zeit abstand verlagerung,* Katalog Galerie Trois Points, Montréal, Quebec, und Galerie Graf & Schelble, Basel 1993

Hirsch, Thomas, *Die Gegenwart der Wirklichkeit.* In: *Andreas von Weizsäcker, Omerta,* hrsg. von der Herbert-Weisenburger-Stiftung, Rastatt 2000

Hockney, David, *Paper Pools.* Hrsg. von Nikos Stangos, Harry Abrams Publishers, New York 1980

Hunter, Dard, *Papermaking through eighteen centuries.* Printing House of William Edwin Rudge, New York 1930

Hunter, Dard, *Papermaking. The History and Technique of an Ancient Craft.* Dover Publications, New York 1943/1947/1974

Hunter, Dard, *A papermaking pilgrimage to Japan, Korea and China.* Pynson Printers, New York 1936

Ibn Badis al Mu'izz *Umdat al-Kuttab* wa, *Uddat Dhawi al-Albab*, (Staff of the Scribers and Implements of the Discerning). In: *Medieval Arabic Bookmaking and its Relation to Early Chemistry and Pharmacology*. Transactions of the American Philosophical Society, New York 1962

Izumi, Shinya, *Package Design in Japan*. Taschen Verlag, Köln 1989

Janzin, Marion und Joachim Güntner, *Das Buch vom Buch, 5000 Jahre Buchgeschichte*. Schlütersche Verlagsanstalt, Hannover 1997

Jugaku, Bunsho, *Paper-Making by Hand*. Meiji Shobo Publishers, Tokio 1959

Kathke, Petra, *Sinn und Eigensinn des Materials*, Bd. 2. Luchterhand, Berlin 2001

Kaulback, Ronald, *Salween*. Hodder and Stoughton, London 1938

Keilhauer, Anneliese und Peter Keilhauer, *Südkorea. Kunst und Kultur im Land der Hohen Schönheit*. Dumont, Köln 1986

Koretsky, Elaine (Hrsg.), *Paper Congress Boston 1980*. Carriage House Press, Brookline, Massachusetts 1980

Koretsky, Elaine (Hrsg.), *A gathering of papermakers*. Carriage House Press, Brookline, Massachusetts 1985

Koretsky, Elaine und Donna Koretsky, *The Goldbeaters of Mandalay*. Carriage House Press, Brookline, Massachusetts 1991

Kraft, Martin, *Porträt Therese Weber*. In: *Biografisches Lexikon der Schweizer Kunst*, hrsg. vom Schweizerischen Institut für Kunstwissenschaft SIK, Zürich und Lausanne, Verlag Neue Zürcher Zeitung, Zürich 1998

Kunisaki, Jihei, *Kamisuki chohoki. A handy guide to papermaking*. After the japanese edition of 1798. Book Arts Club, University of California, Berkeley 1948

Larousse encyclopédie en dix volumes, Librairie Larousse, Paris 1980

Leu, Olaf und Rainer Rühl, *Papier macht sinnlich*. Papierfabrik Scheufelen, Lenningen 1987

Liu Guojun und Zheng Rusi, *Die Geschichte des chinesischen Buches*. Verlag für fremdsprachige Literatur, Beijing 1988

Loveday, Helen, *Islamic Paper*. The Don Baker Memorial Fund, Archetype Publications, London 2001

Lutz, Winifred, *Shrinking to expand*. In: *A gathering of papermakers*, hrsg. von Elaine Koretsky, Carriage House Press, Brookline, Massachusetts 1985

Lippard, Lucy R., *Overlay. Contemporary Art and the Art of Prehistory*. Pantheon Books, New York 1983

Macfarlane, Nigel, *A paper Journey. Travels among the village papermakers of India and Nepal*. Oak Knoll Press, New Castle 1993

Melcher, Hermann, *Papiermacher-Taschenbuch*. Dr. Curt Haefner Verlag, Heidelberg 1982

Mikesh, Robert, *Japan's World War II Balloon Bomb Attaks on North Amerika*. In: *Smithsonian Annals of Flight*, Nr. 9, Smithsonian Institution Press, Washington, D.C. 1973

Narita, Kiyofusa, *A life of Ts'ai Lung and Japanese paper-making*. The Paper Museum, Tokio 1980

Nebesky-Wojkowitz, René, *Schriftwesen, Papierherstellung und Buchdruck bei den Tibetern*. Dissertation, Philosophische Fakultät Universität Wien, Wien 1949

Needham, Joseph und Tsien Tsuen-Hsuin, *Science and civilisation in China*, Bd. 5: *Chemistry and chemical technology*, Teil 1: *Paper and Printing*. Cambridge University Press, 2001

Nielsen, Ingelise, *Papermaking in Denmark around the reign of King Christian IV*. In: *Paper path, future communication*, Katalog, hrsg. von IAPMA, Kopenhagen 1995

Notz, Klaus-Josef, *Lexikon des Buddhismus*. Fourier, Wiesbaden 2002

Papermaking Art and Craft. Library of Congress, Washington D.C. 1968

Paireau, Françoise, *Papiers Japonais*. Editions Adam Biro, Paris 1991

Pelliot, Paul, *Les débuts de l'imprimerie en Chine*. Adrien-Maisonneuve, Paris 1953

Polastron, Lucien X., *Le papier. 2000 ans d'histoire et de savoir-faire*. Editions Imprimerie Nationale, Paris 1999

Polo, Marco, *The book of Ser Marco Polo, the Venetian*. Bd. 1, hrsg. von Henry Yule. Charles Scribner's Sons, New York 1926

Premchand, Neeta, *Off the Deckle Edge. A paper-making journey through India*. The Ankur Project, Mumbay 1995

Rauschenberg, Robert, *Pages and Fuses*. Los Angeles County Museum of Art, Los Angeles 1975

Reese-Heim, Dorothea, *Papierkunst*. Begleitpublikation zur Sonderausstellung, Heinz-Nixdorf-MuseumsForum, Paderborn 2002

Reese-Heim, Dorothea und Karen Meetz, *Haut & Volumen*. Universität Paderborn 1999

Reese-Heim, Dorothea und Karen Meetz, *Unnütze Bücher*. Kehrer, Heidelberg 2002

Reeve, Catherine und Marilyn Sward, *The New Photography*. Da Capo Press, New York 1984

Renker, Armin, *Eine Papierfabrik vor hundert Jahren*. In: *Gutenberg-Jahrbuch*, Gutenberg-Museum, Mainz 1956

Renker Armin, *La Feuille blanche. Handpapiermacherei in Frankreich*. In: Gutenberg-Jahrbuch, Gutenberg-Museum, Mainz 1954

Sandermann, Wilhelm, *Papier, eine Kulturgeschichte*. Springer Verlag, Berlin 1997

Schmoller, Hans, *Mr. Gladstone's Washi. A survey of Reports on the manufacture of paper in Japan*. Bird & Bull Press, Newtown Pennsylvania 1984

Schulte, Alfred, *Der Transfer nach Europa und die Einführung in Deutschland*. In: Bayerl, Günter, *Die Papiermühle*, Peter Lang, Frankfurt/Main 1987

Shimano, Eido Tai und Kogetsu Tani, *Zen-Wort, Zen-Schrift*. Theseus Verlag, Zürich 1990

Siegenthaler, Fred, *Saa Paper of Thailand*. Paper Art, Muttenz 1996

Siegenthaler, Fred, *Vietnamese Hand Papermaking and Woodblock Printing*, Paper Art, Muttenz 2003

Soteriou, Alexandra, *Gift of Conquerors. Hand papermaking in India*. Grantha, Middletown 1999

Spuler, Bertold, *Die Mongolen in Iran*. Akademie Verlag, Berlin 1955

Stein, Marc Aurel, *Ancient Khotan*. Clarendon, Oxford 1907

Stein, Marc Aurel, *Sand-buried ruins of Khotan*. Hurst & Blackett, London 1904

Stoffregen-Büller Michael, *Himmelfahrten, Die Anfänge der Aeronautik*. Physik-Verlag, Weinheim 1983

Tschudin, Peter F., *Der letzte Papiermacher der Taklamakan*. Basler Papiermühle, Basel 1994

Tschudin, Peter F., *Grundzüge der Papiergeschichte*. Anton Hiersemann, Stuttgart 2002

Turgan, Julien, *Les grandes usines de France.* Librairie Nouvelle A. Bourdilliat, Paris 1860

Turner, Silvie und Birgit Skiöld, *Handmade paper today.* Lund Humphries, London 1983

Völker, Ernst, *Der große Traum des Nicolas-Louis Robert.* Bellmer, Niefern 1998

Ward, Kingdon F., *A Plant Hunter in Tibet.* Cape, London 1934

Webb, Peter, *Portrait of David Hockney.* Chatto & Windus, London 1988

Weber, Therese, *Bestimmungsorte Erde und Himmel.* Ausstellungskatalog, Canberra School of Art, Canberra 1996

Weber, Therese, *Washi – Vergangenheit und Gegenwart der japanischen Papiermacherkunst.* Hrsg. vom Verband der Schweizer Papierhistoriker, Basel 1988

Weber, Therese, *zeit, abstand, verlagerung.* Katalog Galerie Trois Points, Montréal, Quebec, und Galerie Graf & Schelble, Basel 1993

Weiss, Wisso, *Zeittafel zur Papiergeschichte.* VEB Fachbuchverlag, Leipzig 1983

Weizsäcker, Andreas von, *Omerta.* Ausstellungskatalog, hrsg. von der Herbert-Weisenburger-Stiftung, Rastatt 2000

Whitfield, Roderick, *Cave Temples of Mogao.* Getty Conservation Institute, Los Angeles 2000

Wunderlich, Werner, *«Wir verdanken dem Bücherdruck und der Freiheit desselben undenkbar Gutes».* In: *Medienkultur im digitalen Wandel,* hrsg. von Sascha Spoun und Werner Wunderlich, Haupt Verlag, Bern 2002

Zhang Wenbin, *Dunhuang. A Centennial Commemoration of the Discovery of the Cave Library.* Dunhuang Research Institute, Morning Glory Publishers, Beijing 2000

Magazine und Zeitschriften

Beutel Albrecht, *Die Kraft des Wortes.* In: *Damals, die großen Reformatoren,* 36. Jahrgang, März 2004

Blaser, Fritz, *Papiermühlen in den Vierwaldstätten.* In: *Papiergeschichte* 1. bis 4. Jahrgang, Sammlung der Zeitschrift der Forschungsstelle Papiergeschichte in Mainz, 1951–1954, hrsg. vom Verein der Zellstoff- und Papier-Chemiker und -Ingenieure, Forschungsstelle Papiergeschichte, Mainz 1988

Bonner Generalanzeiger vom 2. Februar 1984

Brinker, Helmut, *Sublime Adornment. Kirikanbe in Chinese Buddhist Sculpture.* In: *Orientations Magazine,* Bd. 34, Nr. 10, Hongkong 2003

Csaszar, Tom, *The Sculpture of Winifred Lutz.* In: *Sculpture Magazine,* Bd. 17, Nr. 3, März 1998

Chiu, Melissa, *The Crisis of Calligraphy and the New Way of Tea.* An interview with Wenda Gu. In: *Orientations Magazine,* Bd. 33, Nr. 3, Hongkong 2002

Duntog Hong Kong LTD, *Hong Kong.* In: *Kalin die Duntog,* Bd. 3, Duntog Foundation Inc., Baguio City, Philippinen 1992

Farmer, Jane und Tom Leech, *Tibet Crossing Over Consortium.* In: *Paper Road Newsletter,* Washington, 1998–2000

Ginneken-van de Kasteele, B. van, *Bark-Cloth.* In: *IPH-International Paper Historians,* 3. Jahrgang, Heft 2, 1993

Ganesh, Himal, *Auf einer Märchenwiese entsteht Papier für den König.* In: *Frankfurter Allgemeine Zeitung,* Nr. 245, 21. Oktober 1999

Haegele, Anja, *Burma – Nach alten Regeln der Kunst.* In: *Merianheft,* Nr. 1, Merian, Hamburg 2004

Hannebutt-Benz, Eva, *Gutenberg und das Papier.* In: *Vom Papyrus zum Datenträger Papier,* hrsg. von der Landesbank Rheinland-Pfalz, Jürgen Pitzer, Jahrgang 37, Heft 1 und 2, 2000

Kramer, Katharina, *Ein wahrhaft revolutionärer Stoff.* In: *Süddeutsche Zeitung,* Kulturmagazin, 23./24. März 2002

Librarium, Zeitschrift der Schweizerischen Bibliophilen Gesellschaft, Heft 1, 1978

Li Fang, *Handpapermaking.* Zitiert aus: Elaine Koretsky, *My view of the root of Papermaking in Chang'an.* In: *Hand Papermaking,* 1995.

Ling Man-Li Mary, *Bark-Cloth in Taiwan and the circum-Pacific areas.* In: *Bulletin of the Institute of Ethnology Academia Sinica,* Monographs Nr. 9, Taipei, Taiwan 1960

Ling Shung-Sheng, *Bark-Cloth, Impressed Pottery, and the Inventions of Paper and Printing.* Institute of Ethnology Academia Sinica, Monographs Nr. 3, Taipei, Taiwan 1963

Matthieu, Ricard, *L'imprimerie tibétaine de Dergué.* In: *Air France Magazine,* 2002

Papiergeschichte, 1.–4. Jahrgang, Sammlung der Zeitschrift der Forschungsstelle Papiergeschichte in Mainz, 1951–1954, hrsg. vom Verein der Zellstoff- und Papier-Chemiker und -Ingenieure, Forschungsstelle Papiergeschichte, Mainz 1988

Papiergeschichte, 5.–8. Jahrgang, Sammlung der Zeitschrift der Forschungsstelle Papiergeschichte in Mainz, 1955–1958, hrsg. vom Verein der Zellstoff- und Papier-Chemiker und -Ingenieure, Forschungsstelle Papiergeschichte, Mainz 1988

Portmann, Dieter, *Zu den Papiermachern in Myanmar.* In: *Deutscher Arbeitskreis für Papiergeschichte, Tagung 2001.* Deutsche Bücherei, Leipzig 2002

Renker, Alfred, *Büttenpapier im Wandel der Zeit.* In: *APR, Allgemeine Papier-rundschau,* Nr. 9, Keppeler Verlag, Heusenstamm 1996

Renker, Alfred, *Historischer Exkurs in die Normungsgeschichte des NPa und der Terminologie.* Festschrift. In: *50 Jahre Normenausschuss Papier und Pappe,* hrsg. von DIN, Deutsches Institut für Normung, Berlin 2000

Reynolds, Valrae, *New Discoveries about a Set of Tibetan Manuscripts in the Newark Museum.* In: *Orientations. Art of Tibet,* Hongkong 1998

Shimura, Asoa, *Japanese Master Papermaker and Shifu Weaver.* In: *IAPMA Bulletin,* Nr. 33, Sommer 2003

Siegenthaler, Fred, *Tong Tsau Tsu. Chinesisches Reispapier.* In: *Neujahrsmitteilung der Papierabteilung der Sandoz AG,* Basel 1998

Siegenthaler, Fred, *Reisstroh-Papier für Geistergeld.* In: *Papiermitteilung,* Nr. 37, Sandoz AG, Basel 1988

Stahlecker, Karen, *Vortices and Reveries.* Ausstellungsbroschüre, University of Alaska, Anchorage, Department of Art. Anchorage 1992–93

Stiernlöf, Annica, *Traditional Korean Paper.* In: *IAPMA Bulletin,* Nr. 24, Oktober 1997

Tschudin, Peter F., *Ein unscheinbares Büchlein macht Papiergeschichte. Die Gedichte des Marquis de Villette.* Sonderdruck aus *Das Papier.* 40. Jahrgang, Heft 1, Basler Papiermühle, Schweizerisches Papiermuseum, Basel 1986

Tschudin, Peter F., *Tapa in Südamerika.* Sonderdruck aus *Das Papier.* 43. Jahrgang, Heft 1, Basler Papiermühle, Schweizerisches Papiermuseum, Basel 1989

Tschudin, Peter F., *Zu Geschichte und Technik des Papiers in der arabischen Welt.* In: *IPH-Internationale Papierhistoriker*, 8. Jahrgang, Heft 2, Basler Papiermühle, Schweizerisches Papiermuseum, Basel 1998

Ulbricht, Gangolf, *Wasserzeichen oder die transparente Geschichte des Papiers.* In: *Vom Papyrus zum Datenträger Papier*, hrsg. von der Landesbank Rheinland-Pfalz, Jürgen Pitzer, Jahrgang 37, Heft 1 und 2, 2000

Weber, Therese, *Wegweiser in die asiatische Kultur.* In: *Werkspuren*, Nr. 80, 4/2000

Weber, Therese, *Meine Begegnung mit Papier.* In: *Werkstoff Papier, Schweizerische Abeitslehrerinnen-Zeitung*, 66. Jahrgang, Nr. 2, 1983

Weber Therese, *Kunsthandwerk in Indonesien und Japan.* In: *Schweizerische Abeitslehrerinnen-Zeitung*, 69. Jahrgang, Nr. 3, 1986

Weber, Therese, *Papier und Ästhetik in Japan.* In: *Schweizerische Arbeitslehrerinnen-Zeitung*, Nr. 3, 1990

Weskott, Hanne, *Papier, eine allgegenwärtige Kultur. Einführung zum Werk von Therese Weber*, Westdeutsche Landesbank, Zürich 1999

Weiss-Mariani, Roberta, *Amerikas Einmarsch in unsere Bildungslandschaft.* In: *Déliés*, Verlag Schweizer Kunst, visarte, Nr. 2, Zürich 2003

Websites

Awagami factory, Japan www.awagami.or.jp
Eri Fukuba www.kippo.or.jp/culture/washi
Volkskundemuseum von Korea www.nfm.go.kr
Tiemann Wolfgang, PaperRoads www.eastwestculture.org
The Paper Project, A new light on paper
http://lsvl.la.asu.edu/paperproject/paperhistory3.html
Elaine und Donna Koretsky www.carriagehousepaper.com
www.paperart8.de *im Leopold-Hoesch-Museum, Düren*

Dank

Mein Dank geht an alle, die in irgendeiner Form an diesem Buch mitgearbeitet und meinen Enthusiasmus zum Thema Kulturgeschichte des Papiers unterstützt und gefördert haben. An die Menschen in den verschiedenen Kulturen, deren Türen für mich offen standen, die mir Einblick gewährten in ihre Werkstätten und Ateliers. Die Begegnung mit ihnen hat meine Neugierde nie verblassen lassen und mein Wissen erweitert.

Vor allem danke ich Dr. Christoph Baumer für die geistige und wissenschaftliche Begleitung bei der Entstehung des Buchprojektes sowie auf einigen Forschungsreisen, für die vielen wertvollen Ergänzungen und Hinweise bei den Recherchen für dieses Buch sowie für das kritische Lesen des Manuskriptes.

Ganz herzlich danke ich Alfred Renker, der seit fast zwei Jahrzehnten mein Mentor ist und meine Begeisterung zum Thema Kunst und Kultur teilt, für seine fachspezifischen Hinweise und große Hilfsbereitschaft bei der Besorgung verschiedener Unterlagen.

Dank auch an:

Neeta Premchand, die mich in die Tradition der Papiergeschichte in Indien eingeführt und streckenweise vor Ort bei meinen Recherchen unterstützt hat.

Dr. Dorothea Eimert für das Vorwort zu diesem Buch und ihr großes Engagement für die Biennalen in Düren.

Die Verlagslektorin Heidi Müller für die begeisterte Betreuung des Buchprojektes und die kritische Lesung des Manuskriptes.

Fred Siegenthaler für das Überlassen des Manuskriptes seiner Recherchen in Vietnam und die Analyse des antiken Papiers aus der Wüste Taklamakan.

Elaine und Sidney Koretsky für den kontinuierlichen Austausch über Expeditionen und neue Erfahrungen.

Dr. Peter F. Tschudin, der mir Wissen zum Thema Papier vermittelt hat.

Werner Blaser für viele Inspirationen zur asiatischen Kunst und Kultur.

Markus Müller und Stefan Meier, Schweizerisches Museum für Papier, Schrift und Druck, für den Zugang zur Bibliothek und das Überlassen von Fotodokumenten.

Dard Hunter III für das Copyright an Bildern aus der Literatur des Forschers Dard Hunter.

Die Künstlerinnen und Künstler für ihre Bereitschaft, mir Einblick hinter die Atelierkulissen zu gewähren.

Allen Personen, die mir Tore geöffnet haben, herzlichen Dank: Asao Shimura; Sadako Sakurai; Kyoko Ibe und Fujimori Awagami Factory in Japan; Sejio, Direktor des Dege Parkhang in Osttibet; Tin Tin Nyo in Myanmar; Herrn Malekian, Papierrestaurator an der Parlamentsbibliothek Teheran in Iran; Eunah Kim, Jeonju in Südkorea; allen Papiermacherfamilien, die mir großzügig Einblick gewährten in ihren Alltag.

Mein Dank geht auch an alle anderen, die an diesem Buch in irgendeiner Form beteiligt waren: Sanae Sakamoto, Unterseen; Loes Schepens, Den Haag; Loten Dahortsang, Tibet, Institut Rikon; Nguyen Van Bay, Botschaft der Sozialistischen Republik Vietnam in Bern; Ba Hla Aye, Myanmar-Delegation bei der UNO in Genf; Prof. Dr. Fritz Pasierbsky, Paderborn; Jane Farmer, Washington; Hakan Wahlquist, Kurator der Sven-Hedin-Stiftung in Stockholm; Jean-Daniel Carrard, Yverdon; Werner Reichen, Hasle-Rüegsau; Dr. Marc Winter, Basel; Tomoko Klopfenstein-Arii, Langnau a. Albis.

Bildnachweis

Alle Bilder, wenn nicht anders vermerkt, stammen von der Autorin.

Weitere Quellen

Christoph Baumer, Hergiswil, Schweiz: Seiten 4, 23 rechts, 27, 28, (Tibet-Museum, Lhasa, Tibet), 38, 39 rechts, 42 links, 44 oben und unten, 53 unten, 55, 85 rechts, 88, 92 rechts, 106 rechts, 124 unten, 125, 126, 171

Dieter Spinnler, Wisen, Schweiz, fortografierte die Originalwerke auf den Seiten 82, 104, 178, 198 und 202.

Koninklijke Royal Library, Den Haag, Niederlande: Seite 24

Staatliche Museen zu Berlin, Deutschland, Ägyptisches Museum, Bildarchiv Preußischer Kulturbesitz; Fotogafin: Margarete Büsing, (Bild-Originalgröße 30×76 cm): Seite 25 oben

Dard Hunter, *Papermaking. The History and Technique of an Ancient Craft.* Alfred A. Knoepf, New York, 2. Auflage 1947: Seite 31

Ethnographisches Museum, Stockholm, Schweden; ehemalige Leihgabe an das Museum für Papier, Schrift und Druck, Basel, Schweiz. In: August Conrady, *Die chinesischen Handschriften und sonstigen Kleinfunde Sven Hedins in Loulan.* Generalstabens Litografiska Anstalt, Stockholm: Seite 39 links

Fred Siegenthaler, Muttenz, Schweiz: Seite 40 rechts und links

Werner Reichen, Hasle-Rüegsau, Schweiz: Seite 42 rechts unten

Bunsho Jugaku, *Paper-Making by Hand.* Meiji-Shobo Publishers, Tokio 1959: Seite 47

Günter Bayerl, *Die Papiermühle.* Peter Lang. Frankfurt/Main 1987: Seite 48 oben

Dominique Buisson, *Japanische Papierkunst*, Terrail, Paris 1992: Seite 48 unten

Collection du Prince et de la Princesse Sadruddin Aga Khan, The Aga Khan Trust for Culture, Genf, Schweiz: Seite 56 links

Le Monde et la Science, 2. Februar 1873 (Bild aus Originalzeitung): Seite 60.

Michael Stoffregen-Büller, *Himmelfahrten, Die Anfänge der Aeronautik.* Physik-Verlag, Weinheim 1983: Seite 63

Gebrüder Bellmer, Pulp & Paper Technology, Niefern, Deutschland: Seite 67 (alle drei Abbildungen)

Stefan Meier, Museum für Papier, Schrift und Druck, Basel, Schweiz: Seite 69 links und rechts oben 1 und 2.

Josef Hänggi, Basel, Schweiz: Seite 69 rechts oben 3 und unten

Papeterie d'Essonnes, Tableau de l'industrie française au XIXe siècle par Turgan. In: Julien Turgan, *Les grandes usines de France.* Librairie Nouvelle A. Bourdilliat, Paris 1860: Seiten 70, 71 (alle drei Abbildungen), 73 unten

Papierfabrik Zerkall Renker & Söhne GmbH & Co. KG, Hürtgenwald-Zerkall, Deutschland: Seiten 72, 73 rechts oben, 101

J. Barcham Green, *Notes on the Manufacture of Hand-made Paper.* The London School of Printing, London 1936: Seite 74

Kupferstich des Verlages Martin Engelbrecht, Augsburg um 1740. In: Albert Haemmerle, *Buntpapier.* Callwey, München 1961. Seite 75

American Craft Council, New York, USA; Pulper aus der Ausstellung «Douglass Morse Howell», *American Craft Museum*, 1982: Seite 77 unten

Fotolithografie direkt ab Wasserzeichenpapier: Seite 81

The British Library, London, Großbritannien: Frontispiz und erster Teil der *Diamant-Sutra*, Or. 8210/p. 2: Seite 87

Gutenberg-Bibel, Staats- und Universitätsbibliothek Göttingen, Deutschland: Seite 96.

Luther-Bibel, Stiftung Weimarer Klassik und Kunstsammlungen, Herzogin Anna Amalia Bibliothek, Weimar, Deutschland: Seite 99

Völkerkundemuseum der Universität Zürich, Schweiz (Nr. 88, *Postrunner*): Seite 106

Tomoko Klopfenstein-Arii, Langnau am Albis, Schweiz: Seite 115

Archiv des Museums für Papier, Schrift und Druck, Basel, Schweiz: Seite 156

Lilo Schär, Ligerz, Schweiz: Seite 158

Hanji Association, Jeonju, Südkorea: Seite 159

Seki Yoshikuni, 1754. In: Joseph Needham und Tsien Tsuen-Hsuin, *Science and civilisation in China*, Bd. 5: *Chemistry and chemical technology*, Teil 1: *Paper and Printing.* Cambridge University Press, 2001: Seite 161 oben

Hanji Costume-Play Fashion Show, Jeonju, Südkorea 2004: Seite 162 links

Yu Bong-hee, Seoul, Südkorea: Seite 162 rechts

Thomas Lüttge, Dietramszell Ascholding/München, Deutschland, Seite 163

Ei Oiwa, Japan, Seite 166

Werner Blaser, Bottmingen, Schweiz, Seite 168

Sanae Sakamoto-Scheuber, Unterseen, Schweiz; Fotolithografie ab Originalkalligrafie: Seiten 109 oben und 176 oben

Sanjonishi Sanetaka (um 1500), Fragment aus einer nicht identifizierten Lyrikanthologie. *The Tokugawa Art Museum*, Nagoia, Japan: Seite 176 unten

The Tokugawa Art Museum, Nagoia, Japan: Seite 177

Gottfried Schumacher, Nusbaum, Deutschland: Seite 181

Robert Rauschenberg/VAGA, New York, USA/ProLitteris, Zürich, Schweiz und Gemini G. E. L., Los Angeles, Kalifornien, USA: Seiten 182 und 183

David Hockney Trustee, Santa Monica, Los Angeles, USA: Seite 184/185

Gregory Benson, Philadelphia, USA: Seite 186

Mina Takahashi, Courtesy of *Dieu Donné Papermill*, NYC, USA: Seite 187

Anne Gold, Aachen, Deutschland: Seite 188.

Aus dem Archiv des Künstlers Andreas von Weizsäcker, Deutschland: Seite 190

Dorothea Reese-Heim, München, Deutschland: Seiten 10 und 193

AVMZ, Universität Paderborn, Deutschland: Seite 192

Sakae Oguma, Japan: Seite 194 oben

Reiko Nireki, Tokushima, Japan: Seite 194 unten

Kathrein Gürtler, Zürich, Schweiz: Seite 196

Balthasar Burkhard, Bern, Schweiz: Seite 197

Elsbeth Mislin, Allschwil, Schweiz: Seite 200

Die Abbildungen zu den Kapitelanfängen sind Ausschnitte aus Bildern von Therese Weber.

Folgende Werke sind im Besitze von:
Sammlung *Centro Cultural Borges*, Buenos Aires, Argentinien: Kapitel I
Sammlung Gemeindeverwaltung, Röschenz, Schweiz: Kapitel II
Sammlung Clariden Bank, Basel, Schweiz: Kapitel III
Kathrin Kuster, Zürich, Schweiz: Kapitel VI
Sammlung Emil Richterich, Beck-Stiftung, Laufen, Schweiz: Kapitel VII
Kantonales Kuratorium für Kulturförderung, Solothurn Schweiz: Kapitel VIII
Standort: Foyer der kaufmännischen Berufsschule, Solothurn

Weitere Werke sind im Besitze von:
Sammlung Alid Holding, Niederteufen, Schweiz: S. 198
Sammlung der Medienunion, Ludwigshafen, Deutschland: S. 200

Index